新编高等职业教育电子信息、机电类精品教材

电机与电气控制技术项目教程

张中华　张友刚　魏　骏　主编

电子工业出版社
Publishing House of Electronics Industry
北京·BEIJING

内 容 简 介

本书结合电机与电气控制技术的实际应用和发展情况，以技能培养和工程应用能力培养为出发点，以电工国家职业技能标准为指导，采用"工学结合、项目引导、任务驱动、'做中学，学中做，学做一体，边学边做'一体化"的方式组织教学内容，突出生产实际应用，着力培养学生分析问题、解决生产实际问题的能力，提高学生专业技能，充分体现高等职业教育特色。

本书主要介绍常用低压电器的拆装、检测与维修，常见电机的拆装、检测与维修，电气控制电路的安装、接线与调试，典型机床电气电路的故障检修，电气控制电路的设计、安装与调试的知识和技能，旨在让读者掌握电机与拖动、低压电器、电气控制电路及常用机床控制电路等内容的理论知识与实践技能，同时引导读者养成安全生产、规范操作、爱岗敬业、精益求精等良好的岗位素养与职业习惯，践行为党育人、为国育才的初心和使命。

本书可作为高职高专院校电气类、机电类专业的教材用书，也可作为相关专业技术人员的培训和自学用书。

未经许可，不得以任何方式复制或抄袭本书之部分或全部内容。
版权所有，侵权必究。

图书在版编目（CIP）数据

电机与电气控制技术项目教程 / 张中华，张友刚，魏骏主编. —北京：电子工业出版社，2023.3
ISBN 978-7-121-45037-2

Ⅰ.①电… Ⅱ.①张… ②张… ③魏… Ⅲ.①电机学－高等学校－教材②电气控制－高等学校－教材
Ⅳ.①TM3②TM921.5

中国国家版本馆 CIP 数据核字（2023）第 019992 号

责任编辑：王昭松　　　　　特约编辑：田学清
印　　刷：三河市鑫金马印装有限公司
装　　订：三河市鑫金马印装有限公司
出版发行：电子工业出版社
　　　　　北京市海淀区万寿路 173 信箱　　邮编：100036
开　　本：787×1092　1/16　印张：16　字数：409.6 千字
版　　次：2023 年 3 月第 1 版
印　　次：2024 年 12 月第 5 次印刷
定　　价：54.00 元

凡所购买电子工业出版社图书有缺损问题，请向购买书店调换。若书店售缺，请与本社发行部联系，联系及邮购电话：（010）88254888，88258888。
质量投诉请发邮件至 zlts@phei.com.cn，盗版侵权举报请发邮件至 dbqq@phei.com.cn。
本书咨询联系方式：（010）88254015，wangzs@phei.com.cn，QQ83169290。

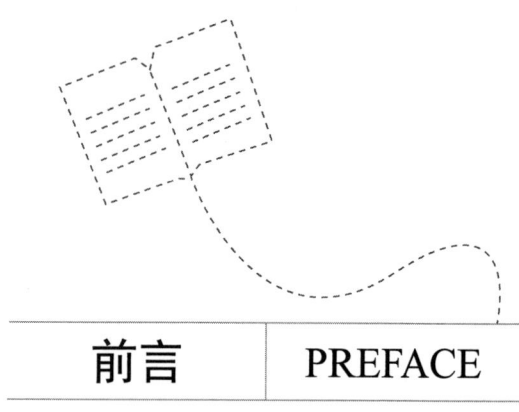

前言 PREFACE

为适应企业发展对专业人才的需求,依托实习基地充分调研和论证,以企业生产中的实际案例入手,秉承"讲、学、练、做"一体化的教学理念,依据工学结合、学练结合的原则,经过分析、总结和提炼,将企业岗位(群)任职要求、职业标准、工作过程作为教材主体内容,有机融入以德树人、工匠精神等课程思政元素。

本书以"工学结合、项目引导、任务驱动、'做中学,学中做,学做一体,边学边做'一体化"的方式组织教学内容,综合基本知识和基本技能;项目设计以工作任务为中心开展实训,任务设置具有可操作性和实用性,学生主动参与、教师指导引领完成工作任务掌握专业技能;任务内容处理充分考虑学生特点,突出学生学习能力的培养,提倡做学结合,整合专业知识和专业技能,充分协调学生知识、技能和职业素养三者间的关系,提高学生解决实际问题的综合能力,落实立德树人的根本任务,培养学生的工匠精神。

本书共五个项目,分别为:项目一常用低压电器的拆装、检测与维修;项目二常见电机的拆装、检测与维修;项目三电气控制电路的安装、接线与调试;项目四典型机床电气电路的故障检修;项目五电气控制电路的设计、安装与调试。书中涉及职业能力鉴定和培训内容,延伸本书的使用功能,提高学生就业上岗的适应能力。

本书由重庆安全技术职业学院张中华、张友刚、魏骏任主编。其中,张中华编写了项目一、项目三和项目五,张友刚编写了项目二,张友刚、魏骏共同编写了项目四,魏骏编写了附录部分。中国船舶重工集团衡远科技有限公司王菊艳工程师提供了大量编写素材,并给予指导,在此谨致以衷心感谢。全书由张中华负责统稿。

编写本书时,编者查阅和参考了众多文献资料,在此向参考文献的作者致以诚挚的谢意。

由于编者水平有限,书中若有疏漏和不妥之处,敬请广大读者提出宝贵意见,以利于本书在今后做进一步完善。

编 者

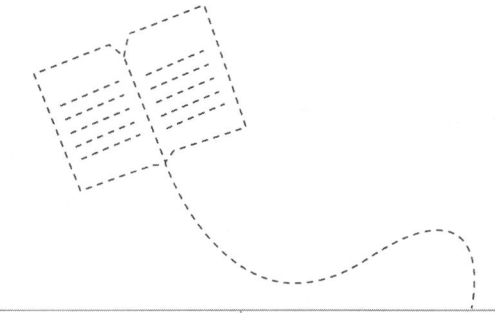

目录 CONTENTS

项目一　常用低压电器的拆装、检测与维修 1
　　任务 1　刀开关、组合开关的拆装与检修 2
　　任务 2　低压断路器的拆装与检修 9
　　任务 3　熔断器的拆装、选择与检修 14
　　任务 4　接触器的拆装、检测与维修 18
　　任务 5　继电器的拆装、检测与维修 28
　　任务 6　主令电器的拆装、检测与维修 39

项目二　常见电机的拆装、检测与维修 47
　　任务 1　直流电动机的拆装、检测与维修 48
　　任务 2　三相异步电动机的拆装、检测与维修 60
　　任务 3　特种电机的拆装、检测与维修 77

项目三　电气控制电路的安装、接线与调试 89
　　任务 1　三相异步电动机单向控制电路的安装、接线与调试 90
　　任务 2　三相异步电动机正反转控制电路的安装、接线与调试 103
　　任务 3　三相异步电动机自动往返控制电路的安装、接线与调试 110
　　任务 4　三相异步电动机顺序控制电路的安装、接线与调试 116
　　任务 5　三相异步电动机降压启动电路的安装、接线与调试 124
　　任务 6　三相异步电动机制动电路的安装、接线与调试 132
　　任务 7　三相异步电动机调速控制电路的安装、接线与调试 140
　　任务 8　直流电动机启动、制动控制电路的安装、接线与调试 146

项目四　典型机床电气电路的故障检修 155
　　任务 1　车床电气电路的故障检修 156
　　任务 2　铣床电气电路的故障检修 163
　　任务 3　钻床电气电路的故障检修 174
　　任务 4　磨床电气电路的故障检修 181
　　任务 5　镗床电气电路的故障检修 189
　　任务 6　桥式起重机电气电路的故障检修 197

项目五　电气控制电路的设计、安装与调试 214
　　任务 1　典型环节电气控制电路的设计、安装与调试 215
　　任务 2　机床电气控制电路的设计、安装与调试 223

附录 A　常用电气符号 233
附录 B　特种作业（低压电工）电工技能实操考试资料 236
参考文献 248

项目一

常用低压电器的拆装、检测与维修

项目描述

低压电器是一种能根据外界信号和要求，手动或自动地接通、断开电路，以实现对电路或非电对象的切换、控制、保护、检测、变换和调节的元件或设备。本项目以常用低压电器为主线，以低压控制电器为重点展开介绍。通过本项目的学习，学生可掌握常用低压电器的外形和基本结构，了解其主要参数选择；能对低压电器进行简单维修；能正确拆卸、组装常用低压电器，并能排除常见故障。

思维导图

常用低压电器的拆装、检测与维修
- 任务1：刀开关、组合开关的拆装与检修
- 任务2：低压断路器的拆装与检修
- 任务3：熔断器的拆装、选择与检修
- 任务4：接触器的拆装、检测与维修
- 任务5：继电器的拆装、检测与维修
- 任务6：主令电器的拆装、检测与维修

任务1　刀开关、组合开关的拆装与检修

能力目标

（1）熟悉刀开关、组合开关的外形和基本结构。
（2）能正确拆装常用刀开关、组合开关，并能检测其质量好坏。
（3）掌握刀开关、组合开关的安装方法及常见故障的排除方法。

使用器材、工具、设备

（1）器材：根据实际需求准备刀开关、组合开关。
（2）工具：常用电工工具1套（螺丝刀、镊子、钢丝钳、尖嘴钳）。
（3）设备：万用表、绝缘电阻表等。

任务要求及实施

一、任务要求

对常用刀开关、组合开关进行拆装与检修。

二、任务实施

1. 刀开关拆装

（1）刀开关的拆卸步骤。

瓷柄→胶盖→瓷底座→静触片→动触片→熔体端子→接电源端→接负载端。

（2）刀开关的装配注意事项。

① 应垂直于地面安装，合闸位置应在上方，不允许横装或倒装，更不允许将开关放在地上使用。

② 电源进出线不能接反。电源进线应接在上端接线座，负载控制电路应接在下端接线座，保证更换熔丝时的安全。

③ 安装后应检查刀片和夹座是否接触良好，若刀片和夹座歪扭或夹座压力不足，则应及时修复。

④ 只有在刀闸断开的情况下才能更换熔丝。熔丝只能用与原熔丝规格相同的，严禁用铝丝、铜丝代替。

（3）刀开关的检测。

① 功能检测。观察刀开关螺钉是否齐全、牢固，利用万用表欧姆挡测试刀开关输入端和输出端是否全部接通。检测两相、三相等刀开关断合闸动作的一致性。

② 外观检测。外壳应无损伤、结构完整等。

（4）填写记录表，如表1-1-1所示。

表 1-1-1 刀开关的基本结构及参数测试

型 号			极 数			主要零部件	
						名称	作用
拆卸前分闸触点接触电阻			拆卸前合闸触点接触电阻				
L1 相	L2 相	L3 相	L1 相	L2 相	L3 相		
装配后分闸触点接触电阻			装配后合闸触点接触电阻				
L1 相	L2 相	L3 相	L1 相	L2 相	L3 相		
拆卸前相间绝缘电阻							
L1-L2		L2-L3		L3-L1			
装配后相间绝缘电阻							
L1-L2		L2-L3		L3-L1			

（5）刀开关的检修。刀开关的检修参照后文刀开关的故障诊断及排除方法。

2．组合开关的拆装

（1）组合开关的拆卸步骤。

手柄→转轴→凸轮→触点→其他零部件。

（2）组合开关的装配步骤。

触点和接线端→绝缘杆→凸轮及转轴→双盖和手柄→旋转手柄，检查是否安装良好。

（3）组合开关的检测。

① 功能检测。观察组合开关螺钉是否齐全、牢固，利用万用表欧姆挡测试组合开关输入端和输出端是否全部接通。

② 外观检测。外壳应无损伤等。

（4）填写记录表，如表 1-1-2 所示。

表 1-1-2 组合开关的基本结构及参数测试

型 号			极 数			主要零部件	
						名称	作用
装配后，手柄 0 位置接线端子电阻			装配后，手柄 1 位置接线端子电阻				
L1 相	L2 相	L3 相	L1 相	L2 相	L3 相		
拆卸前相间绝缘电阻							
L1-L2		L2-L3		L3-L1			
装配后相间绝缘电阻							
L1-L2		L2-L3		L3-L1			

（5）组合开关的检修。组合开关的检修参照后文组合开关的故障诊断及排除方法。

考核标准及评价

从知识与技能、学习态度与团队意识和工作与职业操守三方面进行综合考核，具体的评价标准如表 1-1-3 所示。

表 1-1-3 考核评价表

考核内容	考核方式	评价标准与得分				
		标准	分值	互评	教师评分	得分
知识与技能（70分）	教师评价+互评	能正确认识刀开关、组合开关	10分			
		能正确拆装刀开关、组合开关	30分			
		能检测刀开关、组合开关	30分			
学习态度与团队意识（15分）	教师评价	学习积极性高、有自主学习能力	3分			
		有分析和解决问题的能力	3分			
		能组织和协调小组活动过程	3分			
		有团队协作精神、能顾全大局	3分			
		有合作精神、热心帮助小组其他成员	3分			
工作与职业操守（15分）	教师评价+互评	有安全操作、文明生产的职业意识	3分			
		诚实守信、实事求是、有创新精神	3分			
		遵守纪律、规范操作	3分			
		有节能环保和产品质量意识	3分			
		能够不断反思、优化和完善	3分			

知识要点

一、低压电器的作用与分类

电器是一种能够根据外界信号的要求，手动或自动地接通或断开电路，断续或连续地改变电路参数，以实现电路或非电对象的切换、控制、保护、检测、变换或调节作用的电气设备。简言之，电器就是一种能控制电的工具。

1．按工作电压等级分

低压电器：工作电压在交流 1200V 或直流 1500V 以下的电器。

高压电器：工作电压在交流 1200V 或直流 1500V 以上的电器。

2．按动作原理分

手动电器：需要人工直接操作才能完成指令任务的电器，如刀开关、组合开关、控制器、转换开关、控制按钮等。

自动电器：依靠指令或物理量变化而自动动作的电器，如接触器、继电器等。

3．按用途分

控制电器：用于各种控制电路和控制系统的电器，如接触器、控制器、启动器等。要求这类电器有一定的通断能力，能耐受较高的操作频率、电寿命及机械寿命长。

主令电器：用于自动控制系统中发送控制指令的电器，如控制按钮、行程开关、万能转换开关等。要求这类电器能耐受较高的操作频率，机械寿命长及抗冲击性能好。

保护电器：用于保护电路及用电设备的电器，如熔断器、热继电器等。要求这类电器可靠性高、灵敏度好、具有一定的通断能力。

配电电器：用于电能输送和分配的电器，如高压断路器、隔离开关、刀开关等。要求这类电器分断能力强、限流效果好、动稳定性和热稳定性好。

执行电器：用于完成某种动作或传动功能的电器，如电磁铁、电磁耦合器等。要求这类电器可靠性高、灵敏度好、具有一定的通断能力。

4．按工作原理分

电磁式低压电器：依据电磁感应原理工作的电器，如交直流接触器、各种电磁式继电器等。

非电量控制电器：靠外力或某种非电物理量变化而动作的电器，如刀开关、速度继电器、压力继电器等。

二、刀开关

刀开关俗称闸刀开关或隔离开关，是手动控制电器中最简单而使用又较广泛的一种低压电器，用于接通和断开长期工作设备的电源，或者用来控制不频繁启动和停止、容量小于 7.5kW 的电动机。

刀开关主要由操作手柄、触刀、触点座和底座组成。通过对手柄的操作来控制触点的闭合和断开。其形式有单极、双极、三极等。

安装刀开关时，合上开关后手柄应在上方，不得倒装，以免手柄因自身重力下滑而引起误操作造成人身安全事故。接线时，应将电源线接在上端，这样拉闸后，刀片和电源隔离，可防止意外事故发生。

国内的刀开关主要有 HD 系列板用刀开关和 HS 系列刀形转换开关，其中板用刀开关可以用来接通或断开负载电路；而刀形转换开关只是用来隔离电流的隔离开关。刀开关的文字符号为 Q 或 QS。图 1-1-1 所示为 HD 型单投刀开关的结构示意图和图形符号。

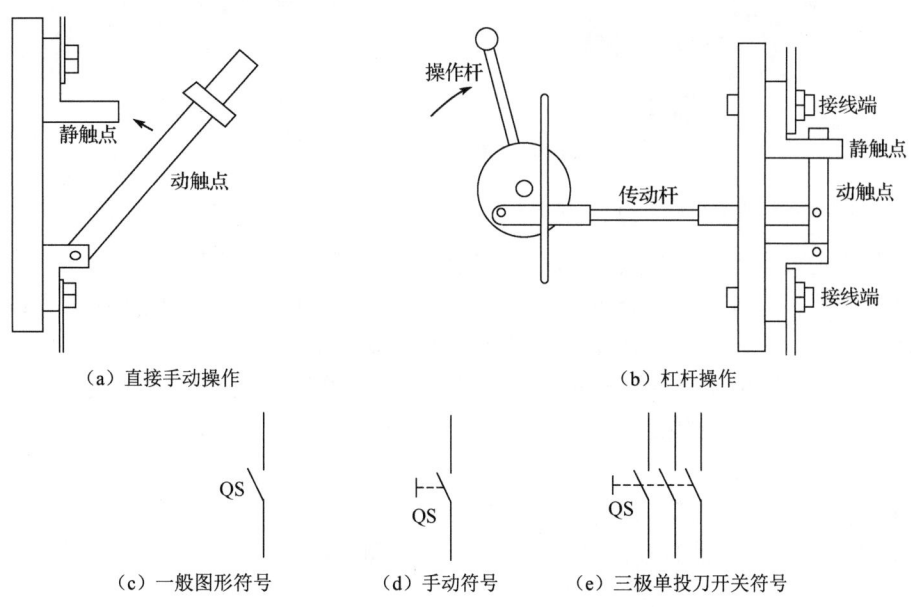

图 1-1-1　HD 型单投刀开关的结构示意图和图形符号

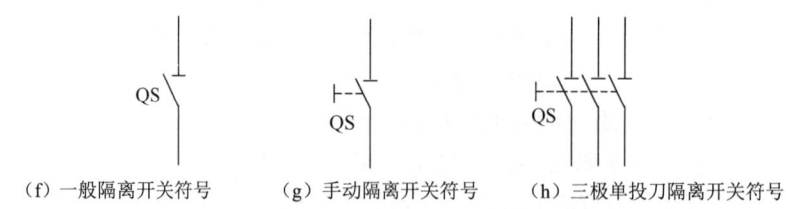

(f) 一般隔离开关符号　　(g) 手动隔离开关符号　　(h) 三极单投刀隔离开关符号

图 1-1-1　HD 型单投刀开关的结构示意图和图形符号（续）

刀开关的型号及含义如下：

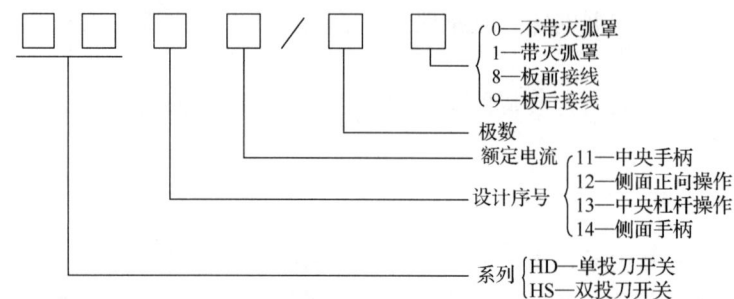

为了使用方便和减小体积，在刀开关上安装熔丝或熔断器，组成兼有通断电路和保护作用的开关电器，如胶盖闸刀开关（HK 系列）、熔断器式刀开关（HR 系列）等。图 1-1-2 所示为 HK 系列陶瓷底座胶盖刀开关。图 1-1-3 所示为 HR 系列刀熔开关。

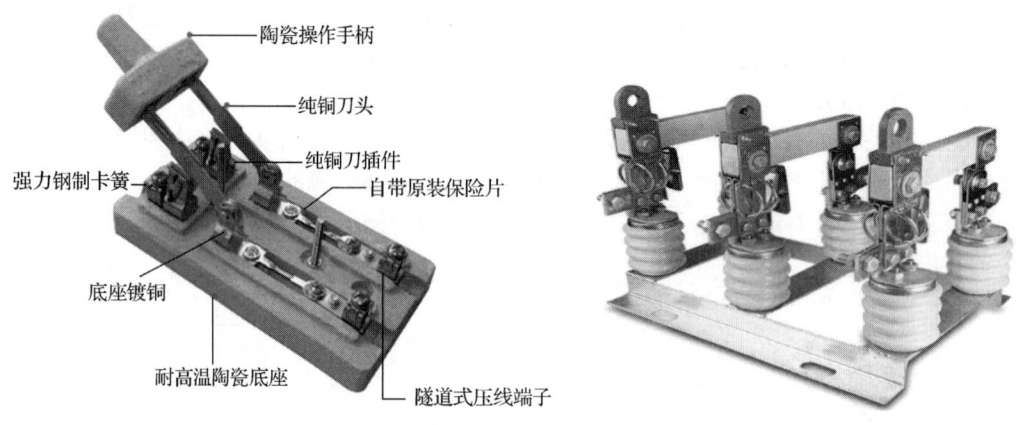

图 1-1-2　HK 系列陶瓷底座胶盖刀开关　　　　图 1-1-3　HR 系列刀熔开关

刀开关的主要技术参数有额定电流、额定电压、极数、控制容量等。

刀开关一般根据其控制回路的电压、电流来选择。刀开关的额定电压应大于或等于控制回路的工作电压。在正常情况下，刀开关一般能接通和分断其额定电流，因此，对于普通负载可根据其额定电流来选择刀开关的额定电流。当用刀开关控制电动机时，考虑电动机的启动电流可达 4～7 倍的额定电流，宜选额定电流为电动机额定电流 3 倍左右的刀开关。

刀开关的检查步骤如下。

① 检查负载电流是否超过刀开关的额定电流。

② 检查刀开关动、静触点的连接是否不实，静触点闭合力是否不够或刀开关合闸是否到位等。

③ 检查刀开关的进出线端子在开关连接处压接是否牢固，有无接触不良、过热形变等现象。

④ 检查绝缘拉杆、底座等绝缘部分有无损伤和放电现象。
⑤ 检查动、静触点有无烧损及缺损。
⑥ 检查刀开关三相合闸的同期性，分、合闸时三相闸刀动作是否一致，触点接触是否严密。

刀开关的故障诊断及排除方法如表 1-1-4 所示。

表 1-1-4 刀开关的故障诊断及排除方法

故障现象	故障诊断	排除方法
触刀过热甚至烧毁	电路电流过大	改用较大容量的开关
	触刀和静触座歪扭	调整触刀和静触座的位置
	触刀表面被电弧烧毛	磨掉毛刺和凸起点
开关手柄转动失灵	定位机械部分损坏	修理或更换
	触刀固定螺钉松脱	拧紧固定螺钉
合闸后一相或两相无电压	静触点弹性消失，开口过大，使动、静触点不能接触	更换静触点
	熔丝熔断或虚连	更换熔丝或重新连接熔丝
	动、静触点氧化或有污垢	清洁触点
	电源进出线线头接触不良	检查进出线，重新连接
动、静触点烧坏	刀开关容量太小	更换大容量刀开关
	拉、合闸时动作太慢造成电弧过大，烧坏触点	改善操作方法

三、组合开关

组合开关又称转换开关，是由多节触点组合而成的刀开关。在电气控制电路中常作为电源的引入开关，可用来直接启动或停止小功率电动机，或者使电动机正反转。其优点是体积小、寿命长、结构简单、操作方便。组合开关多用于机床电气控制电路中，额定电压为 380V，额定电流有 6A、10A、15A、25A、60A、100A 等。

组合开关的外形、结构示意图及图形符号如图 1-1-4 所示，内部有三个静触点，分别与三层绝缘板相隔，各自附有连接电路的接线柱。三个动触点互相绝缘，与各自的静触点对应，套在共同的绝缘杆上。绝缘杆的一端装有操作手柄，转动手柄可调整三组触点之间的开合或切换。开关内安装有速断弹簧，用于加快开关的分断速度。

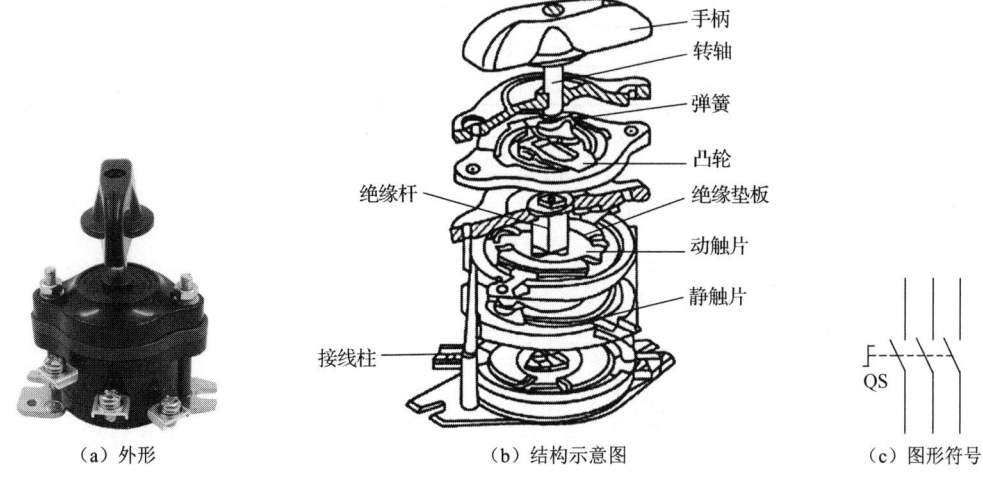

图 1-1-4 组合开关的外形、结构示意图及图形符号

组合开关的型号及含义如下：

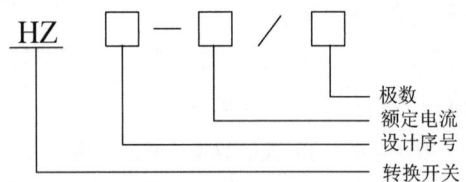

选用组合开关时，应根据用电设备的耐压等级、容量和极数等综合考虑。用于控制照明电路或电热设备时，其额定电流应大于或等于被控电路中各负载电流之和；用于控制小型电动机不频繁地全压启动时，其额定电流应大于电动机额定电流的 1.5 倍，每小时切换次数不宜超过 15～20 次。

组合开关的使用和维护注意事项具体如下。

① 组合开关不得超负荷运行，最好不要带负荷接通和切断电源，以免损坏开关触点，缩短使用寿命。

② 不得随意拆装组合开关。若必须拆开维修，则要按步骤顺序进行，安装完毕应转动手柄，检查接触情况，并用兆欧表检查各极间的绝缘情况。

③ 安装在底板、面板上的组合开关，应用保护罩将其罩入，至少要将接线端子用绝缘材料保护起来，防止发生事故。

④ 用作电源引入时，应使用带有锁住机构的组合开关，以便机床操作者不用机床时能锁住电源开关，防止别人随意转动组合开关，接通机床电源。

组合开关的故障诊断及排除方法如表 1-1-5 所示。

表 1-1-5　组合开关的故障诊断及排除方法

故障现象	故障诊断	排除方法
手柄转不动或手柄转动无定位感觉，造成组合开关不能闭合或断开	组合开关内部机械机构卡住或松动脱开	重新调整或更换机械机构
动、静触点烧毛，甚至熔焊，不能随手柄转动而断开	带负荷切断电源或组合开关选用不合理，长期超负荷工作	增大容量
动、静触点接触不良，或者内部接点起弧烧灼	接触电阻过大	调整动、静触点或清除触点
	开关额定电流小于负荷回路电流	增大容量
开关动触片无法转动改变接点位置	转轴上扭簧松软或断裂	更换扭簧
外部连接点放电、打火、烧损或短路	固定螺钉松动，旋转操作频繁	拧紧固定螺钉，降低操作频次

思考与练习

1. 按工作电压等级将电器分为_____和_____。
2. 按用途将电器分为_____、_____、_____、_____和_____。
3. 刀开关主要由_____、_____、_____和_____组成。

任务2　低压断路器的拆装与检修

能力目标

（1）熟悉常用低压断路器的外形和基本结构。
（2）能正确拆装常用低压断路器，并能检测其质量好坏。
（3）掌握低压断路器的安装方法及常见故障的排除方法。

使用器材、工具、设备

（1）器材：低压断路器（不同型号）若干，根据实际需求准备。
（2）工具：常用电工工具1套（螺丝刀、镊子、钢丝钳、尖嘴钳）。
（3）设备：万用表、绝缘电阻表等。

任务要求及实施

一、任务要求

对常用低压断路器进行拆装与检修。

二、任务实施

（1）拆卸过程。

按钮→灭弧器→热脱扣器→静触点→动触点→电磁脱扣器→接线柱。

（2）装配过程。

装配过程为拆卸的逆过程，在此不具体阐述。

（3）低压断路器的检测。

① 功能检测。观察低压断路器螺钉是否齐全、牢固，利用万用表欧姆挡测试低压断路器输入端和输出端是否全部接通。

② 外观检测。外壳应无损伤等。

（4）填写记录表，如表1-2-1所示。

表1-2-1　低压断路器的基本结构及参数测试

型　　号			极　　数			主要零部件	
						名称	作用
拆卸前分闸触点接触电阻			拆卸前合闸触点接触电阻				
L1相	L2相	L3相	L1相	L2相	L3相		
装配后分闸触点接触电阻			装配后合闸触点接触电阻				
L1相	L2相	L3相	L1相	L2相	L3相		
拆卸前相间绝缘电阻							
L1-L2		L2-L3		L3-L1			
装配后相间绝缘电阻							
L1-L2		L2-L3		L3-L1			

(5)低压断路器的检修。低压断路器的检修参照后文低压断路器的故障诊断及排除方法。

考核标准及评价

从知识与技能、学习态度与团队意识和工作与职业操守三方面进行综合考核,具体的评价标准如表 1-2-2 所示。

表 1-2-2 考核评价表

考核内容	考核方式	评价标准与得分				
		标准	分值	互评	教师评分	得分
知识与技能 (70 分)	教师评价+ 互评	能正确认识低压断路器	10 分			
		能正确拆装低压断路器	30 分			
		能检测低压断路器	30 分			
学习态度与团队意识(15 分)	教师评价	学习积极性高、有自主学习能力	3 分			
		有分析和解决问题的能力	3 分			
		能组织和协调小组活动过程	3 分			
		有团队协作精神、能顾全大局	3 分			
		有合作精神、热心帮助小组其他成员	3 分			
工作与职业操守 (15 分)	教师评价+ 互评	有安全操作、文明生产的职业意识	3 分			
		诚实守信、实事求是、有创新精神	3 分			
		遵守纪律、规范操作	3 分			
		有节能环保和产品质量意识	3 分			
		能够不断反思、优化和完善	3 分			

知识要点

一、低压断路器的结构与工作原理

低压断路器又称自动空气开关或自动空气断路器。低压断路器集控制和多种保护功能于一体,除能接通和分断电路以外,还能对电路或电气设备发生的短路、过载、失压等故障进行保护。它的动作参数可根据用电设备的要求人为进行调整,使用方便可靠。通常低压断路器按结构形式可分为装置式(塑料外壳式)和万能式(框架式)。在此重点介绍装置式低压断路器。

装置式低压断路器一般用作配电电路的保护开关、电动机及照明电路的控制开关等。其结构如图 1-2-1 所示,主要由触点系统、灭弧装置、自动与手动操作机构、脱扣器、外壳等组成。

装置式低压断路器的工作原理如图 1-2-2(a)所示,在正常状态下,主触点 1 闭合,与转轴相连的锁扣 3 与跳钩 2 紧扣,使与跳钩相连的弹簧处于拉伸状态。此时,热脱扣器 9 的双金属片温升不高,不会使双金属片弯曲到顶开锁扣。过流脱扣器 10 的线圈磁力不大,不能吸住衔铁去拨动锁扣,开关处于正常吸合供电状态。若主电路发生过载,则热脱扣器动作,使锁扣与跳钩分开,弹簧拉力使触点分离,进而切断主电路;若主电路发生短路,则过流脱扣器动作,使锁扣与跳钩分开,弹簧拉力使触点分离,进而切断主电路;当电压出现失电压或低于动作值时,失压脱扣器 5 动作,使锁扣与跳钩分开切断回路,起到失电压保护作用。脱扣按钮 6、7 则用于远距离分断电路,根据操作人员的命令或其他信号使线圈通电或失电,从而使低压断路器跳闸。装置式低压断路器的图形符号和文字符号如图 1-2-2（b）所示。

（a）外形

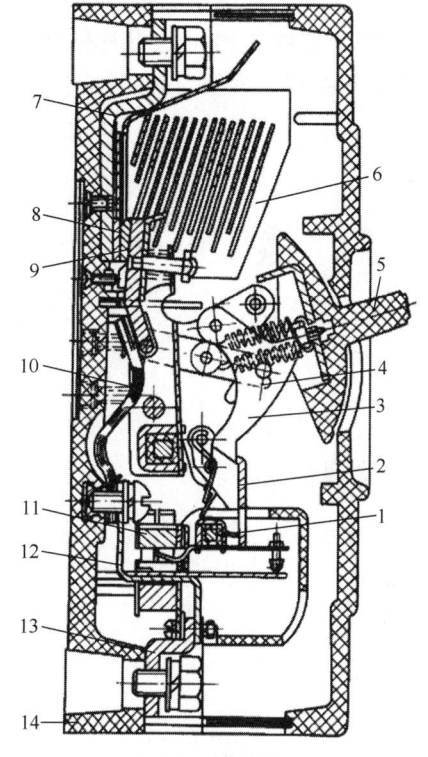
（b）内部结构

1—牵引杆；2—锁扣；3—跳钩；4—连杆；5—操作手柄；6—灭弧室；7—引入线和接线端子；8—静触点；
9—动触点；10—可挠连接条；11—电磁脱扣器；12—热脱扣器；13—引出线和接线端子；14—塑料底座

图 1-2-1　装置式低压断路器的结构

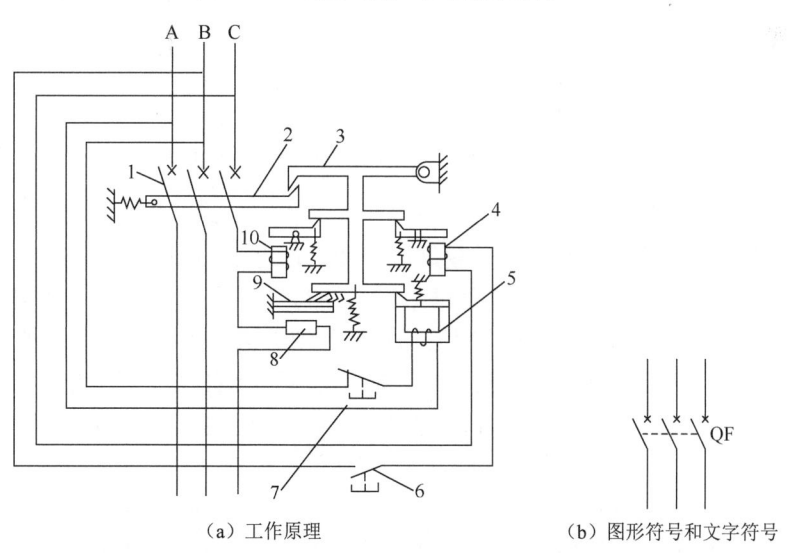

（a）工作原理　　　　　　　　　　（b）图形符号和文字符号

1—主触点；2—跳钩；3—锁扣；4—分励脱扣器；5—失压脱扣器；
6、7—脱扣按钮；8—热电阻丝；9—热脱扣器；10—过流脱扣器

图 1-2-2　装置式低压断路器的工作原理和电气符号

低压断路器与刀开关和熔断器相比,具有结构紧凑、安装方便、操作安全的优点,而且在进行短路保护时,用电磁脱扣器将电源断开,可以避免电动机缺相运行的可能。另外,低压断路器的脱扣器可以重复使用,不必更换。常用的低压断路器主要有 DZ10、DZ15、DZ20 等系列,其型号含义如图 1-2-3 所示。

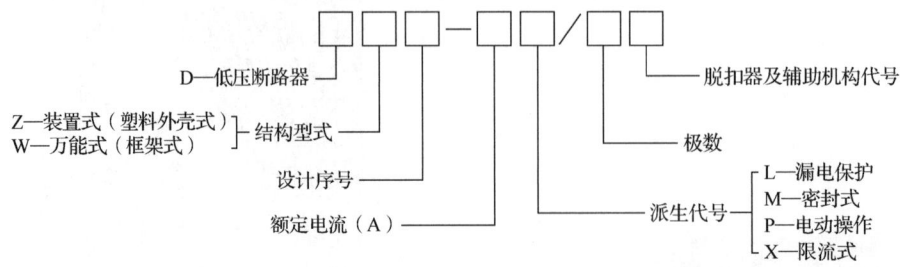

图 1-2-3　低压断路器的型号含义

二、漏电保护断路器

漏电保护断路器是为了防止发生人身触电和漏电火灾等事故而研制的一种新型保护设备,能有效地保证人身和电路的安全。电磁式电流动作型漏电保护断路器的工作原理如图 1-2-4 所示。

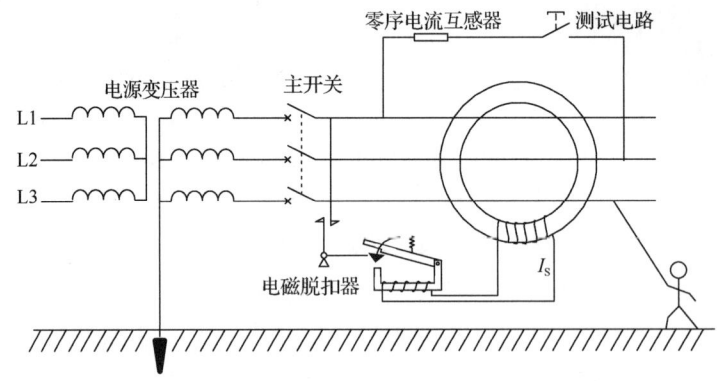

图 1-2-4　电磁式电流动作型漏电保护断路器的工作原理

电磁式电流动作型漏电保护断路器由主开关、测试电路、电磁脱扣器和零序电流互感器等组成。正常工作时,不论三相负载是否平衡,通过零序电流互感器主电路的三相电流相量之和都等于零,故其二次绕组中无感应电动势产生,漏电保护断路器工作于闭合状态。如果发生漏电或触电事故,三相电流相量之和便不再等于零,而等于某一电流 I_S。I_S 会通过人体、大地、变压器中性点形成回路,零序电流互感器二次侧产生与 I_S 对应的感应电动势,加到电磁脱扣器上,当 I_S 达到一定值时,电磁脱扣器动作,推动主开关的锁扣,分断主电路。

为便于检验漏电开关的可靠性,开关上设有试验按钮,与一个限流电阻 R 串联后跨接于两相电路。当按下试验按钮后,漏电保护断路器立即分闸,证明该开关的漏电保护功能良好。

三、低压断路器的选用

① 低压断路器的额定电压和额定电流≥电路的额定电压和最大工作电流。
② 低压断路器极限通断能力≥电路最大短路电流。
③ 低压断路器脱扣器额定电流≥负载工作电流。
④ 电路末端单相对地短路电流/低压断路器瞬时（或短路时）脱扣器整定电流≥1.25。
⑤ 低压断路器欠电压脱扣器额定电压=电路额定电压。
⑥ 低压断路器类型应根据电路的额定电流及保护的要求来选择。

四、低压断路器的检查

① 检查所带正常最大负荷是否超过低压断路器的额定值。
② 检查传动机构及相间绝缘，主轴的工作状态，看前者有无变形、锈蚀、销钉松脱现象，后者有无裂痕、表层剥落和放电现象。
③ 检查灭弧罩的工作位置是否因受振动而移动，外观是否完整，有无喷弧痕迹和受潮情况。
④ 监听低压断路器在运行时有无异常响声。
⑤ 检查触点系统和导线连接点处有无过热现象，特别是有热元件保护装置的，更应注意。
⑥ 遇有灭弧罩损坏，不论是多相还是一相，均应停止使用。
⑦ 检查脱扣器工作状态，如整定值指示位置是否与被保护负荷相符，电磁铁表面及间隙是否清洁，弹簧的外观有无锈蚀，线圈有无过热及异常响声等。
⑧ 检查分合闸状态是否与辅助触点所串接的信号指示灯相符。
⑨ 低压断路器因发生短路故障而掉闸或遇有喷弧现象时，除排除故障以外，还需要对开关解体检修，重点检修触点系统和灭弧罩。
⑩ 若发生长时间的负荷变动，需要相应调节过电流脱扣器的整定值，则必要时应更换低压断路器设备或附件。

五、低压断路器的故障诊断及排除方法

低压断路器的故障诊断及排除方法如表 1-2-3 所示。

表 1-2-3　低压断路器的故障诊断及排除方法

故障现象	故障诊断	排除方法
不能合闸	欠压脱扣器无电压或线圈损坏	检查施加电压或更换线圈
	储能弹簧变形	更换储能弹簧
	反作用弹簧力过大	重新调整
	操作机构不能复位再扣	调整脱扣器至规定值
电流达到整定值，低压断路器不动作	热脱扣器双金属片损坏	更换双金属片
	电磁脱扣器的衔铁与铁心距离太大或电磁线圈损坏	调整衔铁与铁心的距离或更换低压断路器
	主触点熔焊	检查原因并更换主触点

续表

故障现象	故障诊断	排除方法
启动电动机时低压断路器立即分断	电磁脱扣器瞬时整定值过小	调高整定值至规定值
	电磁脱扣器的某些零件损坏	更换电磁脱扣器
低压断路器闭合一定时间后自行分断	热脱扣器整定值过小	调高整定值至规定值
低压断路器温升过高	触点压力过小	调整触点压力或更换弹簧
	触点表面过分磨损或接触不良	更换触点或修整接触面
	两个导电零件连接螺钉松动	重新拧紧

思考与练习

1. 填空题

（1）通常低压断路器按结构形式可分为_____和_____。

（2）主电路发生短路时，_____脱扣器动作；电压出现失电压或低于动作值时，_____脱扣器动作；主电路处于过载运行时，_____脱扣器动作。

2. 思考题

（1）简述低压断路器的主要结构和各部件作用。

（2）简述低压断路器有哪些保护功能。

任务3 熔断器的拆装、选择与检修

能力目标

（1）熟悉熔断器的外形和基本结构。

（2）理解熔断器的保护特性和熔断器参数选择。

（3）能正确拆装常用熔断器，并能检测其质量好坏。

（4）掌握熔断器的安装方法及常见故障的排除方法。

使用器材、工具、设备

（1）器材：根据实际需求准备插入式熔断器、螺旋式熔断器若干。

（2）工具：常用电工工具1套（螺丝刀、镊子、钢丝钳、尖嘴钳）。

（3）设备：万用表、绝缘电阻表等。

任务要求及实施

一、任务要求

对常用熔断器进行拆装、检测与参数选择。

二、任务实施

（1）拆卸过程。

插入式熔断器：动触片→熔体→静触片。

螺旋式熔断器：瓷帽→熔断指示器→熔体→下接线端→上接线端。

（2）装配过程。

装配过程为拆卸的逆过程，在此不具体阐述。

（3）熔断器的检测。

① 功能检测。观察熔断器螺钉是否齐全、牢固，利用万用表欧姆挡测试熔体是否断路，检测熔断器输入端和输出端是否全部接通。

② 外观检测。外壳应无损伤等。

（4）填写记录表，如表1-3-1所示。

表1-3-1 熔断器的基本结构及参数测试

型号		主要零部件			
插入式熔断器	螺旋式熔断器	插入式熔断器		螺旋式熔断器	
		名称	作用	名称	作用
熔断器（无熔体）					
输入、输出端接触电阻	输入、输出端接触电阻				
熔断器（有熔体）					
输入、输出端接触电阻	输入、输出端接触电阻				

（5）熔断器的检修。熔断器的检修参照后文熔断器的故障诊断及排除方法。

考核标准及评价

从知识与技能、学习态度与团队意识和工作与职业操守三方面进行综合考核，具体的评价标准如表1-3-2所示。

表1-3-2 考核评价表

考核内容	考核方式	评价标准与得分				
		标准	分值	互评	教师评分	得分
知识与技能 （70分）	教师评价+ 互评	能正确认识熔断器	10分			
		能正确拆装熔断器	30分			
		能检测熔断器	10分			
		能选择熔断器	20分			
学习态度与团队 意识（15分）	教师评价	学习积极性高、有自主学习能力	3分			
		有分析和解决问题的能力	3分			
		能组织和协调小组活动过程	3分			
		有团队协作精神、能顾全大局	3分			
		有合作精神、热心帮助小组其他成员	3分			
工作与职业操守 （15分）	教师评价+ 互评	有安全操作、文明生产的职业意识	3分			
		诚实守信、实事求是、有创新精神	3分			
		遵纪律、规范操作	3分			
		有节能环保和产品质量意识	3分			
		能够不断反思、优化和完善	3分			

知识要点

一、熔断器的结构和特性

熔断器是一种简单有效的保护电器,以串联方式连接于电路中,起短路和过载保护作用。

熔断器主要由熔体和绝缘底座组成,如图 1-3-1 所示。熔体材料有两种,在小容量电路中,多用分断力不高的低熔点材料,如铅-锡合金、锌等;在大容量电路中,多用分断力高的高熔点材料,如铜、银等。当正常工作的时候,流过熔体的电流小于或等于它的额定电流,由于熔体发热温度尚未达到熔体的熔点,所以熔体不会熔断,电路仍保持接通。当流过熔体的电流达到额定电流的 1.3~2 倍时,熔体缓慢熔断;当流过熔体的电流达到额定电流的 8~10 倍时,熔体迅速熔断。电流越大,熔断速度越快,熔断器的这种特性称为安秒特性或保护特性,如图 1-3-2 所示。

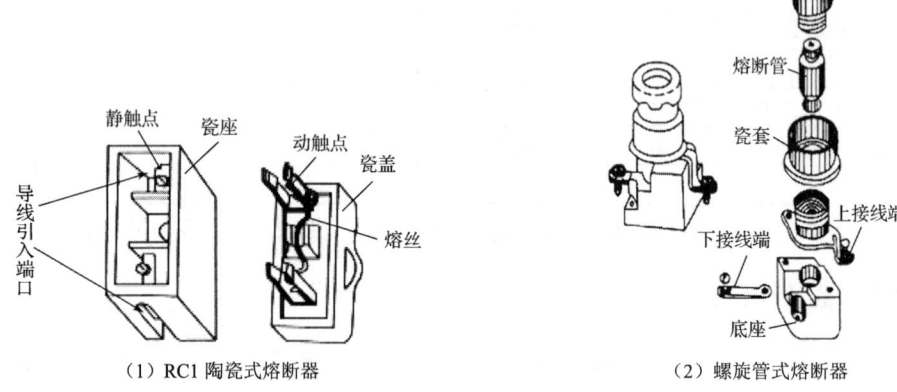

(1) RC1 陶瓷式熔断器　　　(2) 螺旋管式熔断器

图 1-3-1　熔断器的主要结构

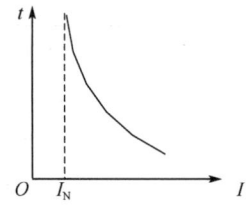

图 1-3-2　熔断器的安秒特性

熔断器的种类繁多,常用熔断器有插入式、螺旋式、封闭管式、自复式。

(1) 插入式熔断器主要用于交流频率为 50Hz、额定电压为 380V 及以下的电路末端,作为供配电系统导线及电气设备(如电动机、负荷开关)的短路保护电器,也可作为民用照明等电路的保护电器。

(2) 螺旋式熔断器的熔断管内装有石英砂或惰性气体,用于熄灭电弧,具有较高的分断能力,并带有熔断指示器,当熔体熔断时,指示器自动弹出。螺旋式熔断器多用于机床配线中作为短路保护电器。

(3) 封闭管式熔断器分为无填料封闭管式熔断器、有填料封闭管式熔断器和快速熔断器 3 种。无填料封闭管式熔断器用于低压电力网络、成套配电设备中作为短路保护和连续过载保护电器；有填料封闭管式熔断器管内装有石英砂，灭弧能力强，断流能力大，适用于具有较大短路电流的电力输配电系统；快速熔断器主要作为硅整流管及其成套设备的过载及短路保护电器。

（4）自复式熔断器是一种新型熔断器，采用金属钠作为熔体。在常温下，钠的电阻很小，允许通过正常工作电流。当电路发生短路时，短路电流产生的高温使钠迅速熔化，气态钠的电阻很高，从而限制短路电流，当故障消除后，温度下降，气态钠又变为固态钠，恢复其良好的导电性。其优点是可重复使用，不必更换熔体；主要缺点是在电路中只能限制故障电流，而不能切断故障电流。

二、熔断器的命名与符号

熔断器的主要技术参数有额定电压、额定电流、熔体额定电流、额定分断能力等，其型号含义和电气符号如图 1-3-3 所示。

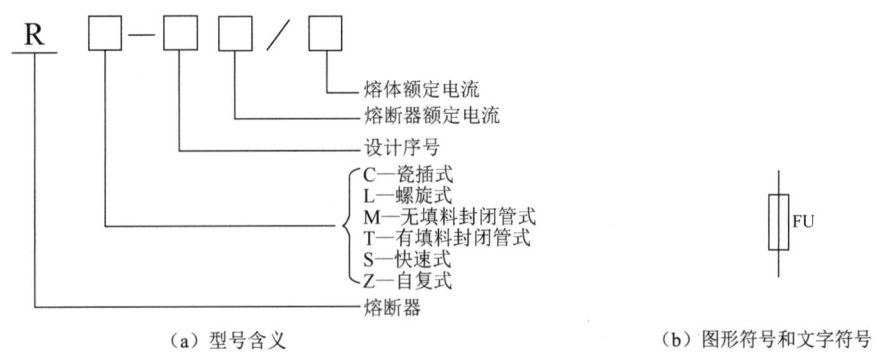

图 1-3-3 熔断器的型号含义和电气符号

三、熔断器的选用

（1）熔断器的类型应根据电路的要求、使用场合及安装条件进行选择。

（2）熔断器的额定电压必须大于或等于其所在工作点的电压。

（3）熔断器的额定电流应根据被保护电路及设备的额定负载电流选择。熔断器的额定电流必须大于或等于所安装熔体的额定电流。

（4）熔断器的额定分断能力必须大于电路中可能出现的最大故障电流。

（5）熔断器的选择需要考虑在同一电路网络中与其他配电电器、控制电器之间的选择性级差配合的要求。上一级熔断器熔体的额定电流应比下一级熔断器熔体的额定电流大 1～2 个级差。

（6）熔断器额定电流的选择。

① 对于只有很小或没有冲击电流的负载电路的保护，熔体的额定电流应稍大于或等于被保护电路的工作电流，即 $I_{FU} \geqslant I$。

② 对于电动机类负载，必须考虑启动冲击电流的影响来选择熔体额定电流，即 $I_{FU} \geqslant (1.5 \sim 2.5) I_N$。

③ 当多台电动机由一个熔断器保护时，熔断器熔体额定电流的选择应按下式计算，即

$I_{FU} \geq (1.5\sim2.5) I_{NMAX}+\sum I_N$，式中，$I_{NMAX}$ 为容量最大的一台电动机的额定电流；$\sum I_N$ 为其余电动机额定电流的总和。

④ 降压启动的电动机所选用的熔断器熔体额定电流可以稍大于或等于电动机的额定电流。

四、熔断器的故障诊断及排除方法

熔断器的故障诊断及排除方法如表 1-3-3 所示。

表 1-3-3 熔断器的故障诊断及排除方法

故障现象	故障诊断	排除方法
熔断器瓷件断裂	制造质量问题	应停电处理，更换瓷件
	外力破坏	
	过热	先查明并消除过热原因，再更换瓷件
接线端子发热	螺钉未拧紧，接触不良	拧紧螺钉，消除接触不良
	导线未处理好，表面氧化，接触不良	消除表面氧化物，处理干净
	铜铝接触	避免铜铝接触
熔丝（片）在正常情况下熔断	熔丝（片）选择不当，容量过小	更换合适的熔丝（片）
	熔丝（片）在安装时受损	更换受损熔丝（片）

思考与练习

1. 常用熔断器有哪些类型？
2. 在安装螺旋式熔断器时需要注意哪些问题？
3. 熔断器额定电流和熔体额定电流有什么区别？
4. 如何选择熔体和熔断器规格？

任务 4　接触器的拆装、检测与维修

能力目标

（1）熟悉接触器结构与工作原理。
（2）能正确拆装常用接触器，并能检测其质量好坏。
（3）掌握接触器常见故障的排除方法。

使用器材、工具、设备

（1）器材：根据实际需求准备各种类型的接触器。
（2）工具：常用电工工具 1 套（螺丝刀、镊子、钢丝钳、尖嘴钳）。
（3）设备：万用表、绝缘电阻表等。

任务要求及实施

一、任务要求

对常用接触器进行拆装、检测与维修。

二、任务实施

（1）拆卸过程。

① 灭弧罩拆卸。以 CJ10-20 交流接触器为例，该接触器的灭弧罩（陶瓷材料）易碎，拆卸两边紧固螺钉时应交替均匀松开，避免受力不均造成断裂。

② 主触点拆卸。先拆卸动触点的压力弹簧，再拆卸动触点；先利用螺丝刀拆卸静触点螺钉，再取下静触点。

③ 常开（动合）触点拆卸。先利用螺丝刀松开导线螺钉与连接片，再利用尖嘴钳拔出静触点。

④ 吸引线圈与铁心拆卸。接触器上下翻转，先利用螺丝刀拆卸后盖，取下铁心（静铁心）、铁心支架、缓冲弹簧；再利用尖嘴钳拔出吸引线圈的线端，取下线圈、反力弹簧。

⑤ 常闭（动断）触点拆卸。接触器上下翻转，先利用螺丝刀松开常闭触点的静触点上紧固导线的螺钉，再利用尖嘴钳拔出静触点。

（2）装配过程。检查所有触点、铁心及吸引线圈等零件，用清洁干布去除油污；触点如有烧蚀应予以修复；查看铁心的短路环是否完整；用万用表测量线圈电阻，判断线圈是否完好。完成上述检查后，按下列顺序进行装配。

① 铁心及线圈装配。先将反力弹簧装进槽内，再把吸引线圈装入衔铁（动铁心）中；用尖嘴钳将吸引线圈出线端插进接线片；装上缓冲弹簧、铁心支架及静铁心，盖上后盖时应检查是否平整，旋上螺钉紧固。

② 主触点装配。先利用螺丝刀紧固螺钉，使其主触点的静触点固定，嵌进槽内装平，不能错位；再将三个动触点装上，压上触点压力弹簧片，用手按下三个主触点检查，应无阻滞；最后利用螺丝刀装上接线螺钉。

③ 辅助触点装配。先将两对辅助常开触点推进槽内（要平整不能错位），装上接线螺钉。安装常闭触点的静触点时，要施加外力压下主触点，使辅助触点的动触片往下移位，用尖嘴钳将静触点嵌进槽内，旋上接线螺钉。

④ 灭弧罩装配。先将灭弧罩嵌进槽内放平整，然后均匀地拧紧两边的紧固螺钉。

（3）接触器的检测。

① 功能检测。观察接触器动、静触点螺钉是否齐全、牢固，动、静触点是否活动灵活。利用万用表欧姆挡测试常闭触点输入端和输出端是否全部接通，常开触点输入端和输出端是否全部断开。利用外力压下衔铁，常闭触点断开、常开触点闭合；若不是，则说明接触器相应触点已坏。用万用表欧姆挡测量线圈阻值，判断线圈好坏。

② 外观检测。动、静触点的螺钉应齐全、牢固，活动灵活，外壳无损伤等。

（4）填写记录表，如表 1-4-1 所示。

表 1-4-1 接触器的基本结构及参数测试

型　　号		容　　量		主要零部件	
				名称	作用
触点数					
主触点	辅助触点	常闭触点	常开触点		
触点阻值					
常开触点		常闭触点			
动作前	动作后	动作前	动作后		
线圈					
线径	匝数	电压	阻值		

（5）接触器的检修。接触器的检修参照后文接触器的故障诊断及排除方法。

考核标准及评价

从知识与技能、学习态度与团队意识和工作与职业操守三方面进行综合考核，具体的评价标准如表 1-4-2 所示。

表 1-4-2 考核评价表

考核内容	考核方式	评价标准与得分				
		标准	分值	互评	教师评分	得分
知识与技能 （70分）	教师评价+ 互评	能正确认识接触器	10分			
		能正确拆装接触器	30分			
		能检测接触器	20分			
		能选择接触器	10分			
学习态度与团队 意识（15分）	教师评价	学习积极性高、有自主学习能力	3分			
		有分析和解决问题的能力	3分			
		能组织和协调小组活动过程	3分			
		有团队协作精神、能顾全大局	3分			
		有合作精神、热心帮助小组其他成员	3分			
工作与职业操守 （15分）	教师评价+ 互评	有安全操作、文明生产的职业意识	3分			
		诚实守信、实事求是、有创新精神	3分			
		遵守纪律、规范操作	3分			
		有节能环保和产品质量意识	3分			
		能够不断反思、优化和完善	3分			

知识要点

一、电磁机构的基本知识

1. 电磁机构

电磁机构是将电磁能转换成机械能的机构（感测部件），能使其触点发生动作（常闭触点断开、常开触点闭合），改变电路的通电状态。电磁机构通常由电磁线圈、铁心和衔铁三部分组成。电磁机构的结构形式按衔铁运动方式可分为直动式和拍合式，其中拍合式又可分为衔铁沿棱角转动和衔铁沿轴转动两种，如图 1-4-1 所示。

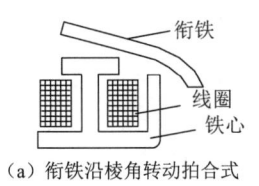
（a）衔铁沿棱角转动拍合式

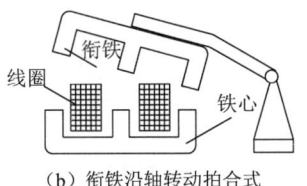
（b）衔铁沿轴转动拍合式

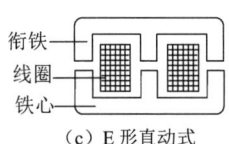
（c）E 形直动式

图 1-4-1　电磁机构的结构形式

衔铁做直线运动的直动式电磁机构多用于交流接触器、继电器及其他交流电磁机构的电磁系统；衔铁沿棱角转动的拍合式电磁机构广泛应用于直流电器；衔铁沿轴转动的拍合式电磁机构多用于触点容量较大的交流电器，其形状有 E 形和 U 形两种。

线圈通以直流电能工作称为直流线圈，线圈通以交流电能工作称为交流线圈。交流电磁机构和直流电磁机构的铁心（或衔铁）有所不同，直流电磁机构的铁心为整体结构，其衔铁和铁心均由软钢或工程纯铁制成。因为直流电磁机构的铁心不发热，只有线圈发热，所以直流电磁线圈结构往往为高而薄的瘦高型，且不设线圈骨架，使线圈与铁心直接接触，易于散热。交流电磁机构的铁心中存在磁滞、涡流损耗，为减小和限制铁心的发热量，交流电磁线圈设有骨架，使铁心与线圈隔离，铁心采用硅钢片叠制而成，因此将线圈制成短而厚的矮胖型，有利于线圈和铁心的散热。此外，交流电磁机构的铁心装有短路环，防止电流过零时（滞后 90°）电磁吸力不足导致衔铁振动。短路环能起磁通分相作用，将极面上的交变磁通分成两个交变磁通，使它们产生相位差，相位差能使两部分的吸力分别为零（不同时为零），合成后的吸力不会出现零值，若合力能在任一时刻都大于弹簧弹力，则能消除振动。

按接入电路的方式不同线圈有串联线圈（电流线圈）和并联线圈（电压线圈）。电流线圈串联于电路中，流过的电流较大，为减少对电路的影响，线圈结构为导线粗、匝数少，线圈呈现的阻抗较小；电压线圈并联于电路中，为减小分流作用，减少对原电路的影响，线圈结构为导线细、匝数多，线圈呈现的阻抗较大。

电磁机构的工作原理是当电磁线圈中通入电流时，线圈中产生的磁通作用于衔铁，产生电磁吸力，从而使衔铁产生机械位移，带动触点动作。当线圈断电后，衔铁失去电磁吸力，由回位弹簧将其拉回原位，从而带动触点复位。因此作用在衔铁上的力有两个，即电磁吸力与反力。电磁吸力由电磁机构产生，反力则由回位弹簧和触点弹簧产生。若要使电磁机构吸合可靠，在整个吸合过程中，电磁吸力都必须大于反力，但也不易过大，否则会影响电器的机械寿命。这就要求电磁吸力和反力尽可能接近，在释放电磁铁时，其反力必须大于剩磁吸力，才能保证衔铁的可靠释放。电磁机构应确保电磁铁的吸力和反力正确配合。

2．触点系统

电磁系统的执行机构是由静触点和动触点构成的，起接通和分断电路的作用，因此必须具有良好的接触性能。

对于电流容量较小的低压电器，如机床电气控制电路中所使用的接触器、继电器等，常采用银质材料作为触点，其优点是银的氧化膜电阻率与纯银相近，与其他材质（如铜）相比，可以避免因长时间工作而使触点表面氧化膜电阻率增加，造成触点接触电阻增大。

（1）触点的接触形式。触点的接触形式分为点接触、线接触和面接触，如图1-4-2所示。

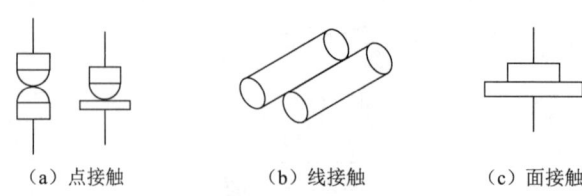

图 1-4-2 触点的接触形式

点接触由两个半球形触点或一个半球形与一个平面形触点构成，常用于小电流电器中，如接触器的辅助触点和继电器触点；线接触常做成指形触点结构，接触区是一条直线，触点通断过程为滚动接触并产生滚动摩擦，适用于通电次数多、电流大的场合，多用于中容量电器中；面接触触点一般在接触表面镶有合金，允许通过较大电流，中小容量接触器的主触点多采用这种形式。

（2）触点的结构形式。在触点接触时，要求其接触电阻尽可能小，为使触点接触更加紧密而减小接触电阻、消除开始接触时产生的振动，在触点上装有接触弹簧，使触点刚刚接触时产生初压力，触点初压力随着触点闭合过程逐渐增大。

按触点吸引线圈未通电时的原始状态可分为常开触点和常闭触点。原始状态时打开，线圈通电后闭合的触点叫作常开触点；原始状态时闭合，线圈通电后打开的触点叫作常闭触点，线圈断电后所有触点均回到原始状态。接触器触点分为主触点和辅助触点，主触点用来接通主回路（连接电源和负载），因此主触点的触点容量一般都比较大，因为它既要保证设备的正常运行，又要承担过载、启动等大电流，电流越大，越容易产生电弧，加速触点氧化或造成灼烧触点，甚至熔化触点，主触点都采用常开触点形式。接触器的辅助触点或继电器的触点通常接于控制、信号、保护等小电流回路中，因此相对容量较小，触点有常闭和常开两种，根据实际需要选择合适的触点。由于辅助触点与主触点同步动作，因此在这些回路中起到间接指示接触器动作情况的作用，另外如果回路电流较小，则中间继电器的触点可以起到增加触点数量的作用。触点的结构形式主要有桥式和指形，如图 1-4-3 所示。

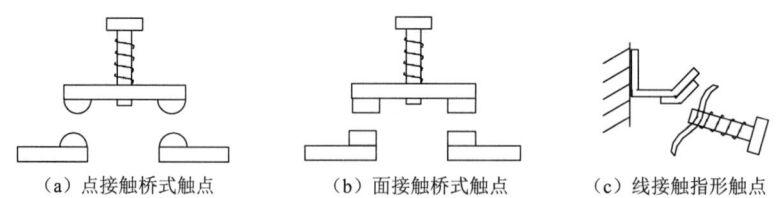

图 1-4-3 触点的结构形式

桥式触点利用两个触点共同实现接通与断开，有利于灭弧，这类触点的接触形式一般是点接触或面接触。指形触点在接通或断开时产生滚动摩擦，能去掉触点表面的氧化膜，从而减小触点的接触电阻，接触形式多采用线接触。

（3）接触电阻。触点闭合且有工作电流流过的状态称为电接触状态。电接触状态时触点间的电阻称为接触电阻，其大小直接影响电路的工作情况。如果接触电阻较大，则电流流过触点时会造成较大的电压降，对弱电控制系统影响较严重，同时电流流过触点时电阻损耗大，导致触点发热、温度升高，严重时可使触点熔焊，影响触点工作的可靠性，缩短触点寿命。触点接触电阻的大小主要与触点的接触形式、接触压力、触点材料及触点表面状况等因素有关。减小接触电阻，首先应选用电阻系数小的材料，使触点本身的电阻尽量减小；然后增加触点的接触压力（动触点安装压力弹簧），使其接触更加良好；实际使用中还要注意尽量保持触点的清洁，改善触点表面状况，避免或减小触点表面氧化膜的形成。

3．电弧的产生和灭弧方法

（1）电弧的产生。电弧是在触点由闭合状态过渡到断开状态的过程中产生的。触点的断开过程是逐步进行的，开始时接触面积逐渐减小，接触电阻随之增大，温升随之增加。根据试验，当触点切断电路时，如果电路中电压为 10~20V，电流为 80~100mA，则触点间便会产生电弧，电弧是气体放电形式之一，是一种带电质点（电子或离子）的急流。它的主要特点是外部有白色弧光，内部有很高的温度和密度很大的电流。

触点分断瞬间，由于间隙很小，电路电压几乎全部加在触点间，在触点间形成很强的电场，阴极中的自由电子会逸出到间隙并向阳极加速运动。前进中的自由电子中途碰撞中性粒子（气体分子或原子），使其分裂为电子和正离子，电子在向阳极运动过程中又碰撞其他粒子，这就是碰撞电离。经碰撞电离后产生的正离子向阴极运动，撞击阴极表面并使其温度逐渐升高，当温度达到一定值时，部分电子将从阴极表面逸出并再参与碰撞电离，此时，间隙内产生弧光并使温度继续升高，当弧温达到 8000~10000K 以后，触点间的中性粒子以很高的速度做不规则运动并相互剧烈碰撞，也产生电离，这就是由于高温作用使中性粒子碰撞产生的热电离。上述几种电离的结果，在触点间出现大量离子流，这就是电弧。电弧形成之后，热电离占主导地位。电弧一方面烧蚀触点，缩短电器寿命，降低电器工作的可靠性；另一方面使分断时间延长，严重时会引起火灾或其他事故。因此，在电路中应采取适当措施熄灭电弧。

（2）灭弧方法。由上述电弧产生的物理过程可知，欲使电弧熄灭，应设法降低电弧温度和电场强度。常用的灭弧方法有以下几种。

① 电动力灭弧。双断点为桥式触点，当触点分断时，在左右两个弧隙中产生两个彼此串联的电弧，在电动力 F 的作用下，向两侧方向运动，使电弧拉长，如图1-4-4所示，在拉长过程中电弧遇到空气迅速冷却而很快熄灭。

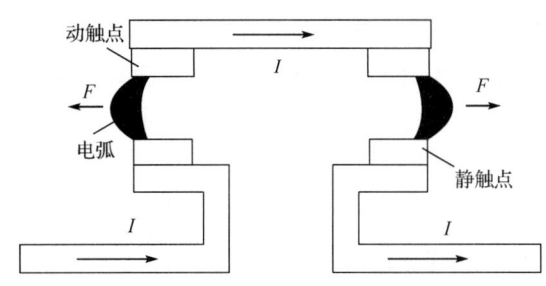

图1-4-4 电动力灭弧的原理

② 灭弧栅灭弧。灭弧栅片由多个镀铜薄钢片组成，彼此之间绝缘，片间距离为 2~

3mm，把栅片安放在触点上方的灭弧罩内，其结构如图1-4-5所示。一旦产生电弧，其周围就产生磁场，导磁的钢片将电弧吸入栅片，电弧被栅片分割成许多串联的短电弧，而栅片就是这些短电弧的电极，能导出电弧的热量。由于电弧被分割成许多段，而每个栅片又相当于一个电极，因此要有许多个阳极压降和阴极压降，从而有利于电弧的熄灭。

③ 灭弧罩灭弧。比灭弧栅更为简单的方法是采用一个陶土和石棉水泥做成的耐高温的灭弧罩。电弧进入灭弧罩后，可以降低弧温和隔弧。在直流接触器的主触点上广泛采用这种灭弧装置。

④ 磁吹式灭弧。借助电弧与弧隙磁场相互作用产生的电磁力实现灭弧的装置，称为磁吹式灭弧装置，如图1-4-6所示。在触点电路中串联一个具有铁心的磁吹线圈，它产生的磁通通过导磁夹板引向触点周围，其方向如图中"×"所示。电弧产生后，其磁通方向如图中"⊕"和"⊙"所示。产生的电弧可看作一个载流导体，电流方向由静触点流向动触点。这时，根据左手定则可确定电弧在磁场中所受电磁力 F 的方向是向上的。由于电弧向上运动，电弧被拉长，同时被冷却，促使电弧很快熄灭。引弧角除了有引导电弧运动的作用，还能把电弧从触点处引开，从而起到保护触点的作用。

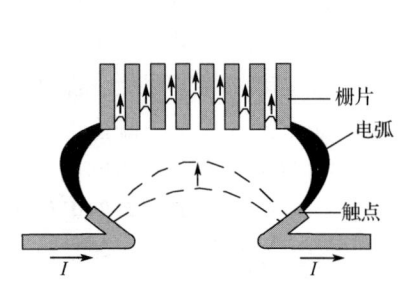

图1-4-5 灭弧栅灭弧的结构　　　　图1-4-6 磁吹式灭弧装置

二、接触器的结构和工作原理

接触器是一种用来频繁接通或断开交直流主电路及大容量控制电路的自动切换电器。在工业中，其主要的控制对象是电动机或其他大容量的负载，如电热设备、电焊机、电容器等。它具有低压释放保护功能，并适用于频繁操作和远距离控制，是电力拖动自动控制电路中使用最广泛的电气元件。它是一种执行电器，即使在现在的可编程控制器控制系统和现场总线控制系统中，也不能被取代。

接触器种类繁多，按照使用的电路不同可分为直流接触器和交流接触器；按照驱动方式不同可分为电磁式接触器、气动式接触器、液压式接触器等；按灭弧介质不同分为空气式接触器、油浸式接触器和真空式接触器。接触器上通过的电流很大，可用来驱动执行单元（如电动机、电热丝等功率器件）。在工业生产中，使用量最大的是电磁式交流接触器，简称交流接触器。

1. 交流接触器的结构和工作原理

交流接触器主要由电磁系统、触点系统和灭弧装置等组成，其内部结构如图1-4-7所示。

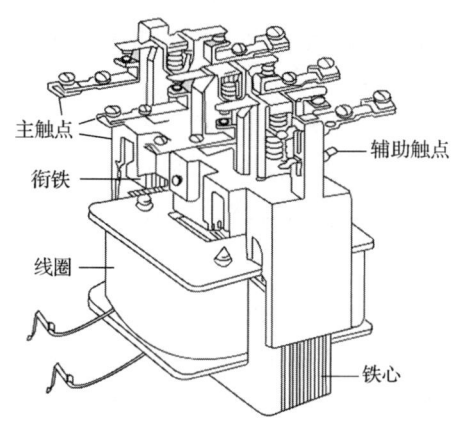

图 1-4-7　交流接触器的内部结构

电磁系统：电磁系统是将电磁能转换成机械能的机构（感测部件），操纵触点的闭合或断开。交流接触器一般采用衔铁绕轴转动的拍合式电磁机构和衔铁做直线运动的直动式电磁机构。由于交流接触器的线圈通交流电，因此铁心中存在磁滞和涡流损耗，会引起铁心发热。为了减少涡流损耗、磁滞损耗，以免铁心发热过甚，铁心由硅钢片叠加而成。同时，铁心极面上装配短路环（分磁环），以减小机械振动和噪声。

触点系统：触点是接触器的执行元件，用于接通和断开电路。交流接触器一般采用双断点桥式触点，两个触点串联于同一电路中，同时接通或断开。接触器的触点分主触点和辅助触点，主触点控制主电路的通断，辅助触点用来通断控制回路。

灭弧装置：交流接触器分断大电流电路时，往往会在动、静触点之间产生很强的电弧。电弧一方面会灼烧触点，另一方面会延长时间切断电路，甚至会引起其他事故。因此，灭弧是接触器的主要任务之一。

工作原理：当线圈通电后，在电磁力的作用下，衔铁闭合动作，带动动触点动作，使常闭触点断开、常开触点闭合，电路导通。当线圈断电或电压显著降低时，会导致电磁力下降或消失，此时衔铁在反作用弹簧的作用下释放，触点复位，实现低压保护功能。接触器的文字符号和图形符号如图 1-4-8 所示。

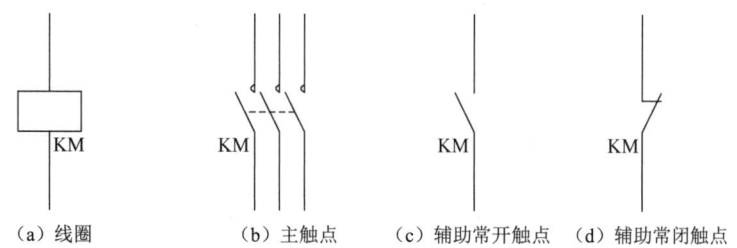

（a）线圈　　（b）主触点　　（c）辅助常开触点　　（d）辅助常闭触点

图 1-4-8　接触器的文字符号和图形符号

2．直流接触器

直流接触器和交流接触器一样，也由电磁机构、触点系统和灭弧装置组成。

电磁机构：因线圈中通的是直流电，铁心中不会产生涡流，所以铁心可用整块铸铁或铸钢制成，也不需要安装短路环。铁心中无磁滞和涡流损耗，因而铁心不发热。线圈的匝数较多，电阻大，线圈本身发热，因此吸引线圈做成长而薄的圆筒状，且不设线圈骨架，使线圈与铁心直接接触，以便散热。

触点系统：直流接触器有主触点和辅助触点。主触点一般做成单板或双板形式，由于主触点接通或断开的电流较大，故采用滚动的双断点桥式触点。

灭弧装置：直流电弧比交流电弧难以熄灭，一般选用磁吹式灭弧方法。

3．接触器的命名

常用的交流接触器有 CJ10、CJ12、CJ20、CJX1、CJX2、CJX8、3TB 和 2TD 等系列，直流接触器有 CZ18、CZ21、CZ22、CZ10 和 CZ2 等系列。接触器的主要技术参数有额定电压、额定电流、机械寿命和电气寿命、操作频率、接通与分断能力、约定封闭发热电流、额定绝缘电压、工作频率等，其型号含义如图 1-4-9 所示。

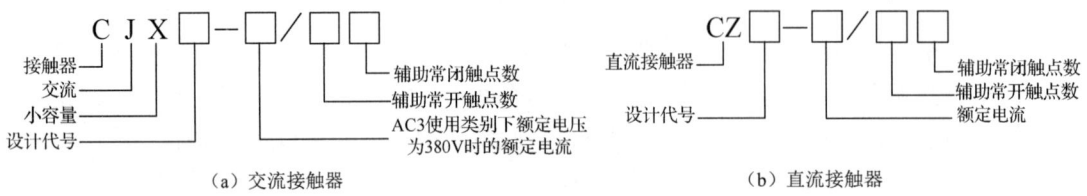

图 1-4-9 接触器的型号含义

4．接触器的选用

（1）根据负载性质选择接触器的类型。

（2）额定电压应大于或等于主电路工作电压。

（3）额定电流应小于或等于被控电路的额定电流。对于电动机负载，还应根据其运行方式适当增大或减小额定电流。

（4）吸引线圈的额定电压和频率要与所在控制电路的选用电压和频率一致。

三、接触器的故障诊断及排除方法

接触器的故障诊断及排除方法如表 1-4-3 所示。

表 1-4-3　接触器的故障诊断及排除方法

故障现象	故障诊断	排除方法
通电不吸合	线圈断路或烧毁	更换线圈
	线圈供电电路断路	更换供电导线
	控制电路接线错误	检测、更正控制电路
	机械可动部分卡住或转轴生锈、歪扭	排除卡住故障，修理受损零件
	电源电压过低	调整电源电压
吸力不足，不能完成闭合	电源电压低于线圈额定电压的85%或电压波动较大	调整电源电压
	控制电路电源容量不足，导致线圈电压低于额定电压的85%	增加电源容量
	线圈供电电路中的电气元件触点不清洁或严重氧化使触点接触不良	定期清洗控制电路中的电气元件
	触点弹簧压力过大或触点超行程过大	调整弹簧压力及行程

续表

故障现象	故障诊断	排除方法
吸合速度过快	控制电路电源电压大于线圈额定电压	调整控制电路电源电压
不释放或释放速度缓慢	可动部分被卡住或转轴生锈、歪扭	排除卡住故障，修理受损零件
	触点弹簧压力太小	调整触点弹簧
	触点熔焊	修理或更换触点
	反力弹簧损坏	更换反力弹簧
	铁心极面有油污或尘埃黏着	清理铁心极面
	控制电路接线错误使线圈不断电	检查、改正控制电路
	铁心使用已久，去磁气隙消失，剩磁增大，使铁心不释放	更换铁心
电磁铁噪声大或振动	线圈电压过低	提高控制电路电压
	铁心和衔铁的接触面接触不良	修理接触面
	短路环断裂或脱落	修理或更换短路环
	触点弹簧压力过大	调整弹簧压力
	铁心极面磨损严重且不平	更换铁心
	铁心卡住或歪扭	清除铁心卡住故障
	铁心松动	紧固铁心
无电压释放失灵	反力弹簧弹力不足	更换反力弹簧
	铁心极面油污或因剩磁作用黏附在铁心上	清除油污或更换铁心
	铁心磨损严重使中间极面防止剩磁的气隙太小	将中间极面锉平
触点过热或熔焊	操作频繁或过负荷使用	调换合适的接触器
	负载侧短路	排除短路故障，更换触点
	控制电路电压过低，使吸力不足，形成触点的停滞不前或反复振动	提高线圈电压，使其不低于额定电压的85%
	触点表面有金属颗粒或异物凸起	清理触点表面
	触点弹簧压力过小	调整触点弹簧
	触点闭合过程中，可动部分被卡住	消除卡住故障
线圈过热或烧毁	电源电压过高或过低	调整电源电压
	操作过于频繁	选合适的接触器
	铁心极面不平或气隙太大	处理极面与更换铁心
	运动部分卡住	解决卡住问题
	线圈匝间短路，造成局部发热	更换线圈
	铁心断面不清洁、有杂物或铁心表面变形，导致衔铁运动受阻，造成动、静触点不能紧密闭合，线圈电流增大	清除或修复铁心表面
	线圈技术参数与实际使用条件不符	调换线圈或接触器

思考与练习

1. 说明触点分断时电弧产生的原因及常用的灭弧方法。
2. 交流接触器动作时，常开触点和常闭触点的动作顺序是怎样的？
3. 交流接触器的铁心端面上为什么要安装短路环？
4. 从接触器的结构上，如何区分是交流接触器还是直流接触器？

任务 5　继电器的拆装、检测与维修

能力目标

（1）熟悉中间继电器、时间继电器、热继电器、速度继电器的结构。
（2）理解中间继电器、时间继电器、热继电器、速度继电器的工作原理。
（3）能正确拆装中间继电器、时间继电器、热继电器、速度继电器，并能检测其质量好坏。
（4）掌握中间继电器、时间继电器、热继电器、速度继电器常见故障的排除方法。

使用器材、工具、设备

（1）器材：根据实际需求准备各种类型的中间继电器、时间继电器、热继电器、速度继电器。
（2）工具：常用电工工具1套（螺丝刀、镊子、钢丝钳、尖嘴钳等）。
（3）设备：万用表、绝缘电阻表等。

任务要求及实施

一、任务要求

（1）对中间继电器进行拆装、检测与维修。
（2）对时间继电器进行拆装、检测与维修。
（3）对热继电器进行拆装、检测与维修。
（4）对速度继电器进行拆装、检测与维修。

二、任务实施

（1）中间继电器。
拆卸过程：常开触点→吸引线圈与铁心→常闭触点。
装配过程：铁心及线圈装配→触点装配→整体装配。
（2）时间继电器。
拆卸过程（以空气阻尼式时间继电器为例）：气囊→动磁铁→定磁铁→线圈→时间调节旋钮→延时常闭触点→延时常开触点。
装配过程：线圈→定磁铁→动磁铁→气囊→整体装配。
（3）热继电器。
拆卸过程：热元件→复位按钮→常闭触点→常开触点→实验按钮。
装配过程：触点装配→复位按钮→热元件→整体装配。
（4）速度继电器。
拆卸过程：端盖→触点系统→定子→可动支架→转子。
装配过程：装配过程为拆卸的逆过程，在此不具体阐述。
（5）继电器的检测。
① 功能检测。观察继电器动、静触点螺钉是否齐全、牢固，动、静触点是否活动灵

活。利用万用表欧姆挡测试常闭触点输入端和输出端是否全部接通，常开触点输入端和输出端是否全部断开。用万用表欧姆挡测量线圈阻值，判断线圈好坏。

② 外观检测。动、静触点的螺钉应齐全、牢固，活动灵活，外壳无损伤等。

（6）填写记录表，如表 1-5-1～表 1-5-4 所示。

表 1-5-1　中间继电器的基本结构及参数测试

型　号		主要零部件	
		名称	作用
触点数			
常闭触点	常开触点		
判断/检测触点好坏			
常闭触点/阻值	常开触点/阻值		
线圈阻值			

表 1-5-2　空气阻尼式时间继电器的基本结构及参数测试

型　号	容　量	主要零部件	
		名称	作用
常开触点数	常闭触点数		
延时触点数	瞬时触点数		
延时分断触点数	延时闭合触点数		
调节螺钉，旋转 90°，按住衔铁，计算延时触点时间	调节螺钉，旋转 180°，按住衔铁，计算延时触点时间		

表 1-5-3　热继电器的基本结构及参数测试

型　号			主要零部件	
			名称	作用
热元件电阻值				
L1 相	L2 相	L3 相		
整定电流值				
判断/检测触点好坏				
常闭触点/阻值		常开触点/阻值		
按下过载测试按钮				
常闭触点/阻值		常开触点/阻值		

表 1-5-4 速度继电器的基本结构及参数测试

型　　号		主要零部件	
		名称	作用
判断/检测触点好坏			
常闭触点/阻值	常开触点/阻值		
摆锤摆动			
常闭触点/阻值	常开触点/阻值		

（7）继电器的检修。

① 中间继电器的故障诊断与排除方法参阅接触器的各项内容进行。

② 时间继电器的检修参照后文时间继电器故障诊断及排除方法。

③ 热继电器的检修参照后文热继电器故障诊断及排除方法。

④ 速度继电器的检修参照后文速度继电器故障诊断及排除方法。

考核标准及评价

从知识与技能、学习态度与团队意识和工作与职业操守三方面进行综合考核，具体的评价标准如表 1-5-5 所示。

表 1-5-5 考核评价表

考核内容	考核方式	评价标准与得分				
		标准	分值	互评	教师评分	得分
知识与技能（70分）	教师评价+互评	能正确认识继电器	10分			
		能选择继电器	10分			
		能检测继电器	20分			
		能正确拆装、维护继电器	30分			
学习态度与团队意识（15分）	教师评价	学习积极性高、有自主学习能力	3分			
		有分析和解决问题的能力	3分			
		能组织和协调小组活动过程	3分			
		有团队协作精神、能顾全大局	3分			
		有合作精神、热心帮助小组其他成员	3分			
工作与职业操守（15分）	教师评价+互评	有安全操作、文明生产的职业意识	3分			
		诚实守信、实事求是、有创新精神	3分			
		遵守纪律、规范操作	3分			
		有节能环保和产品质量意识	3分			
		能够不断反思、优化和完善	3分			

知识要点

一、继电器概述

继电器是一种根据电量（电压、电流等）或非电量（时间、热、转速、压力等）的变化使触点动作，接通或断开控制电路，以实现自动控制或保护电力拖动装置的电器。

虽然继电器和接触器都是用来自动实现接通或断开电路的电器，但是它们也有很多不同之处。继电器可对各种电量或非电量的变化有所反应，而接触器只在一定电压控制下才能动作；继电器用于切换小电流控制电路，而接触器则用于控制大电流电路，因此，继电器触点容量较小（小于5A），且无灭弧装置。

继电器用途广泛，种类繁多。按反应的参数可分为电压继电器、电流继电器、中间继电器、热继电器、时间继电器和速度继电器等；按动作原理可分为电磁式继电器、电动式继电器、电子式继电器和机械式继电器等。

二、电磁式继电器

电磁式继电器是以电磁力为驱动力的继电器，是电气控制设备中用得最多的一种继电器。电磁式继电器的典型结构如图1-5-1所示，主要由铁心、衔铁、线圈、反力弹簧和触点系统等部分组成。铁心2和铁轭3为一个整体，减少了非工作气隙；衔铁7制成板状，绕棱角（或绕轴）转动；线圈不通电时，衔铁靠反力弹簧4作用而打开。衔铁上垫有非磁性垫片8。装设不同的线圈后可分别制成电流继电器、电压继电器和中间继电器。这种继电器线圈有交流和直流两种，即构成交流电磁式继电器和直流电磁式继电器。直流电磁式继电器利用加装阻尼铜套来实现延时功能，构成电磁式时间继电器。

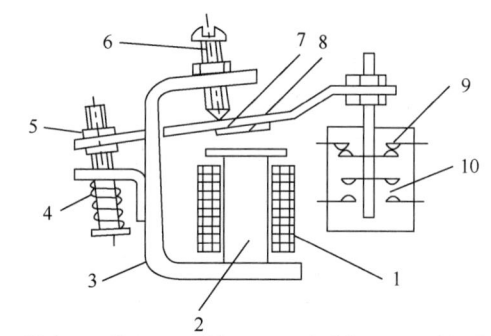

1—线圈；2—铁心；3—铁轭；4—反力弹簧；5—反力调节螺母；
6—调节螺钉；7—衔铁；8—非磁性垫片；9—常闭触点；10—常开触点

图1-5-1 电磁式继电器的典型结构

1．中间继电器

中间继电器在结构上是一个电压继电器，但它的触点数多、触点容量大（额定电流5~10A），是用来转换控制信号的中间元件。其输入是线圈的通电或断电信号，输出信号为触点的动作。其主要用途是当其他继电器的触点数或触点容量不够时，可借助中间继电器来扩大它们的触点数或触点容量。

中间继电器的图形符号和文字符号如图1-5-2所示。

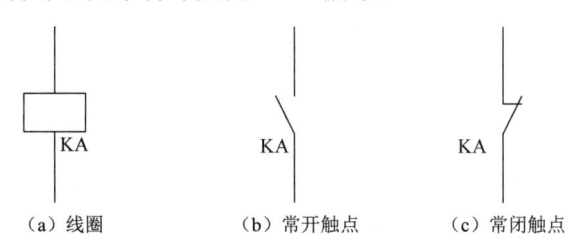

（a）线圈　　（b）常开触点　　（c）常闭触点

图1-5-2 中间继电器的图形符号和文字符号

2. 电磁式电流继电器

电流继电器的线圈与被测电路串联,用来检测电路电流。为不影响电路工作情况,其线圈匝数少,导线粗,线圈阻抗小。

电流继电器有欠电流继电器和过电流继电器两类。针对欠电流继电器,正常工作时,由于电路的负载电流大于吸合电流而使衔铁处于吸合状态,当电路的负载电流减小至释放电流时,衔铁释放。对于过电流继电器,正常工作时,线圈中流有负载电流,但不产生吸合动作,当出现比负载工作电流大的吸合电流时,衔铁才产生吸合动作,从而带动触点动作。在电力拖动系统中,冲击性的过电流故障时有发生,常采用过电流继电器作为电路的过电流保护电器。

选用电流继电器时,首先要注意线圈电压的种类和等级应与负载电路一致,然后根据对负载的保护作用(是过电流还是欠电流)来选择电流继电器的类型,最后根据控制电路的要求选择触点的类型(是常开还是常闭)和数量。

电磁式电流继电器的图形符号和文字符号如图 1-5-3 所示。

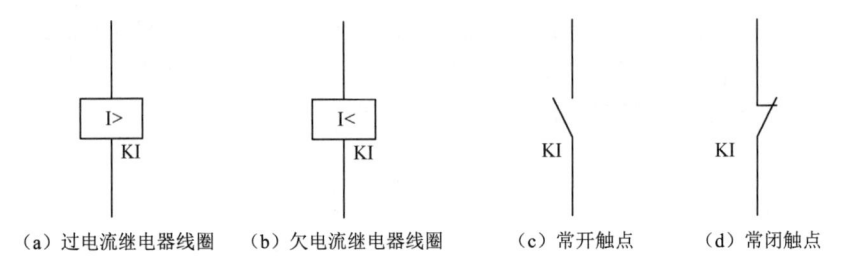

(a)过电流继电器线圈　　(b)欠电流继电器线圈　　(c)常开触点　　(d)常闭触点

图 1-5-3　电磁式电流继电器的图形符号和文字符号

3. 电磁式电压继电器

触点动作与线圈电压大小有关的继电器称为电压继电器。使用时,电压继电器与被测电路并联,其线圈的匝数多、导线细、阻抗大。电压继电器反映的是电压信号。

根据动作电压的不同,电压继电器分为欠电压继电器和过电压继电器。对于过电压继电器,当线圈电压为额定电压时,衔铁不产生吸合动作;只有当线圈电压大于其额定电压的某一值时,衔铁才产生吸合动作。交流过电压继电器在电路中起电压保护作用。对于欠电压继电器,当线圈电压小于其额定电压时,衔铁产生释放动作。其特点是释放电压很小,在电路中作为低电压保护电器。

选用电压继电器时,首先要注意线圈电压的种类和等级应与控制电路一致,然后根据在控制电路中的作用(是过电压还是欠电压)来选择电压继电器的类型,最后根据控制电路的要求选择触点的类型(是常开还是常闭)和数量。

电磁式电压继电器的图形符号和文字符号如图 1-5-4 所示。

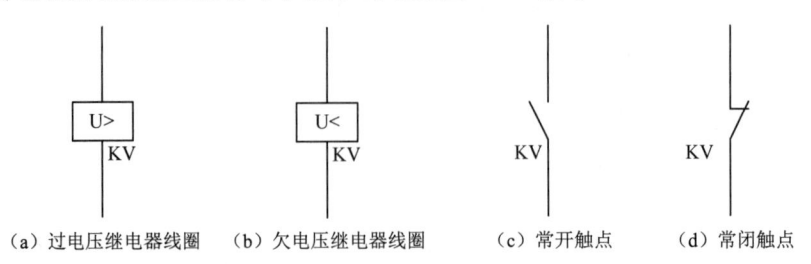

(a)过电压继电器线圈　　(b)欠电压继电器线圈　　(c)常开触点　　(d)常闭触点

图 1-5-4　电磁式电压继电器的图形符号和文字符号

4．电磁式继电器的命名

电磁式继电器的主要参数有灵敏度、额定电压、额定电流、吸合电压或吸合电流、释放电压或释放电流、返回系数、吸合时间、释放时间、整定值（调节螺钉及改变非磁性垫片的厚度）等，其型号含义如图 1-5-5 所示。

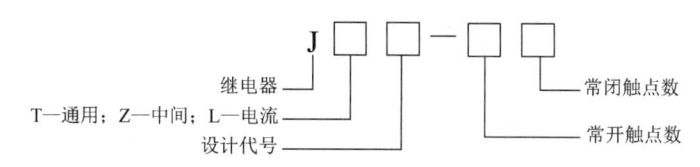

```
            J □ □ — □ □
              │ │   │ │
         继电器 │ │   │ └── 常闭触点数
   T—通用；Z—中间；L—电流 │   └──── 常开触点数
              设计代号
```

图 1-5-5　电磁式继电器的型号含义

5．电磁式继电器的使用与维护

① 经常保持继电器的清洁，接线螺钉应紧固，接触要良好。
② 继电器触点的压力、超程和开距等都应符合规定，触点上不得涂抹润滑油。
③ 检查衔铁与铁心接触是否紧密，应及时清除接触处的尘埃和污垢。
④ 由于继电器分断电流能力很差，因此不能用继电器代替接触器使用。
⑤ 更换继电器时，不要用力太猛，以免损坏有机玻璃外罩及使触点离开原始位置。
⑥ 继电器在使用中若有不正常噪声，可能是由铁心与衔铁极面间有油污造成的，要清理极面。
⑦ 焊接接线底座时，最好用松香作为助焊剂，同时避免水分或杂质进入底座，引起线圈匝间短路。

三、时间继电器

时间继电器是以时间参数为对象控制电路的设备，利用电磁原理或机械动作原理来实现触点的延时接通和断开。按其动作原理与构造不同可分为电磁式、电动式、空气阻尼式和电子式等类型；按其延时方式可分为通电延时型和断电延时型。

1．空气阻尼式时间继电器

空气阻尼式时间继电器是利用空气阻尼作用获得延时的，线圈电压为交流，因交流继电器不能像直流继电器那样依靠断电后磁阻尼延时，所以采用空气阻尼式时间继电器延时。其结构主要由电磁系统、延时机构和触点系统三部分组成，如图 1-5-6 所示。

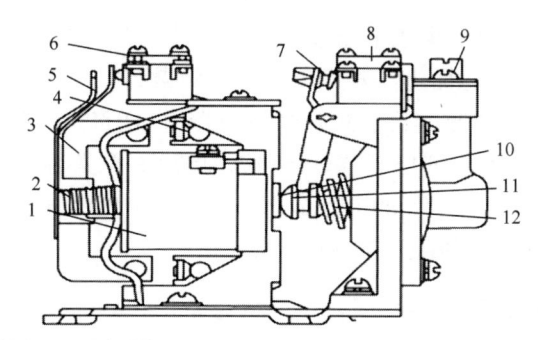

1—线圈；2—反力弹簧；3—衔铁；4—铁心；5—弹簧片；6—瞬时触点；
7—杠杆；8—延时触点；9—调节螺钉；10—推杆；11—活塞杆；12—宝塔形弹簧

图 1-5-6　空气阻尼式时间继电器的结构

通电延时型时间继电器的动作原理[见图1-5-7（a）]：线圈通电后，微动开关16（瞬时动作触点）立即动作，微动开关15（延时动作触点）在达到延长时间后动作；线圈断电时，微动开关立即恢复到初始状态。

断电延时型时间继电器的动作原理[见图1-5-7（b）]：线圈通电后，微动开关立即动作；线圈断电时，微动开关16（瞬时动作触点）立即恢复到初始状态，微动开关15（延时动作触点）在达到延长时间后恢复到初始状态。

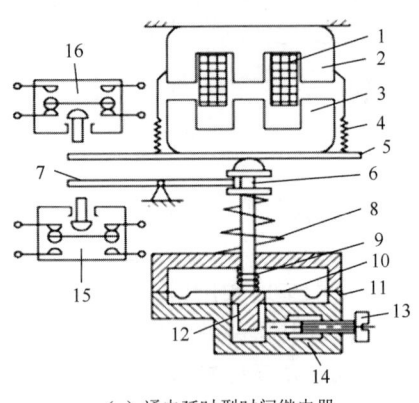

（a）通电延时型时间继电器　　　　　（b）断电延时型时间继电器
1—线圈；2—铁心；3—衔铁；4—复位开关；5—推板；6—活塞；7—杠杆；
8—塔形弹簧；9—弱弹簧；10—橡皮膜；11—空气室壁；12—活塞；13—调节螺杆；14—进气孔；15、16—微动开关

图1-5-7　时间继电器的动作原理

2．电子式时间继电器

电子式时间继电器具有机械结构简单、延时范围大、精度高、消耗功率小、调整方便及寿命长等优点，其应用越来越广泛。电子式时间继电器按其结构分为晶体管时间继电器和数字式时间继电器。

晶体管时间继电器是以RC电路电容充放电时，电容上的电压逐步上升的原理为延时基础制成的。常用的晶体管时间继电器有JS14A、JS15、JS20、JSJ、JSB、JS14P等系列。其中，JS20系列是全国统一设计产品，延时范围有0.1～180s、0.1～300s、0.1～3600s三种，电气寿命达10万次，适用于交流50Hz、电压380V及以下或直流110V及以下的控制电路。

随着半导体技术，特别是集成电路技术的进一步发展，采用新延时原理的时间继电器——数字式时间继电器应运而生，其各项性能指标得到大幅提高。目前最先进的数字式时间继电器内部装有微处理器。数字式时间继电器有DH48S、DH14S、DH1IS、JSSI、JS145等系列。其中，JS145系列与JS14、JS14P、JS20系列兼容，取代方便。DH48S系列采用引进技术及工艺制造，可替代进口产品，延时范围为0.01s～99h99min，可任意预置。另外，还有从日本富士公司引进生产的ST系列等。

3．图形符号和文字符号

时间继电器的图形符号和文字符号如图1-5-8所示。

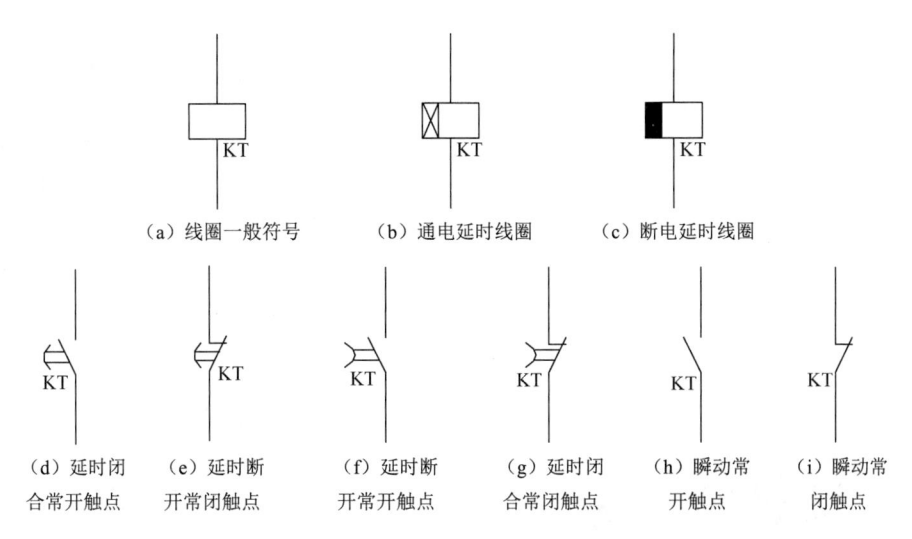

(a) 线圈一般符号　　(b) 通电延时线圈　　(c) 断电延时线圈

(d) 延时闭合常开触点　(e) 延时断开常闭触点　(f) 延时断开常开触点　(g) 延时闭合常闭触点　(h) 瞬动常开触点　(i) 瞬动常闭触点

图 1-5-8　时间继电器的图形符号和文字符号

4．时间继电器的故障诊断及排除方法

时间继电器的故障诊断及排除方法如表 1-5-6 所示。

表 1-5-6　时间继电器的故障诊断及排除方法

故障现象		故障诊断	排除方法
空气阻尼式时间继电器	延时不准确	空气室不严、漏气	拆开重新装配，按规定操作；维修时，不要随意拆开空气室
		空气室内部不清洁，灰尘或微粒进入空气通道，阻塞气道	应拆开继电器，在空气清洁的环境中拆开空气室，清除灰尘、微粒，再按规定的技术要求重新装配
		安装和更换时间继电器时，安装方向不对，造成空气室工作状态改变	不能倒装，也不能水平安装
		使用时间过长，空气湿度变化，导致空气室中橡皮膜变质、老化、硬度改变	更换橡皮膜
晶体管时间继电器	延时不准确	电位器磨损或进入灰尘	用少量汽油顺着电位器悬柄滴入，并转动悬柄，或者及时更换磨损严重的电位器
		晶体管损坏、老化，造成参数变化	拆下继电器，进行检查或更换
		受振动使元件焊点松动，脱离插座	仔细检查或重新补焊

四、热继电器

热继电器是利用电流的热效应原理及热元件的热膨胀原理工作的一种保护电器，在电路中用作电动机的过载保护电器。在实际运行中，电动机常遇到过载情况。若过载不太大，时间较短，只要电动机绕组不超过允许温升，这种过载是允许的。但当过载时间过长，绕组温升超过允许值时，将会加剧绕组绝缘老化，缩短电动机的使用年限，严重时甚至会使电动机绕组烧毁。因此，只要电动机长期运行，就需要为其过载提供保护。

1．热继电器的结构和工作原理

热继电器的种类很多，应用最广泛的是基于双金属片的热继电器，其外形及工作原理示意图如图 1-5-9 所示，主要由热元件、双金属片和触点三部分组成。热元件（由阻值不高的电热丝或电阻片绕成）串接在电动机定子绕组中，电动机绕组电流为流过热元件的电流。当电动机正常运行时，热元件产生的热量虽然能使双金属片（由两种不同膨胀系数的金属碾压而成）弯曲，但还不足以使继电器动作。当电动机过载时，流过热元件的电流增大，热元件产生的热量增加，使双金属片产生的弯曲位移增大，经过一定的时间后，双金属片推动导板使继电器触点动作，切断电动机控制电路。待双金属片冷却后，触点复位。复位方式有手动复位和自动复位两种。热继电器的图形符号和文字符号如图 1-5-10 所示。

（a）外形　　　　　　　　（b）工作原理示意图

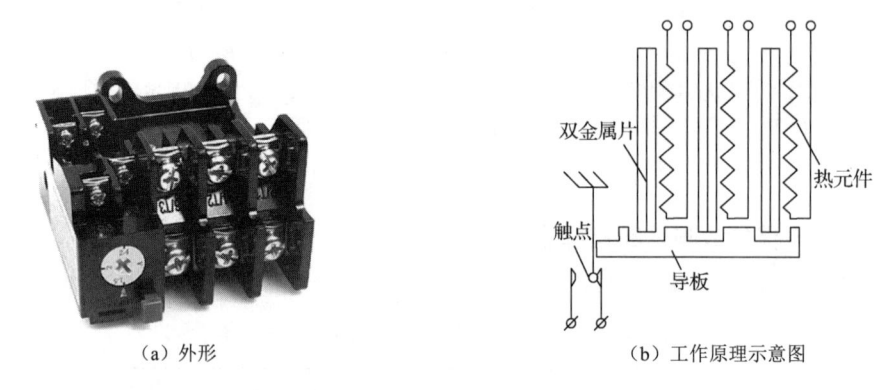

图 1-5-9　基于双金属片的热继电器的外形及工作原理示意图

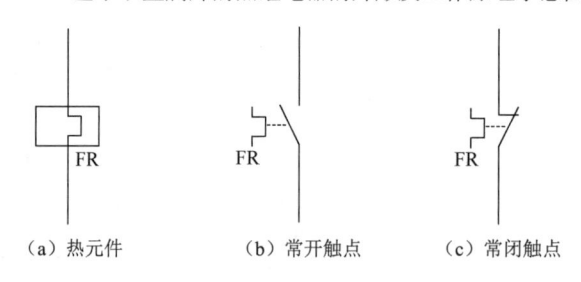

（a）热元件　　　（b）常开触点　　　（c）常闭触点

图 1-5-10　热继电器的图形符号和文字符号

2．热继电器的命名

热继电器的主要参数有额定电压、额定电流、相数、热元件编号、整定电流和整定电流调节范围等。常用的热继电器有 JR20、JRS1、JR0、JR10、JR15 等系列，其型号含义如图 1-5-11 所示。

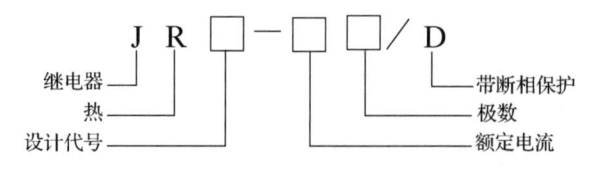

图 1-5-11　热继电器的型号含义

3．热继电器的选用

热继电器选用的是否得当，直接影响对电动机进行过载保护的可靠性。选用时通常从电动机形式、工作环境、启动情况、负荷情况等方面综合考虑。

① 原则上热继电器的额定电流应按电动机的额定电流选择。对于过载能力较差的电动机，其配用的热继电器（主要是热元件）的额定电流可适当小些。通常，选取热继电器的额定电流（实际上是选取热元件的额定电流）为电动机额定电流的60%~80%。

② 在不频繁启动场合，要保证热继电器在电动机的启动过程中不产生误动作。通常，当电动机启动电流为其额定电流的6倍，以及启动时间不超过6s且很少连续启动时，可按电动机的额定电流选择热继电器。

③ 当电动机工作于重复且短时工作制时，要注意热继电器的允许操作频率。热继电器的操作频率是有限的，如果用它保护操作频率较高的电动机，效果会很不理想，有时甚至不能使用。

4. 热继电器的故障诊断及排除方法

热继电器的故障诊断及排除方法如表1-5-7所示。

表1-5-7 热继电器的故障诊断及排除方法

故障现象	故障诊断	排除方法
通电不吸合	整定值偏小	合理调整整定值
	电动机启动时间过长	从电路上采取措施，启动过程中使热继电器短接
	反复短时工作，操作次数过多	采用合适的热继电器
	强烈的冲击振动	选用带缓冲装置的专用热继电器
	连接导线太细	采用合适的连接导线
不动作	整定值偏大	合理调整整定值，热继电器额定电流或热元件号不符合要求时应予更换
	触点接触不良	清理触点表面
	热元件烧断或脱掉	更换热元件或补焊
	运动部件卡阻	排除卡阻现象，但用户不得随意调整，以免造成动作特性变化
	导线脱出	重新放入，推动几次看其动作是否灵活
	连接导线太粗	更换合适的连接导线
热元件烧断	负载侧短路，电流过大	检查电路，排除短路故障及更换热元件
	反复短路故障，操作次数过多	更换合适的热继电器
	机械故障，在启动过程中热继电器不能动作	排除机械故障及更换热元件

五、速度继电器

速度继电器常用于三相异步电动机按速度原则控制的反接制动电路中，亦称反接制动继电器，主要由转子、定子和触点三部分组成。转子是一个圆柱形永久磁铁，定子是一个笼型空心圆环，由硅钢片叠成，并装有笼型绕组。

1. 速度继电器的结构和工作原理

速度继电器的工作原理示意图如图1-5-12所示。其转子轴与电动机轴相连，定子空套在转子上。当电动机转动时，转子（永久磁铁）随之转动，在空间产生旋转磁场，切割定子绕组，在其中感应出电流。此电流又在旋转磁场的作用下产生转矩，使定子沿转子转动方向旋转一定的角度，与定子装在一起的摆锤推动触点动作，使常闭触点断开，常开触点闭合。当电动机转速低于某一值时，定子产生的转矩减小，动触点复位。

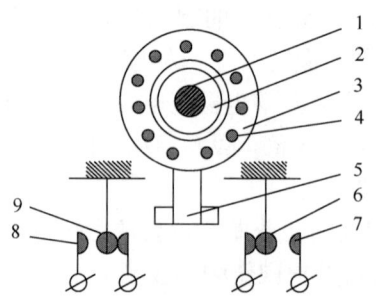

1—转轴；2—转子；3—定子；4—绕组；5—摆锤；6、9—动触点；7、8—静触点

图 1-5-12 速度继电器的工作原理示意图

常用的速度继电器有 JY1 型和 JFZ0 型。JY1 型能在 3000r/min 以下可靠工作；JFZ0-1 型适用于 300~1000r/min，JFZ0-2 型适用于 1000~3600r/min，JFZ0 型有两对常闭触点、常开触点。一般速度继电器转轴在 120 r/min 左右即可动作，在 100 r/min 以下触点复位。

速度继电器的主要技术参数有额定电压、额定电流、触点数、额定工作转速和允许操作频率等。其图形符号和文字符号如图 1-5-13 所示。

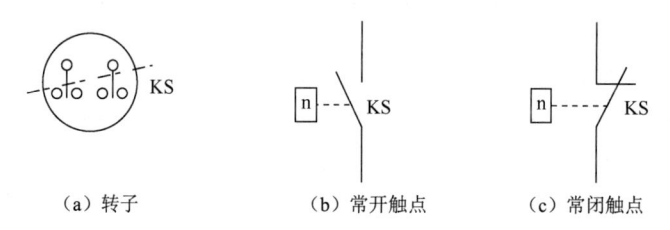

（a）转子　　　　（b）常开触点　　　　（c）常闭触点

图 1-5-13 速度继电器的图形符号和文字符号

2. 速度继电器的故障诊断及排除方法

速度继电器的故障诊断及排除方法如表 1-5-8 所示。

表 1-5-8 速度继电器的故障诊断及排除方法

故障现象	故障诊断	排除方法
反接制动时速度继电器失效，电动机不制动	胶木摆杆断裂或破损	更换胶木摆杆
	触点接触不良	清洗触点表面油污
	弹性动触片断裂或弹性不足	更换弹性动触片
	笼型绕组开路	更换笼型绕组
电动机不能正常制动	弹性动触片调整不当	重新调整螺钉，将螺钉向下旋转，弹性动触片增大，使速度较高时继电器才动作；将螺钉向上旋转，弹性动触片减小，速度较低时继电器才动作

思考与练习

1. 什么是继电器？继电器按用途分为哪几类？
2. 中间继电器与接触器有何异同？能否互换使用，为什么？
3. 热继电器在电路中起何作用？如果电动机烧毁，热继电器尚未动作，其主要原因是什么？

4. 什么是时间继电器？它有何用途？
5. 电压继电器、电流继电器在电路中起何作用，它们的线圈和触点各接于什么电路中？

任务6　主令电器的拆装、检测与维修

能力目标

（1）熟悉控制按钮、行程开关、主令控制器、万能转换开关的结构。
（2）理解控制按钮、行程开关、主令控制器、万能转换开关的工作原理。
（3）能正确拆装控制按钮、行程开关、主令控制器、万能转换开关，并能检测其质量好坏。
（4）掌握控制按钮、行程开关、主令控制器、万能转换开关常见故障的排除方法。

使用器材、工具、设备

（1）器材：根据实际需求准备各种类型的控制按钮、行程开关、主令控制器、万能转换开关。
（2）工具：常用电工工具1套（螺丝刀、镊子、钢丝钳、尖嘴钳等）。
（3）设备：万用表、绝缘电阻表等。

任务要求及实施

一、任务要求

（1）对控制按钮进行拆装、检测与维修。
（2）对常用行程开关进行拆装、检测与维修。
（3）对常用主令控制器进行拆装、检测与维修。
（4）对常用万能转换开关进行拆装、检测与维修。

二、任务实施

（1）主令电器的拆装。
① 控制按钮。
拆卸过程：按钮帽→常闭触点→接线柱。
装配过程：装配过程为拆卸的逆过程，在此不具体阐述。
② 行程开关。
拆卸过程：后盖→滚轮→杠杆→撞块→微动开关。
装配过程：装配过程为拆卸的逆过程，在此不具体阐述。
③ 主令控制器。
拆卸过程：手柄→面板→凸轮定位机构→转轴→触点→接线端子。
装配过程：装配过程为拆卸的逆过程，在此不具体阐述。
④ 万能转换开关。
拆卸过程：防尘罩→铭牌面板→凸轮动静触点面板→凸轮→动静触点。

装配过程：装配过程为拆卸的逆过程，在此不具体阐述。

（2）主令电器的检测。

① 功能检测。观察主令电器动、静触点螺钉是否齐全、牢固，动、静触点是否活动灵活。利用万用表欧姆挡测试常闭触点输入端和输出端是否全部接通，常开触点输入端和输出端是否全部断开。

② 外观检测。动、静触点螺钉应齐全、牢固，活动灵活，外壳无损伤等。

（3）填写记录表，如表 1-6-1～表 1-6-4 所示。

表 1-6-1 控制按钮的基本结构及参数测试

型 号		主要零部件	
		名称	作用
触点数			
常闭触点	常开触点		
判断/检测触点好坏			
常闭触点/阻值	常开触点/阻值		

表 1-6-2 行程开关的基本结构及参数测试

型 号		主要零部件	
		名称	作用
触点数			
常闭触点	常开触点		
判断/检测触点好坏			
常闭触点/阻值（动作前）	常开触点/阻值（动作前）		
常闭触点/阻值（动作后）	常开触点/阻值（动作后）		

表 1-6-3 主令控制器的基本结构及参数测试

型 号		主要零部件	
		名称	作用
触点数			
常闭触点	常开触点		
判断/检测触点好坏			
常闭触点/阻值（转动前）	常开触点/阻值（转动前）		
常闭触点/阻值（转动后）	常开触点/阻值（转动后）		

表 1-6-4　万能转换开关的基本结构及参数测试

型　　号		主要零部件	
		名称	作用
触点数			
常闭触点	常开触点		
判断/检测触点好坏			
常闭触点/阻值（转动前）	常开触点/阻值（转动前）		
常闭触点/阻值（转动后）	常开触点/阻值（转动后）		

（4）主令电器的检修。

① 控制按钮的检修参照后文控制按钮的故障诊断及排除方法进行。

② 行程开关的检修参照后文行程开关的故障诊断及排除方法进行。

③ 主令控制器的检修参照后文主令控制器的故障诊断及排除方法进行。

④ 万能转换开关的检修参阅主令控制器的各项内容进行。

考核标准及评价

从知识与技能、学习态度与团队意识和工作与职业操守三方面进行综合考核，具体的评价标准如表 1-6-5 所示。

表 1-6-5　考核评价表

考核内容	考核方式	评价标准与得分				
		标准	分值	互评	教师评分	得分
知识与技能（70 分）	教师评价+互评	能正确认识主令电器	10 分			
		能选择主令电器	10 分			
		能检测主令电器	20 分			
		能正确拆装、维护主令电器	30 分			
学习态度与团队意识（15 分）	教师评价	学习积极性高、有自主学习能力	3 分			
		有分析和解决问题的能力	3 分			
		能组织和协调小组活动过程	3 分			
		有团队协作精神、能顾全大局	3 分			
		有合作精神、热心帮助小组其他成员	3 分			
工作与职业操守（15 分）	教师评价+互评	有安全操作、文明生产的职业意识	3 分			
		诚实守信、实事求是、有创新精神	3 分			
		遵守纪律、规范操作	3 分			
		有节能环保和产品质量意识	3 分			
		能够不断反思、优化和完善	3 分			

知识要点

主令电器是一种在自动控制系统中用于发送和转换控制指令的电器，对各种电气控制系统发出控制指令，使继电器和接触器动作，从而改变拖动装置的工作状态（如电动机启动、停车、变速等），进行远距离控制。

主令电器应用广泛，种类繁多。本任务主要介绍常用的控制按钮、行程开关、主令控制器、万能转换开关。

一、控制按钮

控制按钮是发出控制指令和信号的结构简单的电气开关，是一种手动且一般可以自动复位的主令电器。控制按钮的结构示意图如图 1-6-1 所示，主要由按钮帽、复位弹簧、常开触点、常闭触点、接线柱、外壳等组成，通常制成具有常开触点和常闭触点的复合式结构。常用的控制按钮有自复位和自保持两种，可内置指示灯作为信号指示。

当控制按钮被按下时，动触点下移，常闭静触点断开，常开静触点接通；当松开控制按钮时，在复位弹簧的作用下，动触点复位，常开静触点断开，经过一定行程后，常闭静触点闭合复位。控制按钮的图形符号和文字符号如图 1-6-2 所示。

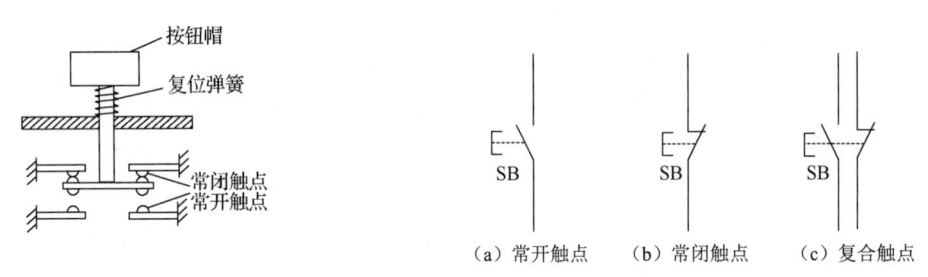

图 1-6-1 控制按钮的结构示意图　　图 1-6-2 控制按钮的图形符号和文字符号

控制按钮的主要参数有额定电压、额定电流、结构形式、触点数及按钮颜色等。在使用多个按钮时，为了区分不同按钮的作用，避免误操作，通常将按钮帽做成不同的颜色以示区别。按钮帽的颜色有红（一般表示"停止"）、绿（一般表示"启动"）、白、黑、蓝、黄等。国内常用的有 LA 系列和引进的 LAY 系列两种。对按钮的要求为通断可靠、动作精度高、电气性能良好、寿命长等。按钮的选择首先要考虑额定电压和额定电流；然后需要考虑触点的种类和数目，以及是否带指示灯、场地颜色要求等。控制按钮的型号含义如图 1-6-3 所示。

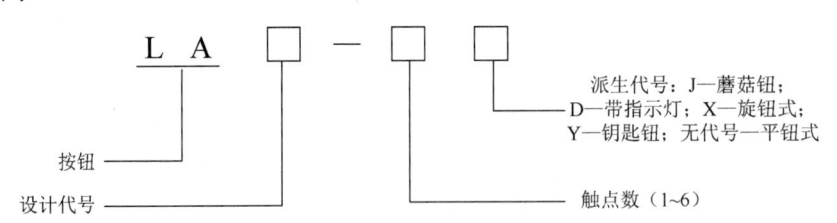

图 1-6-3 控制按钮的型号含义

控制按钮的故障诊断及排除方法如表 1-6-6 所示。

表 1-6-6 控制按钮的故障诊断及排除方法

故障现象	故障诊断	排除方法
按下按钮时有触电感觉	按钮的防护金属外壳与连接导线接触	检查按钮内连接导线
	按钮帽的缝隙间充满铁屑，使其与导电部分形成通路	清洁按钮及触点

续表

故障现象	故障诊断	排除方法
触点烧毛	触点接触不良、表面不清洁，使接触电阻增大，引起触点过热、烧毛	应使用锋利的刀刃或锉刀修平打磨
触点接触不良，特别是常闭触点不能闭合复位	动触点的复位弹簧失效，或者触点表面不清洁，触点磨损、松动，使触点返回时接触不良，甚至接触不上	应维修或更换弹簧及触点
绝缘性能下降	长时间使用或密封不好，使灰尘、油或水流入，造成绝缘性能下降甚至被击穿	应进行绝缘和清洁处理，并采取相应的密封措施

二、行程开关

行程开关又称限位开关或终点开关，是一种利用生产机械某些部件的碰撞来发出控制指令的主令电器。它将机械信号转换为电信号，以控制生产机械的运动方向、行程大小或实现位置保护。

行程开关广泛应用于各类机床、起重机械及轻工机械的行程控制中。行程开关安装在运动机械的某一位置上，当运动部件到达既定的位置时，其上所安装的撞块会碰上行程开关，在机械的作用下，行程开关动作，实现对生产机械的控制，限制它们的动作和位置，借此对生产机械给予必要的保护。

行程开关和控制按钮原理相同，区别是行程开关的推杆或其他机械装置是在机械的碰撞下动作的，而控制按钮是在人的手动作用下动作的。行程开关的种类很多，根据操作头不同分为单轮旋转式、直动式和双滚轮式等。直动式行程开关由操作头、传动系统、触点系统和外壳组成，其结构示意图如图 1-6-4 所示，其工作原理为当运动机构的撞块压到行程开关的滚轮时，转动杠杆连同轴一起转动，凸轮撞动撞块使常闭触点断开，常开触点闭合；撞块移开后，复位弹簧使其复位。行程开关的图形符号和文字符号如图 1-6-5 所示。

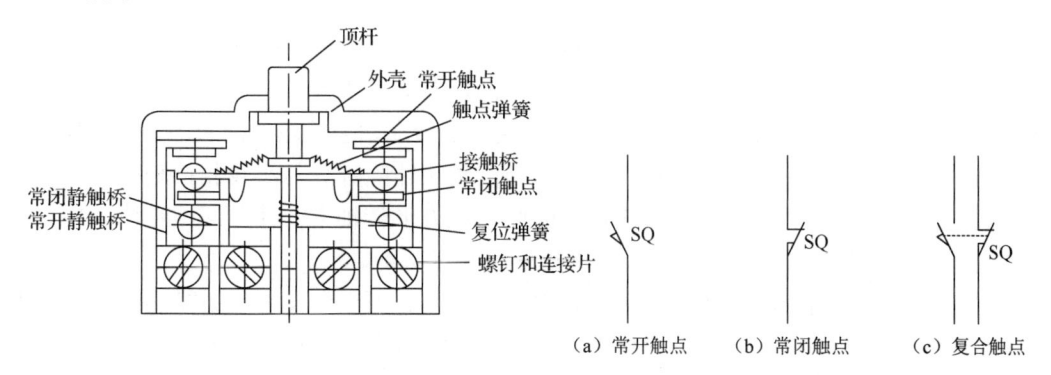

图 1-6-4 直动式行程开关的结构示意图　　图 1-6-5 行程开关的图形符号和文字符号

常用的行程开关有 LX19、LX22、LX32、LX33、JLXL1、LXW-11、JLXK1-11、JLXW5 等系列。行程开关的型号含义如图 1-6-6 所示。

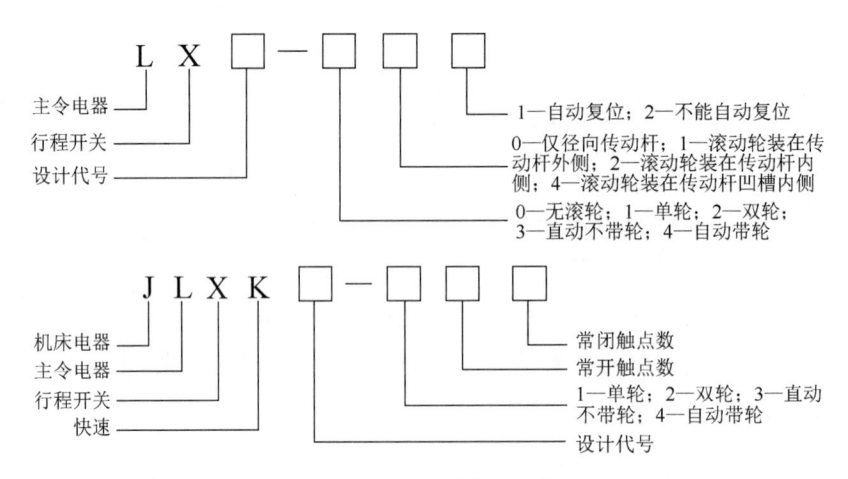

图 1-6-6　行程开关的型号含义

行程开关的故障诊断及排除方法如表 1-6-7 所示。

表 1-6-7　行程开关的故障诊断及排除方法

故障现象	故障诊断	排除方法
碰撞后触点未动作	开关位置安装不当	调整开关到合适位置
	触点接触不良	清洗触点
	触点连接线脱落	紧固触点连接线
触点不复位	触杆被杂物卡住	清理卡住触杆的杂物
	动触点脱落	重新调整动触点
	弹簧弹力减退或被卡住	更换弹簧或清理卡住物
	触点偏斜	调整触点

三、主令控制器

主令控制器是用来较为频繁地切换复杂多回路控制电路的主令电器。其操作简便，允许每小时通电次数较多，触点为双断点桥式触点，适用于按顺序操作的多个控制回路。主令控制器一般由触点、凸轮定位机构、转轴、面板及其支承件等部分组成，其结构示意图如图 1-6-7 所示。在方形转轴上装有不同凸轮块随之转动，当凸轮块凸起部分与小轮相接触时，推动支架向外张开，动、静触点断开；当凸轮块凹陷部分与小轮相接触时，支架在复位弹簧的作用下复位，动、静触点闭合。因此，在方形转轴上安装不同凸轮块，即可使触点按一定顺序闭合与断开，从而控制电路按一定顺序动作。

主令控制器的图形符号及文字符号如图 1-6-8（a）所示，图中每条横实线代表一路触点，竖虚线代表手柄位置。当手柄置于某一位置时，就在处于接通状态的触点下方的虚线上标注"●"。触点的通断表如图 1-6-8（b）所示，图中的"×"表示触点闭合，空白表示触点分断。

常用的主令控制器有 LS3、LK4、LK5 和 LK17、LK18 系列。其中 LK4 系列属于调整式主令控制器，即闭合顺序可根据不同要求进行任意调节。

主令控制器的型号含义如图 1-6-9 所示。

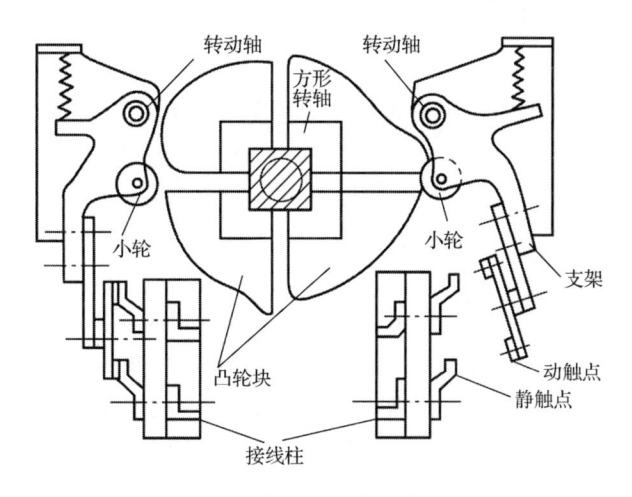

图 1-6-7 主令控制器的结构示意图

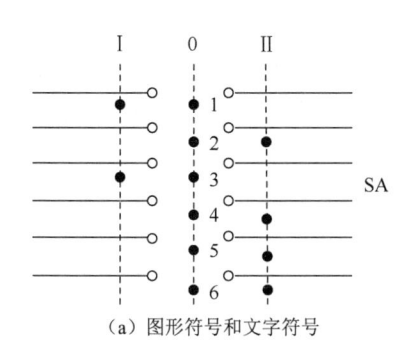

(a) 图形符号和文字符号

触点号	I	0	II
1	×	×	
2		×	×
3	×	×	
4		×	×
5		×	×
6		×	×

(b) 通断表

图 1-6-8 主令控制器的符号及通断表

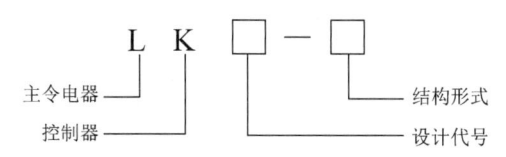

```
    L K □ — □
主令电器┘ │ │   └结构形式
  控制器─┘ └─设计代号
```

图 1-6-9 主令控制器的型号含义

主令控制器的故障诊断及排除方法如表 1-6-8 所示。

表 1-6-8 主令控制器的故障诊断及排除方法

故障现象	故障诊断	排除方法
触点过热或烧毁	电路电流过大	选用较大容量的主令控制器
	触点压力不足	调整或更换触点弹簧
	触点表面有油污	清洗触点
	触点超行程过大	更换触点
手柄转动失灵	定位机构损坏	修理或更换定位机构
	静触点的固定螺钉松脱	紧固静触点的固定螺钉
	控制器上落入杂物	清除杂物

四、万能转换开关

万能转换开关实际上是多挡位控制多回路的组合开关，是一种手动控制的主令电器，一般可用于各种配电装置的远距离控制，也可作为电压表、电流表的换向开关，还可以作为 2.1kW 以下小容量电动机的启动、调速、换向开关。万能转换开关由于触点挡数多而具有更多的操作位置，能够控制多个回路，适应复杂电路的要求，故有"万能"之称。

万能转换开关主要由接触系统、操作机构、转轴、手柄、定位机构等部分组成，用螺栓组装成整体，其结构示意图如图 1-6-10 所示。万能转换开关的接触系统由许多接触元件组成，每个接触元件均有一个胶木触点座，中间装有 1 对或 3 对触点，分别由凸轮通过支架操作。操作时，手柄带动转轴和凸轮一起旋转，凸轮推动触点接通或断开。由于凸轮的形状不同，当手柄处于不同的操作位置时，触点的分合情况不同，从而达到换接电路的目的。万能转换开关的图形符号、文字符号、操作手柄在不同位置时的触点分合状态的表示方法和主令控制器相同。

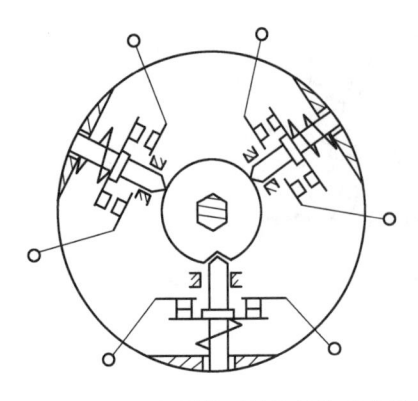

图 1-6-10 万能转换开关的结构示意图

常用的万能转换开关有 LW2、LW5、LW6、LW8、LW9、LW10-10、LW12、LW15、3LB、3ST1、JXS2-20 等系列。LW6 系列万能转换开关的型号含义如图 1-6-11 所示。

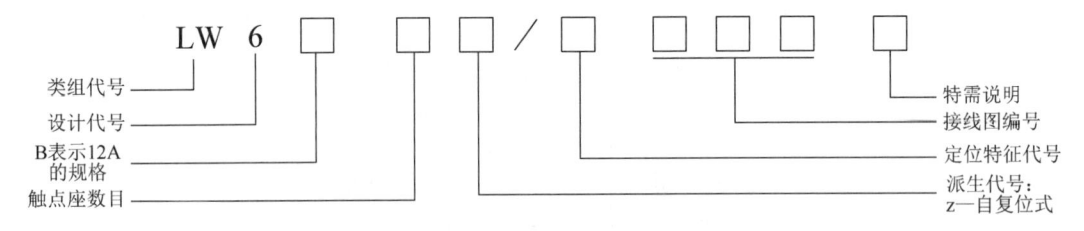

图 1-6-11 LW6 系列万能转换开关的型号含义

思考与练习

1. 万能转换开关内的储能弹簧起什么作用？
2. 控制按钮与主令控制器在电路中各起什么作用？
3. 试述行程开关的作用及其主要组成部分。
4. 组合开关和主令控制器有什么相同之处和不同之处？
5. 造成行程开关不动作的主要原因是什么？

项目二

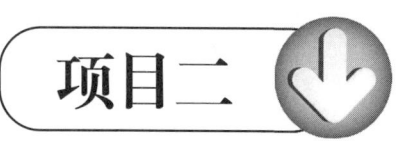

常见电机的拆装、检测与维修

项目描述

电动机是一种将电能转换成机械能,并输出机械转矩的原动机,其应用十分广泛,按用电类型可分为交流电动机和直流电动机。本项目以常见电机的拆装、检测与维修为实践载体,介绍直流电动机、三相异步电动机、特种电机的结构、分类、工作原理和运行等相关知识,通过本项目的学习,学生可了解常见电机主要参数的选择方法,能对常见电机进行简单维修,能正确地拆卸、组装常见电机,并能排除相关故障。

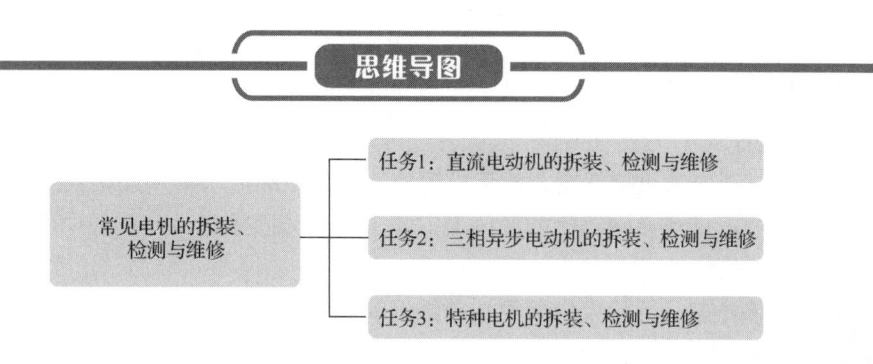

思维导图

常见电机的拆装、检测与维修
- 任务1:直流电动机的拆装、检测与维修
- 任务2:三相异步电动机的拆装、检测与维修
- 任务3:特种电机的拆装、检测与维修

任务 1 直流电动机的拆装、检测与维修

能力目标

（1）熟悉直流电动机的结构和工作原理。
（2）能正确拆装直流电动机。
（3）会正确使用和维护直流电动机。
（4）会进行直流电动机常见故障的检修。

使用器材、工具、设备

（1）器材：根据实际需求选择直流电动机。
（2）工具：常用电工工具1套（螺丝刀、镊子、钢丝钳、尖嘴钳）、拆装工具1套［卡圈（挡圈）钳、木榔头、铁榔头、扳手、拉具等］。
（3）设备：万用表、兆欧表、转速表等。

任务要求及实施

一、任务要求

根据直流电动机的结构，分析其工作原理，按标准流程拆装直流电动机，对其进行维护与保养，并能对直流电动机进行检查和故障排除。

二、任务实施

1. 直流电动机拆装

（1）拆卸过程。

① 拆卸。打开电动机接线盒，拆下电源连接线，在端盖与机座连接处做好标记。

② 取出电刷。打开换向器侧的通风窗，卸下电刷紧固螺钉，从刷握中取出电刷，拆下接到刷杆的连接线上。

③ 拆卸轴承外盖。拆除换向器侧端盖螺钉和轴承盖螺钉，取出轴承外盖；拆卸换向器端的端盖，必要时从端盖上取下刷架。

④ 抽出电枢。抽出电枢时要小心，不要碰伤电枢。

⑤ 拆下轴承和外盖。用纸或软布将换向器包好。拆下前端盖上的轴承盖螺钉，并取下轴承外盖（将连同前端盖在内的电枢放在木架或木板上）；轴承一般只在损坏后方可取出，无特殊原因，不必拆卸。

（2）装配过程。清洗或清除直流电动机各零部件（如轴承、换向阀等）的油渍或灰尘等，通过外观检查或用仪器检测确认各零部件质量，并对其相应部件涂注润滑脂，装配过程为拆卸的逆过程，在此不具体阐述。

（3）注意事项。

① 拆下刷架前，要做好标记，便于安装后调整电刷的中性线位置。

② 抽出电枢时要仔细，不要碰伤换向器及各绕组。

③ 取出的电枢必须放在木架或木板上，并用布或纸包好。
④ 装配时，拧紧端盖螺栓，四周用力必须均匀，按对角线上下左右逐步拧紧。
⑤ 必要时，应在拆卸前对原有配合位置做一些标记，以利于将来组装时恢复原状。

2．直流电动机检测

（1）硬件检查。
① 检查轴承润滑脂是否洁净、适量，以润滑脂占轴承室的 2/3 为宜。
② 用柔软、干燥而无绒毛的布块擦拭换向器表面，并检查其是否光洁，若有油污，则可蘸少许汽油擦拭干净。
③ 检查电刷压力是否均匀，电刷间压力差不超过 10%，刷握的固定是否可靠，电刷在刷握内是否太紧或太松，电刷与换向器的接触是否良好。
④ 检查刷杆座上是否标有电刷位置的标记。
⑤ 用手转动电枢，检查是否阻塞或在转动时是否有撞击或摩擦之声。
⑥ 接地装置是否良好。
⑦ 用 500V 兆欧表测量绕组对机壳的绝缘电阻，若小于 1MΩ，则必须进行干燥处理。
⑧ 电动机引出线与励磁电阻、启动器等连接是否正确，接触是否良好。

（2）启动控制检查。
① 检查电路情况（包括电源、控制器、接线及测量仪表的连接等），启动器的弹簧是否灵活，接触是否良好。
② 在恒压电源供电时，需要用启动器启动。闭合电源开关，在电动机负载下，转动启动器，在每个触点上停留约 2s，直至最后一点，转动臂被电磁铁吸住。
③ 电动机在单独的可调电源供电时，先将励磁绕组通电，并将电源电压降低至最小，然后闭合电枢回路接触器，逐渐升高电压，达到额定值或所需转速。
④ 电动机与生产机械的联轴器分别连接，输入小于 10%的额定电枢电压，确定电动机与生产机械转速方向是否一致，一致时表示接线正确。
⑤ 电动机换向器端装有测速发电机时，电动机启动后，应检查测速发电机输出特性，其极性应与控制屏极性一致。
⑥ 电动机启动完毕后，应观察换向器上有无火花，火花等级是否超标。

（3）停机控制检查。
① 若为变速电动机，则应先将转速降到最低。
② 去掉电动机负载（除串励电动机外）后切断电源开关。
③ 切断励磁回路，励磁绕组不允许在停车后长期通入额定电流。

3．填写记录表

填写如表 2-1-1 所示的记录表。

表 2-1-1　直流电动机的基本结构及参数测试

直流电动机的基本结构	
零部件	作用
检查内容	
硬件装配是否良好	电路情况是否正常	接地装置是否连接	绝缘电阻值	是否能正常运转/转速

4．直流电动机的检修

直流电动机的检修参照后文直流电动机的故障诊断及排除方法。

考核标准及评价

从知识与技能、学习态度与团队意识和工作与职业操守三方面进行综合考核，具体的评价标准如表 2-1-2 所示。

表 2-1-2　考核评价表

考核内容	考核方式	评价标准与得分			
^	^	标准	分值	互评	教师评分	得分
知识与技能（70分）	教师评价+互评	能正确认识直流电动机结构及工作原理	10分			
		能正确拆装直流电动机	20分			
		能合理使用与维护直流电动机	20分			
		能进行直流电动机检测与故障排除	20分			
学习态度与团队意识（15分）	教师评价	学习积极性高、有自主学习能力	3分			
		有分析和解决问题的能力	3分			
		能组织和协调小组活动过程	3分			
		有团队协作精神、能顾全大局	3分			
		有合作精神、热心帮助小组其他成员	3分			
工作与职业操守（15分）	教师评价+互评	有安全操作、文明生产的职业意识	3分			
		诚实守信、实事求是、有创新精神	3分			
		遵守纪律、规范操作	3分			
		有节能环保和产品质量意识	3分			
		能够不断反思、优化和完善	3分			

知识要点

一、直流电动机的结构

直流电动机由定子和转子两部分组成，在定子和转子之间存在一个间隙，称为气隙。常见直流电动机的外形、内部结构、纵向剖视图如图 2-1-1～图 2-1-3 所示。

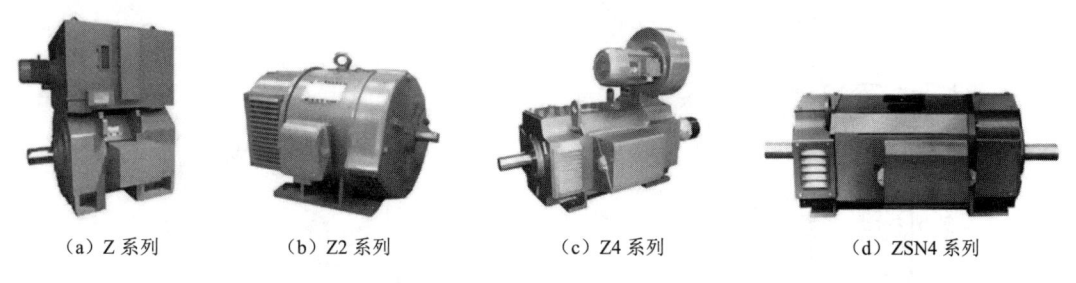

（a）Z 系列　　　　（b）Z2 系列　　　　（c）Z4 系列　　　　（d）ZSN4 系列

图 2-1-1　直流电动机的外形

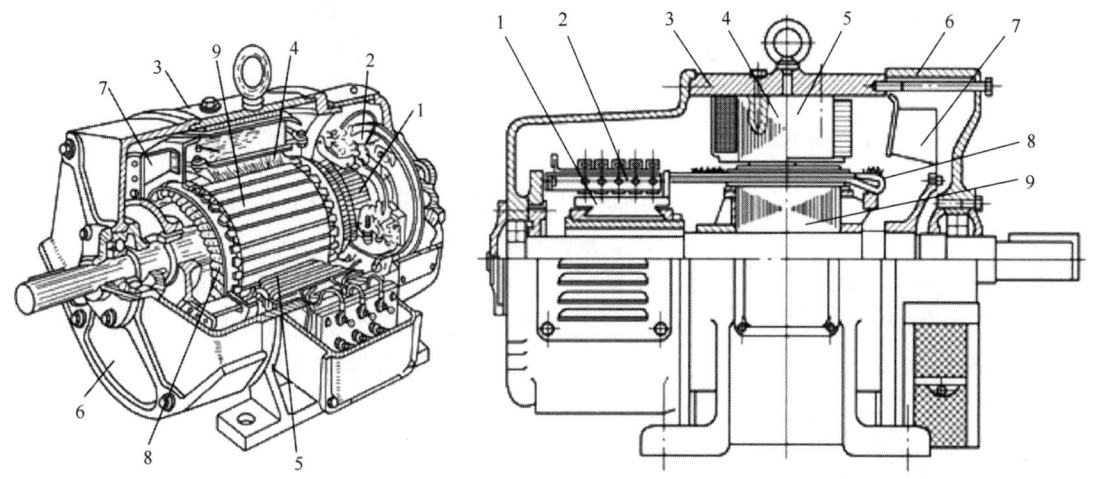

1—换向器；2—电刷装置；3—机座；4—主磁极；5—换向极；
6—端盖；7—风扇；8—电枢绕组；9—电枢铁心

图 2-1-2　直流电动机的内部结构

1—换向器；2—电刷装置；3—机座；4—主磁极；5—换向极；
6—端盖；7—风扇；8—电枢绕组；9—电枢铁心

图 2-1-3　直流电动机的纵向剖视图

1. 直流电动机定子

定子是电动机的静止部分，主要用来产生主磁场和作为机械的支撑，主要包括主磁极、换向极、电刷装置、机座和端盖等。

（1）主磁极。主磁极的结构如图 2-1-4 所示，包括铁心和励磁绕组两部分。当励磁绕组中通入直流电流后，铁心中会产生励磁磁通，并在气隙中建立励磁磁场。励磁绕组通常是用圆形或矩形的绝缘导线制成的一个集中的线圈，套在磁极铁心外面。主磁极铁心一般用 1～1.5mm 厚的低碳钢板冲片叠压铆接而成。主磁极铁心柱体部分称为极身，靠近气隙一端较宽的部分称为极靴，极靴与极身交接处形成一个突出的肩部，用于支撑励磁绕组。极靴沿气隙表面呈弧形，使磁极下气隙磁通密度分布更合理。整个主磁极用螺杆固定在机座上。

主磁极总是 N、S 两极成对出现的。各主磁极的励磁绕组通常是相互串联的，连接时要能保证相邻磁极的极性按 N、S 交替排列。

（2）换向极。换向极的结构如图 2-1-5 所示，也由铁心和绕组构成。中小容量直流电动机的换向极铁心是用整块钢制成的，大容量直流电动机和换向要求高的电动机的换向极铁心用薄钢片叠成。换向极绕组要与电枢绕组串联，因通过的电流大，故导线截面较大，匝数较少。换向极装在主磁极之间，换向极的数目一般等于主磁极极数，在功率很小的电动机中，换向极的数目有时只有主磁极极数的一半，或者不装换向极。换向极的作用是改善换向，防止电刷和换向器之间出现过强的火花。

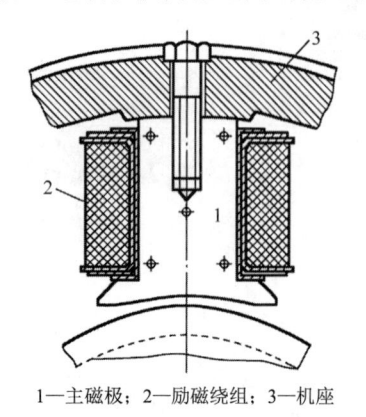

1—主磁极；2—励磁绕组；3—机座

图 2-1-4 主磁极的结构

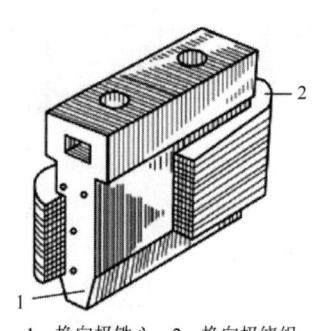

1—换向极铁心；2—换向极绕组

图 2-1-5 换向极的结构

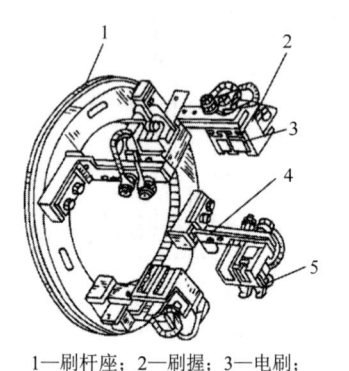

（3）电刷装置。电刷装置一般由电刷、刷握、刷杆、压紧弹簧和刷杆座等组成，其结构如图 2-1-6 所示。电刷是用碳、石墨等制成的导电块，电刷装在刷握的盒内，用压紧弹簧把它压紧在换向器的表面。压紧弹簧的压力可以调整，保证电刷与换向器表面有良好的滑动接触。刷握固定在刷杆上，刷杆装在刷杆座上，彼此之间绝缘。刷杆座装在端盖或轴承盖上，根据电流的大小，每根刷杆上可以有几个电刷组成的电刷组，电刷组的数目一般等于主磁极极数。电刷装置的作用是通过与换向器表面滑动接触，把电枢中的电动势（电流）引出或将外电路电压（电流）引入电枢。

1—刷杆座；2—刷握；3—电刷；
4—刷杆；5—压紧弹簧

图 2-1-6 电刷装置的结构

（4）机座和端盖。机座一般用铸钢或厚钢板焊接而成，是电动机磁路的一部分，用来固定主磁极、换向极及端盖，借助底脚将电动机固定于基础上；端盖主要起支撑作用，固定于机座上，其上放置轴承，支撑直流电动机的转轴，使直流电动机能够旋转。

2．直流电动机转子

转子是电动机的转动部分。转子的主要作用是产生感应电动势和电磁转矩，实现机电能量的转换，是使机械能转变为电能（发电机）或将电能转变为机械能（电动机）的枢纽。转子通常又被称为电枢，由电枢铁心、电枢绕组、换向器、风扇和转轴等组成，如图 2-1-7 所示。

（1）电枢铁心。电枢铁心一般用 0.5mm 厚的涂有绝缘漆的硅钢片冲片叠成，这样铁心在主磁场中转动时可以减少磁滞损耗和涡流损耗。铁心表面有均匀分布的齿和槽，槽中嵌放电枢绕组。电枢铁心固定在转子支架或转轴上，构成磁通路。

(a)　　　　　　　　　　　　　　(b)

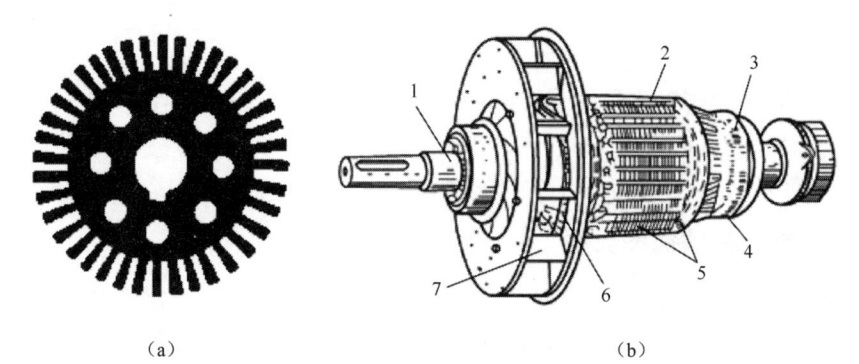

1—转轴；2—电枢铁心；3—换向器；4—电枢绕组；5—镀锌钢丝；6—电枢绕组；7—风扇

图 2-1-7　转子的结构

（2）电枢绕组。电枢绕组是用绝缘铜线绕制而成的线圈按一定规律嵌放到电枢铁心槽，并与换向器做相应连接的部件。线圈与铁心之间及线圈的上下层之间均要妥善绝缘，先用槽楔压紧，再用玻璃丝带或钢丝扎紧。电枢绕组是电动机的核心部件，电动机工作时在其中产生感应电动势和电磁转矩，实现能量的转换。电枢槽的结构如图 2-1-8 所示。

（3）换向器。作为发电机使用时，换向器将电枢绕组中的交变电动势和电流转换成电刷间的直流电压和电流输出；作为电动机使用时，换向器将外加在电刷间的直流电压和电流转换成电枢绕组中的交变电压和电流。

换向器的主要组成部分是换向片和云母片，其结构如图 2-1-9 所示。换向器是一个由许多燕尾状的梯形铜片间隔云母片绝缘排列而成的圆柱体，每个换向片的一端都有高出的部分，上面铣有线槽，供电枢绕组引出端焊接用。所有换向片均放置在与它配合的具有燕尾状槽的金属套筒内，用 V 形钢环和螺纹压圈将换向片和套筒紧固成一个整体，换向片组与套筒、V 形钢环之间要用云母片绝缘。

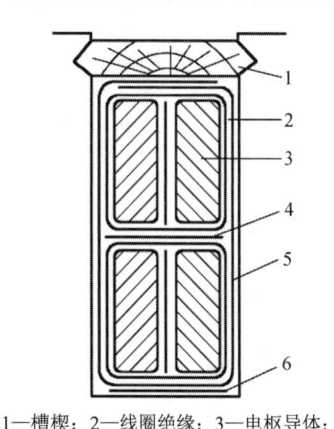

1—槽楔；2—线圈绝缘；3—电枢导体；
4—层间绝缘；5—槽绝缘；6—槽底绝缘

图 2-1-8　电枢槽的结构

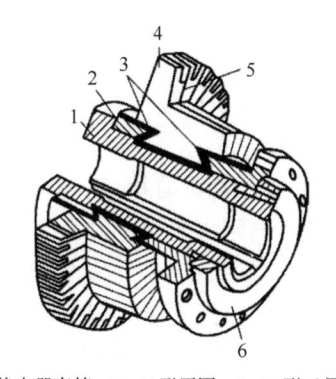

1—换向器套筒；2—V 形压圈；3—V 形云母环；
4—换向铜片；5—云母片；6—螺旋压圈

图 2-1-9　换向器的结构

（4）转轴。转轴是用来传递转矩的，为了使电动机能可靠地运行，转轴一般用合金钢锻压加工而成。

（5）风扇。风扇用来散热，降低电动机运行中的温升。

3．气隙

静止的磁极和旋转的电枢之间的间隙称为气隙。在小容量电动机中，气隙为 0.5～3mm。气隙数值虽小，但磁阻很大，为电动机磁路的主要组成部分。气隙大小对电动机运行性能有很大影响。

二、直流电动机的铭牌数据

电机制造厂按照国家标准，根据电动机的设计和实验数据，规定了电动机的正常运行状态和条件，通常称为额定运行。凡表征电动机额定运行情况的各种数据均称为额定值，标注在电动机铭牌上，如表 2-1-3 所示。

表 2-1-3 直流电动机铭牌表

直流电动机			
型号	Z2-11	励磁方式	并（他）励
容量	0.4kW	励磁电压	220V
电压	230V	定额	S1
电流	2.88A	绝缘等级	定子 B 电枢 B
转速	1500r/min	质量	76kg
技术条件		出厂日期	
出厂编号	JB1104-68	励磁电流	1.7A
***电机制造厂			

1．直流电动机型号

直流电动机型号包含电动机的系列、机座号、铁心长度、设计次数、极数等。

国产电动机型号一般格式为：第一部分用大写的拼音字母表示产品代号；第二部分用阿拉伯数字表示设计序号；第三部分用阿拉伯数字表示机座代号；第四部分用阿拉伯数字表示电枢铁心长度。

以 Z2-92 为例：Z 表示一般用途直流电动机；2 表示设计序号，第二次改型设计；9 表示机座代号；2 表示电枢铁心长度。

第一部分字符含义如下。

Z 系列：一般用途直流电动机（如 Z2、Z3、Z4 等）；

ZJ 系列：精密机床用直流电动机；

ZT 系列：广调速直流电动机；

ZQ 系列：直流牵引电动机；

ZH 系列：船用直流电动机；

ZA 系列：防爆安全型直流电动机；

ZKJ 系列：挖掘机用直流电动机；

ZZJ 系列：冶金起重机用直流电动机。

例如，在直流电动机型号 Z4-112/2-1 中，Z 表示一般用途直流电动机；4 表示第四次系列设计；112 表示机座中心高度，单位为 mm；2 表示极数；1 表示电枢铁心长度。

2. 额定值

（1）额定功率 P_N（容量）。指电动机在额定情况下，长期运行所允许的输出功率，单位为 kW。对发电机来讲是指输出的电功率；对电动机来讲是指轴上输出的机械功率。

（2）额定电压 U_N。指正常工作时，电机出线端的电压，单位为 V。对发电机而言是指在额定运行时输出端的电压；对电动机而言是指额定运行时的电源电压。

（3）额定电流 I_N。指电动机对应额定电压、额定输出功率时的电流，单位为 A。对发电机而言是指带有额定负载时的输出电流；对电动机而言是指轴上带有额定机械负载时的输入电流。

（4）额定转速 n_N。指当电动机在额定功率、额定电压和额定电流下运转时，转子旋转的速度，单位为 r/min（转/分）。直流电动机铭牌上往往有低、高两种转速，低转速是指基本转速，高转速是指最高转速。

（5）励磁方式。指励磁绕组的供电方式，其决定了励磁绕组和电枢绕组的接线方式。通常有他励、并励、串励和复励四种。

（6）励磁电压 U_{LN}。指加在励磁绕组两端的额定电压，一般有 110V、220V 等，单位为 V。

（7）励磁电流 I_{LN}。指在额定励磁电压下，励磁绕组中流过的电流大小，单位为 A。

（8）定额（工作制）。即电动机的工作方式，是指电动机在额定状态运行时能持续工作的时间和顺序。电动机定额分为连续（S1）、短时（S2）和断续（S3）三种。

（9）绝缘等级。指直流电动机制造时所用绝缘材料的耐热等级。

（10）额定温升。指电动机在额定工作状态下运行时，各发热部分所允许达到的最高工作温度减去绕组环境温度的数值。

三、直流电动机的分类

励磁方式是指直流电动机主磁场产生的方式。不同的励磁方式会产生不同的电动机输出特性，从而适用于不同场合。

直流电动机根据励磁方式的不同，可分为四种类型：他励直流电动机、并励直流电动机、串励直流电动机和复励直流电动机。具体如表 2-1-4 所示。

表 2-1-4 直流电动机的类型及特点

类型		电动机绕组接线图	特点
他励直流电动机			励磁绕组（主磁极绕组）与电枢绕组由各自的直流电源单独供电，在电路上没有直接联系
自励直流电动机	并励		（1）励磁绕组与电枢绕组并联，加在这两个绕组上的电压相等，而通过电枢绕组的电流 I_a 和通过励磁绕组的电流 I_L 不同，总电流 $I=I_a+I_L$ （2）励磁绕组匝数多，导线截面较小，励磁电流只占电枢电流的一小部分

类型		电动机绕组接线图	特点
自励直流电动机	串励		（1）励磁绕组与电枢绕组串联，因此励磁绕组的电流 I_L 与电枢绕组的电流 I_a 相等 （2）励磁绕组匝数少，导线截面较大，励磁绕组上的电压降很小
	复励		（1）复励直流电动机的励磁绕组有两组：一组与电枢绕组串联，另一组与电枢绕组并联 （2）当两个绕组产生的磁通方向一致时，称为积复励直流电动机 （3）当两个绕组产生的磁通方向相反时，称为差复励直流电动机

四、直流电动机的工作原理与特点

1. 直流电动机的工作原理

为了讨论直流电动机的工作原理，可把复杂的直流电动机结构简化为如图 2-1-10 所示的简单结构。此时，电动机仅具有一对主磁极，电枢绕组只是一个线圈，线圈两端分别连在两个换向片上，换向片上压着电刷 A 和 B。

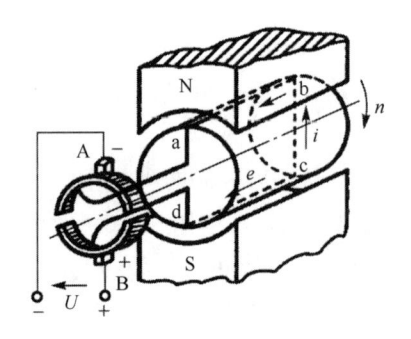

图 2-1-10 简化后的直流电动机结构

给直流电动机的两个电刷加上直流电源，如图 2-1-11（a）所示，则直流电流从电刷 A 流入，经过线圈 abcd，从电刷 B 流出。根据电磁力定律，载流导体 ab 和 cd 受到电磁力的作用，其方向可由左手定则判定，两段导体受到的力形成了一个转矩，使得转子逆时针转动，如图 2-1-11（b）所示。如果转子转到如图 2-1-11（c）所示的位置，则电刷 A 和换向片 2 接触，电刷 B 和换向片 1 接触，直流电流从电刷 A 流入，在线圈中的流动方向是 dcba，从电刷 B 流出。

此时载流导体 ab 和 cd 受到电磁力的作用方向同样可由左手定则判定，它们产生的转矩仍然使得转子逆时针转动，如图 2-1-11（d）所示，这就是直流电动机的工作原理。外加的电源是直流的，但由于电刷和换向片的作用，在线圈中流过的电流是交流的，其产生的转矩的方向却是不变的。

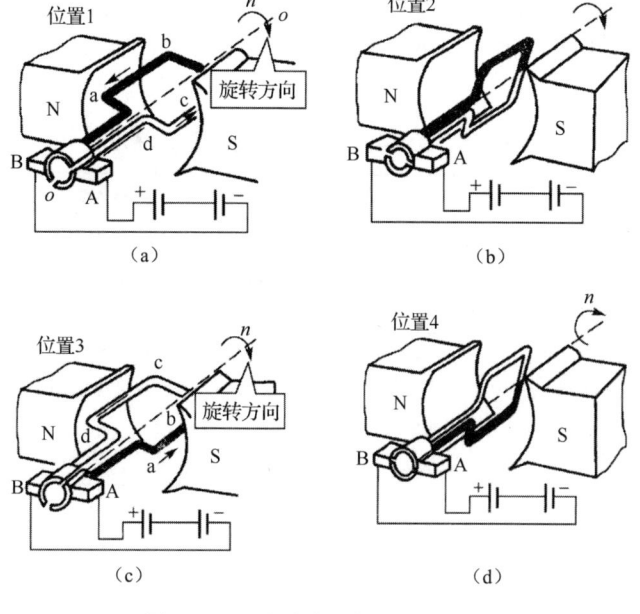

图 2-1-11 直流电动机的工作原理

由此可以归纳出直流电动机的工作原理：直流电动机在外加直流电压的作用下，在导体中形成电流，载流导体在磁场中将受电磁力的作用，由于换向器的换向作用，导体在进入异性磁极时，导体中的电流方向将相应改变，从而保证电磁转矩的方向不变，使直流电动机能连续旋转，把直流电能转换成机械能输出。

2．直流电动机的特点

直流电动机是将直流电能转变为机械能的电动机。直流电动机虽然比三相异步电动机结构复杂，维修也不便，但由于它的调速性能较好和启动转矩较大，因此，对调速要求较高的生产机械或需要较大启动转矩的生产机械往往采用直流电动机驱动。直流电动机具有以下优点。

① 调速性能好，调速方便、平滑，调速范围广。
② 启动、制动转矩大，易于快速启动、停车。
③ 易于控制，能实现频繁快速启动、制动及正反转。

直流电动机主要应用于轧钢机、电气机车、中大型龙门刨床、矿山竖井提升机及起重设备等调速范围大的大型设备。直流电动机的主要缺点是电枢电流换向问题，在换向时产生的火花最终将造成电刷与换向片间接触不良，限制了直流电动机的极限容量，增加了维护的工作量。

五、直流电动机的检修

直流电动机在使用过程中经常会出现各种故障，如电源接通后电动机不转、电刷火花过大、电动机振动、运行时有异常响声、外壳带电等。一旦出现故障，必将影响日常生产和生活的顺利进行，因此必须熟练掌握直流电动机的故障诊断及排除方法。

由于直流电动机的结构、工作原理与三相异步电动机不同。因此，故障现象及排除方法也有所不同。但故障处理的基本步骤相同，即首先根据故障现象进行分析，然后进行检查与测量，找出故障所在，并采取相应的措施予以排除。直流电动机的故障诊断及排除方法如表 2-1-5 所示。

表 2-1-5　直流电动机的故障诊断及排除方法

故障现象	故障诊断	排除方法
无法启动	（1）电源电路不通 （2）启动时过载 （3）励磁回路断开 （4）启动电流太小 （5）电枢绕组接地、断路、短路	（1）检查电路是否通路，熔断器是否良好；电动机进线端是否正确；电刷与换向器表面接触是否良好；若电刷与换向器断开，则必须调整刷握位置和弹簧压力 （2）检查电动机负载，如过载，减小电动机所带的负载 （3）用万用表检查磁场变阻器及励磁绕组是否断路，如断路，应重新接好线 （4）检查电枢绕组是否有接地、断路、开焊、短路等现象
电刷火花过大	（1）电刷与换向器接触不良 （2）刷握松动或安装位置不正确 （3）电刷磨损过短 （4）电刷压力大小不当或不均匀 （5）换向器表面不光洁、有污垢，换向器上云母片突出 （6）电动机过载 （7）换向极绕组部分短路 （8）换向极绕组接反 （9）电枢绕组断路或短路 （10）电枢绕组与换向片之间脱焊	（1）清洁电刷与换向器，使其接触良好 （2）若电刷弹簧弹力不够，则更换弹簧 （3）若电刷表面凹凸不平，可采用 00 号砂布研磨电刷的接触面 （4）检查电动机负载，如过载，减小电动机所带的负载 （5）若发现换向极绕组反接，则将它反接过来 （6）若发现换向极绕组或电枢绕组有短路或脱焊现象，则采用合适的办法修复
电动机温升过高	（1）长期过载 （2）未按规定运行 （3）通风不良	（1）如果是因长期过载引起的电动机温升过高，则必须减轻电机负载或更换功率较大的电动机 （2）认真对照铭牌上的参数，看电动机是否按规定运行，如有问题应及时调整 （3）改善电动机所在场所的通风状况
电动机振动	（1）电枢平衡未校好 （2）检修时风叶装错位置或平衡块移动 （3）转轴变形 （4）联轴器未校正 （5）地基不平或地脚螺钉不紧	（1）校准电枢几何中心 （2）重新正确安装风叶 （3）校准或更换转轴 （4）校准电动机转轴与联轴器间的同轴度 （5）重新整理地基或拧紧地脚螺钉
机壳带电	（1）电动机受潮后绝缘电阻下降 （2）电动机绝缘老化 （3）引出线碰壳 （4）电刷灰或其他灰尘的堆积	（1）如果是因受潮引起的绝缘电阻下降，则可用烤箱将电动机烘干 （2）如果是电动机绕组引起的绝缘老化，则应重绕已经老化的绕组 （3）如果是引出线碰壳引起的机壳带电，则将裸露碰壳的引出线用绝缘套管包扎好 （4）如果是灰尘导致的机壳带电，则应对电动机进行清洁维护

思考与练习

1. 填空题（请将正确答案填在横线空白处）

（1）直流电动机是能实现_____和_____相互转换的电动机。

（2）直流电动机按照用途可以分为_____和_____两类。

（3）直流电动机由_____和_____两大部分组成。电刷装置由_____、____、_____和_____等组成。

（4）定子是_____部分，主要用来产生主磁场，主要包括_____、_____、_____、_____等。

（5）电枢绕组的作用是通过电流产生_____和_____，实现能量转换。

（6）直流电动机根据励磁方式的不同，可分为_____、_____、_____和_____四种类型。

（7）他励直流电动机的励磁电流由_____供电，因此，励磁电流的大小与电动机本身的端电压大小无关。

（8）直流电动机主要应用于_____、_____、_____、_____及_____等调速范围大的大型设备。

（9）直流电动机通电后无法自动启动的故障原因可能有_____、_____、_____、_____、_____。

（10）检查绕组元件接地时，将6~12V直流电压接到相隔_____的换向片上，用毫伏表的一支表笔触及_____，另一支表笔依次触及所有的_____，若读数为_____，则该换向片或换向片所连接的绕组元件接地。

2. 判断题（正确的在括号内打"√"，错误的打"×"）

（1）电刷利用压力弹簧的压力可以保障良好的接触。（　　）

（2）直流电动机的电枢铁心由于在直流状态下工作，通过的磁通是不变的，因此完全可以用整块的导磁材料制造，不必用硅钢片制成。（　　）

（3）直流电动机的换向器用于产生换向磁场，以改善电动机的换向。（　　）

（4）为改善换向，所有的直流电动机必须加装换向极。（　　）

（5）断续运行的直流电动机不允许连续运行，但连续运行的直流电动机可以断续运行。（　　）

3. 选择题（将正确答案的字母填入括号）

（1）直流电动机铭牌上的额定电流是（　　）。

A．额定电枢电流　　　　B．额定励磁电流　　　　C．电源输入电动机的电流

（2）直流电动机中的电刷是为了引导电流，在实际应用中常采用（　　）。

A．石墨电刷　　　　B．铜质电刷　　　　C．银质电刷

（3）直流电动机换向极的作用是（　　）。

A．削弱主磁场　　　　B．增强主磁场　　　　C．抵消主磁场

（4）直流电动机在旋转一周的过程中，某个绕组元件（线圈）中通过的电流是（　　）。

A．直流电流　　　　B．交流电流　　　　C．互相抵消正好为零

（5）检测电枢断路或焊接不良时，在相连接的两个换向片上测得的电压将比平均值（　　）。

A．大　　　　B．小　　　　C．一样

任务 2　三相异步电动机的拆装、检测与维修

能力目标

（1）熟悉三相异步电动机的结构、工作原理。
（2）能正确拆装三相异步电动机，并能检测其质量好坏。
（3）能对三相异步电动机定子绕组直流电阻、绝缘电阻和空载电流进行测试。
（4）掌握电动机的安装方法及常见故障的排除方法。

使用器材、工具、设备

（1）器材：根据实际需求选择直流电动机。
（2）工具：常用电工工具 1 套（螺丝刀、镊子、钢丝钳、尖嘴钳）、拆装工具 1 套［卡圈（挡圈）钳、木榔头、铁榔头、扳手、拉具等］。
（3）设备：万用表、兆欧表、转速表等。

任务要求及实施

一、任务要求

根据三相异步电动机的结构，分析其工作原理，按标准流程拆装三相异步电动机，对其进行维护保养，并能对三相异步电动机进行检查和故障排除。

二、任务实施

1. 三相异步电动机的拆装

（1）拆卸前的准备工作。必须断开电源，拆除电动机与外部电源的连接线，并做好电源线在接线盒的相序标记，以免安装电动机时搞错相序；清理施工现场环境；熟悉电动机的结构特点和检修技术要求；准备好拆卸电动机的工具和设备。

（2）拆卸过程。

① 拆卸带轮（或联轴器）。在带轮的轴伸出端上做好在安装时的复原标记；将三爪拉马的丝杆尖端对准电动机轴端的中心，挂住带轮使其受力均匀，把带轮慢慢拉出；用合适的工具将固定带轮的销子拆下。

② 拆卸风罩。用螺丝刀将风罩四周的 3 颗螺栓拧下并用力将风罩往外拔，即可使风罩脱离机壳。

③ 拆卸风叶。取下风罩后，把风叶上的定位螺钉或销子松脱取下，用木槌在风叶四周均匀轻敲，风叶就可松脱下来。

④ 拆卸端盖螺钉。选择适当扳手，先逐步松开前端盖紧固对角螺钉，并用紫铜棒均匀敲打前端盖有脐的部分；然后在后端盖与机座之间做好标记，拆卸后端盖螺钉。

⑤ 拆卸后端盖。用木槌敲打轴伸出端，使后端盖脱离机座。当后端盖稍与机座脱开时，即可把后端盖连同转子一起抽出机座。

⑥ 拆卸前端盖。用硬木条从后端伸入，顶住前端盖的内部敲打，松动后，用双手轻轻将前端盖取下。

⑦ 取下后端盖。用木槌均匀敲打后端盖四周，即可取下后端盖。

⑧ 拆卸电动机轴承。根据轴承的规格，选用适宜的拉具，使拉具的脚爪紧扣在轴承内圈上，拉具的丝杠顶点对准转子轴的中心，缓慢均匀地扳动丝杠，轴承就会逐渐脱离转轴而被拆卸下来。

（3）装配过程。三相异步电动机的装配过程与拆卸相反。在装配前应先清洗电动机内部的灰尘，清洗轴承并加足润滑油，然后按以下顺序进行操作。

① 在转子上安装轴承和后端盖。将轴承套在轴上，用紫铜棒将轴承压入轴颈，缓慢地敲入，切勿总是敲击一边，或者敲击轴承外圈。将轴伸出端朝下垂直放置，在其断面上垫上木板，将后端盖套在后轴承上，用木槌敲打，把后端盖敲进去。

② 安装转子。用手托住转子，将其慢慢移入定子，以免损伤转子表面。

③ 安装后端盖。先用木槌均匀敲打后端盖四周，然后用木槌小心敲打后端盖 3 个耳朵，使螺孔对准标记，并用螺钉固定后端盖。

④ 安装前端盖。用木槌均匀敲击前端盖四周，并调整至对准标记。调整的方法与安装后端盖相同，然后用螺栓固定前端盖。

⑤ 安装风扇和风罩。用木槌敲打风扇，用弹簧卡钳安装卡簧，将风罩上的螺钉孔与机座上的螺母对准并将螺钉拧紧。

⑥ 安装带轮。轻轻地用木槌敲打键楔，使其进入键槽，将带轮的键楔对准键槽并用木槌敲击进行安装。

（4）操作注意事项。

① 拆卸带轮或轴承时，要正确使用拉具。

② 电动机解体前，要做好标记，以便组装。

③ 端盖螺钉松动与紧固必须按对角线上下左右依次旋动。

④ 不能用手锤直接敲打电动机的任何部位，只能用紫铜棒在垫好木块后敲击或直接用木槌敲打。

⑤ 抽出转子或安装转子时动作要小心，一边送一边接，不可擦伤定子绕组。

⑥ 电动机装配后，要检查转子转动是否灵活，有无卡阻现象。

⑦ 用转速表测量电动机的转速时一定要注意安全。

2．三相异步电动机的检测

（1）硬件检测。

① 检查转子转动是否灵活，有无卡阻现象。

② 测量绕组对机壳的绝缘电阻。将三相绕组的三个尾端（W2、U2、V2）用裸铜线连在一起。兆欧表 L 端接任一绕组首端；E 端接电动机外壳。以约 120r/min 的转速摇动兆欧表（500V）的手柄 1min 左右后，读取兆欧表的读数。

③ 测量绕组相与相之间的绝缘电阻。将三相绕组尾端连线拆除，兆欧表两端分别接 U1 和 V1、U1 和 W1、W1 和 V1，按上述方法测量各相绕组间的绝缘电阻。

④ 测量绕线转子绕组的绝缘电阻。绕线转子的三相绕组一般均在电动机内部接成 Y 形，所以只需测量各相对机壳的绝缘电阻。测量时，应将电刷等全部装配到位。兆欧表 L 端应接在转子引出线端或刷架上，E 端接电动机外壳或转子轴，按上述方法测量绝缘电阻

并做记录。

(2) 通电测试。

① 测量空载电流。当交流电动机空载运行时,用钳形电流表测量三相空载电流是否平衡。同时观察电动机是否有杂声、振动及其他较大的噪声,如果有应立即停车进行检查。

② 测量电动机转速。用转速表测量电动机的转速,并与电动机的额定转速进行比较。

3. 填写记录表

填写如表 2-2-1 所示的记录表。

表 2-2-1　三相异步电动机的基本结构及参数测试

三相异步电动机的基本结构				
主要零部件			作用	
绘制 Y 形接线方式			绘制 △ 形接线方式	
检查内容				
硬件装配是否良好	电路情况是否正常	接地装置是否连接	空载电流	是否能正常运转
对地绝缘电阻	U 相		V 相	W 相
相间电阻	U 相与 V 相之间		U 相与 W 相之间	V 相与 W 相之间

4. 三相异步电动机的检修

三相异步电动机的检修方法具体见后文三相异步电动机常见故障现象及产生故障的原因。

考核标准及评价

从知识与技能、学习态度与团队意识和工作与职业操守三方面进行综合考核,具体的评价标准如表 2-2-2 所示。

表 2-2-2　考核评价表

考核内容	考核方式	评价标准与得分				
		标准	分值	互评	教师评分	得分
知识与技能 (70 分)	教师评价+ 互评	能正确认识三相异步电动机结构及工作原理	10 分			
		能正确拆装三相异步电动机	20 分			
		能合理使用与维护三相异步电动机	20 分			
		能进行检测与故障排除	20 分			

续表

考核内容	考核方式	评价标准与得分				
		标准	分值	互评	教师评分	得分
学习态度与团队意识（15分）	教师评价	学习积极性高、有自主学习能力	3分			
		有分析和解决问题的能力	3分			
		能组织和协调小组活动过程	3分			
		有团队协作精神、能顾全大局	3分			
		有合作精神、热心帮助小组其他成员	3分			
工作与职业操守（15分）	教师评价+互评	有安全操作、文明生产的职业意识	3分			
		诚实守信、实事求是、有创新精神	3分			
		遵守纪律，规范操作	3分			
		有节能环保和产品质量意识	3分			
		能够不断反思，优化和完善	3分			

知识要点

一、三相异步电动机概述

电动机是一种将电能转换成机械能，并输出机械转矩的原动机，其应用十分广泛。电动机按用电类型可分为交流电动机和直流电动机；按交流电动机的转速与电网电源频率之间的关系可分为同步电动机和异步电动机；按电源相数可分为三相异步电动机和单相异步电动机。单相异步电动机功率小，多用于小型机械设备或家用电器；三相异步电动机功率大，广泛用于普通机床、电力运输、起重设备等生产机械的动力机械。

1．三相异步电动机的种类及用途

（1）根据防护形式分类。三相异步电动机根据防护形式分为开启式、防护式、封闭式和防爆式，其结构形式、特点及适用场合如表 2-2-3 所示。

表 2-2-3　三相异步电动机根据防护形式分类的结构形式、特点及适用场合

结构形式	特点	适用场合
开启式	开启式电动机的定子两侧与端盖上都有很大的通风口，其散热条件好，价格便宜，但灰尘、水滴、铁屑等杂物容易从通风口进入电动机内部	适用于清洁、干燥的工作环境
防护式	防护式电动机在机座下面有通风口，散热较好，可防止水滴、铁屑等杂物从与垂直方向成小于45°角的方向落入电动机内部，但不能防止潮气和灰尘的侵入	适用于比较干燥、少尘、无腐蚀性和爆炸性气体的工作环境
封闭式	封闭式电动机的机座和端盖上均无通风口，是完全封闭的，仅靠机座表面散热，散热条件不好	多用于灰尘多、潮湿、易受风雨、有腐蚀性气体、易引起火灾等各种较恶劣的工作环境。封闭式电动机能防止外部气体或液体进入其内部，因此适用于在液体中工作的生产机械，如潜水泵等
防爆式	防爆式电动机是在封闭式电动机的基础上制成隔爆形式，机壳有足够的强度	适用于有易燃、易爆气体的工作环境，如有瓦斯的煤矿井下、油库、煤气站等

（2）根据转子形式分类。三相异步电动机根据转子形式分为笼型异步电动机和绕线式异步电动机，其结构形式、特点及适用场合如表 2-2-4 所示。

表 2-2-4 三相异步电动机根据转子形式分类的结构形式、特点及适用场合

	结构形式		特 点	适用场合
笼型	普通笼型		机械特性硬、启动转矩不大、调速时需要调速设备	适用于调速性能要求不高的各种机床、水泵、通风机（与变频器配合使用可方便地实现电动机的无级调速）
	高启动转矩笼型（多速）		启动转矩大、有多挡转速（2~4速）	适用于带冲击性负载的机械，如剪床、冲床、锻压机；静止负载或惯性负载较大的机械，如压缩机、粉碎机、小型起重机；要求有级调速的机床、电梯、冷却塔等
绕线式			机械特性硬（转子串电阻后变软）、启动转矩大、调速方法多、调速性能和启动性能好	适用于要求有一定的调速范围、调速性能较好的机械，如桥式起重机；启动、制动频繁且对启动、制动转矩要求高的生产机械，如起重机、矿井提升机、压缩机、不可逆轧钢机

2．三相异步电动机的结构

三相异步电动机的种类很多，但各类三相异步电动机的基本结构大致相同，由定子（固定部分）和转子（旋转部分）及其他附件组成。定子和转子之间的气隙一般为 0.25~2mm。三相交流异步电动机的内部结构、构件分解图分别如图 2-2-1、图 2-2-2 所示。

图 2-2-1 三相交流异步电动机的内部结构

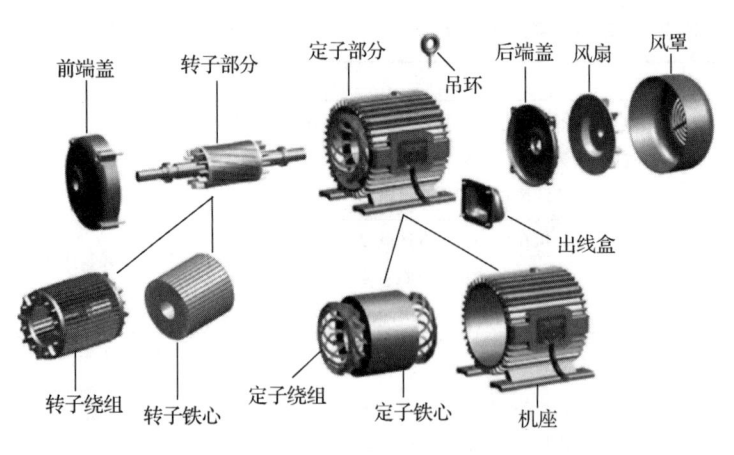

图 2-2-2 三相交流异步电动机的构件分解图

（1）定子。电动机的固定部分称为定子，三相异步电动机的定子是用来产生旋转磁场的，是将三相电能转换为磁场能的环节。三相异步电动机的定子一般包括机座、定子铁心和定子绕组等部件。

① 机座。机座通常采用铸铁或钢板制成，用来固定定子铁心，利用两个端盖支撑转子，散发电动机运行中产生的热量，并对三相异步电动机的定子绕组起到保护作用，如图 2-2-3（a）所示。

② 定子铁心。定子铁心是电动机磁路的一部分，一般由 0.35～0.5mm 厚、表面涂有绝缘层的薄硅钢片叠压成圆筒，以减少由于交变磁通通过时引起的涡流损耗和磁滞损耗。在定子铁心的内圆周表面冲有均匀分布的槽，用于嵌放定子绕组，如图 2-2-3（b）所示。

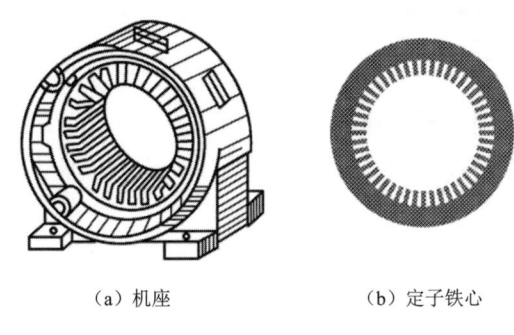

（a）机座　　　　　　（b）定子铁心

图 2-2-3　三相交流异步电动机的机座与定子铁心

③ 定子绕组。三相异步电动机定子绕组的作用是通入三相对称交流电流，产生旋转磁场，是三相异步电动机的电路部分。三相异步电动机的定子绕组通常采用高强度的漆包线绕制而成。其中，中小型三相异步电动机的定子绕组多采用圆漆包线，大中型三相异步电动机的定子绕组则由较大截面的绝缘扁铜线或扁铝线绕制而成。它有三相，即 U 相、V 相和 W 相，它们对称嵌放在定子铁心槽内，在空间位置上相差 120°，如图 2-2-4 所示。

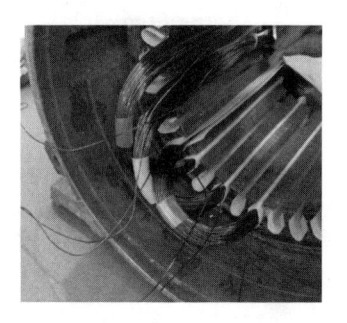

图 2-2-4　三相定子绕组

三相定子绕组分别引出 6 个端子接在电动机外壳的接线盒里，其中，U1、V1、W1 为三相绕组的首端，U2、V2、W2 为三相绕组的末端。三相定子绕组根据电源电压和绕组额定电压的大小连接成 Y（星）形或△（三角）形，三相绕组的首端接三相交流电源，如图 2-2-5 所示。

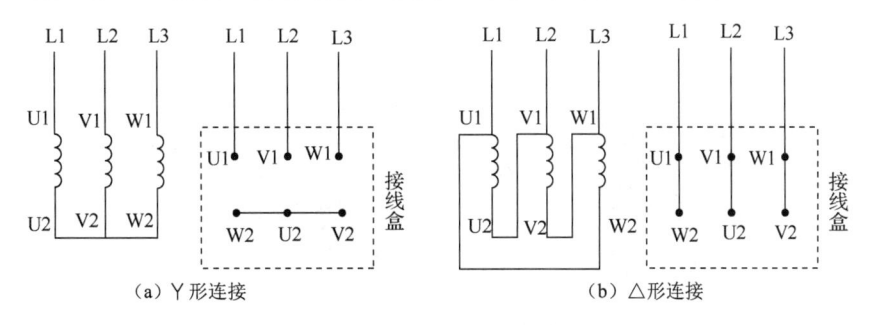

（a）Y 形连接　　　　　　（b）△形连接

图 2-2-5　三相交流异步电动机定子绕组的连接

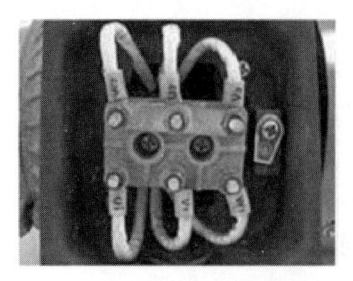

(c) Y形连接接线实物    (d) △形连接接线实物

图 2-2-5 三相交流异步电动机定子绕组的连接（续）

（2）转子。转子是电动机的旋转部分，三相异步电动机的转子是将旋转磁场能转化为转子导体上的电势能而最终转化为机械能的环节，主要由转轴、转子铁心和转子绕组等部件构成。

① 转轴。转轴由碳钢或合金钢制成，主要用来传递动力和支撑转子旋转，保证定子与转子间均匀的气隙。

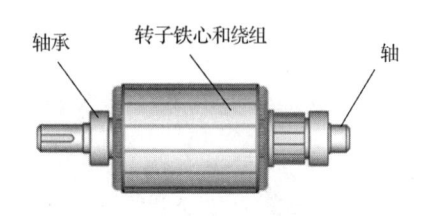

② 转子铁心。转子铁心一方面作为电动机磁路的一部分，另一方面用来嵌放定子绕组。转子铁心一般由 0.5mm 厚、表面涂有绝缘层的薄硅钢片叠压而成。转子铁心的外圆周表面冲有均匀分布的槽，用来嵌放转子绕组。为了改善启动和运行性能，三相异步电动机一般采用斜槽结构，如图 2-2-6 所示。

图 2-2-6 三相异步电动机的转子

③ 转子绕组。转子绕组的作用是产生感应电动势和电流，并在旋转磁场的作用下产生电磁力矩而使转子转动。转子绕组分为笼型转子绕组和绕线式转子绕组两种。

笼型转子绕组如图 2-2-7 所示。转子上的铝条或铜条导体切割旋转磁场，相互作用产生电磁转矩。笼型绕组由嵌放在转子铁心槽内的若干铜条构成，两端分别焊接在两个短接的端环上。如果去掉铁心，转子绕组的形状就像一个鼠笼，故称为笼型。为了简化制造工艺，目前三相异步电动机大都在转子铁心槽中直接浇铸铝液，铸成笼型转子绕组，并在端环上铸出叶片，作为冷却风扇。

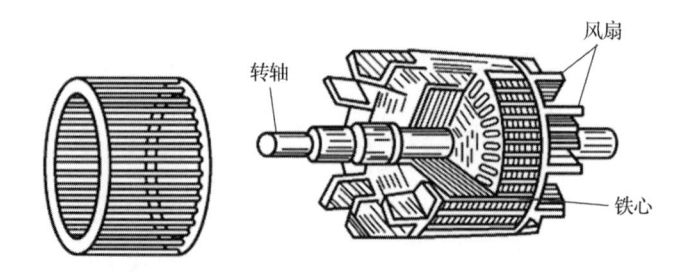

图 2-2-7 笼型转子绕组

绕线式转子绕组与定子绕组相似，也采用绝缘铜线绕制而成，对称嵌入转子铁心槽，如图 2-2-8 所示。转子的三相绕组一般接成 Y 形，三根引出线分别接在转轴的三个铜制集电环上。集电环与集电环之间及集电环与轴之间彼此绝缘，绕线式转子绕组通过电刷与外电

路接通。三相绕线式异步电动机的电刷装置如图 2-2-9 所示，绕线式转子与外电阻的接线图如图 2-2-10 所示。

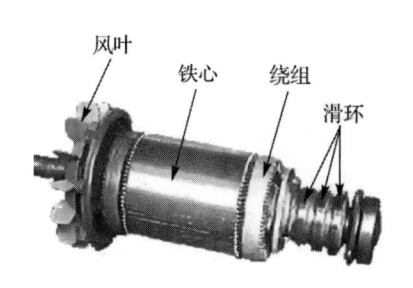

图 2-2-8　绕线式转子绕组

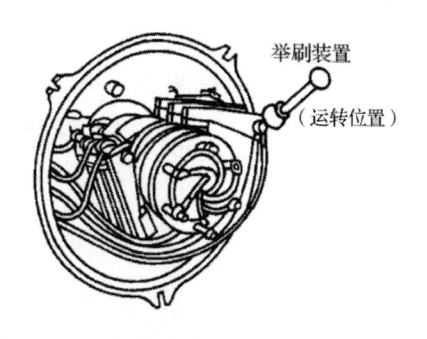

图 2-2-9　三相绕线式异步电动机的电刷装置

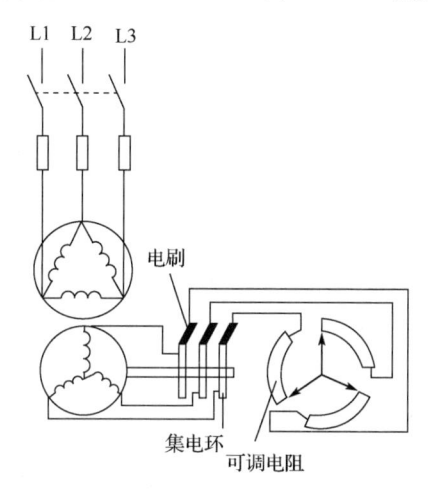

图 2-2-10　绕线式转子与外电阻的接线图

（3）其他附件。

① 端盖。端盖除了起防护作用，还装有轴承，用于支撑转子轴。端盖一般用铸铁或铸钢浇铸成型，其形状如图 2-2-11 所示。

② 轴承和轴承端盖。轴承用于连接转动与不动部分，一般采用滚动轴承。轴承端盖用来固定转子，使转子不能轴向移动，另外起存放润滑油和保护轴承的作用，轴承端盖一般采用铸铁或铸钢浇铸成型。

③ 风扇及风罩。用铝材或塑料制成，起冷却作用，如图 2-2-12 所示。

④ 吊环。用铸钢制造，安装在机座的上端用来起吊、搬抬三相异步电动机。吊环孔还可以用来测量温度，如图 2-2-13 所示。

图 2-2-11　端盖的形状　　　　图 2-2-12　风扇及风罩　　　　图 2-2-13　吊环

3．三相异步电动机的铭牌数据

每台三相异步电动机的机座上都有一块铭牌。铭牌上注明这台三相异步电动机的主要技术数据，是选择、安装、使用和修理（包括重绕组）三相异步电动机的重要依据，如图 2-2-14 所示。现以 Y250 M-4 型三相异步电动机为例，说明铭牌上各数据的含义。

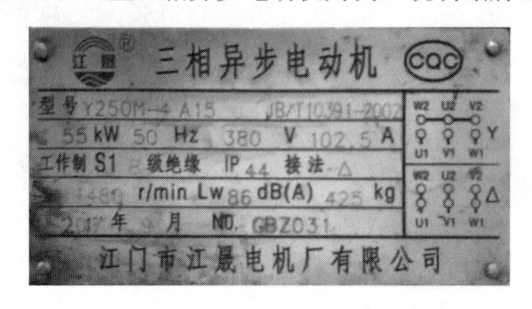

图 2-2-14　三相异步电动机的铭牌

（1）型号。型号是电动机类型、规格的代号，以 Y250 M-4 为例。

Y：一般用途三相笼型异步电动机；250：机座中心的高度为 250mm；S：机座长度代号（S 为短机座，M 为中机座，L 为长机座）；4：磁极个数（磁极对数 p=1）。

三相异步电动机型号字母含义如下。

Y：异步电动机；IP44：封闭式；IP23：防护式；W：户外；F：化工防腐用；Z：冶金起重；Q：高启动转轮；D：多速；B：防爆；R：绕线式；CT：电磁调速；X：高效率；H：高转差率。

注：其他型号的含义可查《电工手册》。

（2）接法。接法是三相定子绕组的连接方式，有 Y 形和 △ 形两种。

（3）额定功率 P（kW）。额定功率也称为额定容量，是指在额定运行状态下，电动机转轴上输出的机械功率。

（4）额定电压 U（V）。额定电压是指电动机在正常运行时加到定子绕组上的线电压。常用的中小功率电动机的额定电压为 380V。

（5）额定电流 I（A）。额定电流是指电动机在额定运行状态下运行时，定子绕组的额定电流。由于电动机启动时转速很低，转子与旋转磁场的相对速度差很大，因此，转子绕组中的感应电流很大，导致定子绕组中的电流也很大。通常，电动机的启动电流约为额定电流的 4～7 倍。虽然启动电流很大，但启动时间很短，而且随着电动机转速的上升，电流会迅速减小，故对于容量不大且不频繁启动的电动机影响不大。

（6）额定频率 f（Hz）。额定频率是指电动机使用交流电源的频率。我国工业用交流电的频率为 50Hz，在调速时可以通过变频器来改变电动机的电源频率。

（7）额定转速 n（r/min）。额定转速是指电动机在额定电压、额定频率及输出额定功率时的转速。

（8）绝缘等级。绝缘等级是指电动机所采用的绝缘材料的耐热能力，表明电动机的最高允许温度。绝缘等级可分为 A、E、B、F、H 五个等级，如表 2-2-5 所示。

表 2-2-5 电动机的绝缘等级

绝 缘 等 级	A	E	B	F	H
最高允许温度（℃）	105	120	130	165	180

注：表中的最高允许温度为环境温度（40℃）与允许温升之和。

（9）工作方式。工作方式是对电动机在额定运行状态下持续运行时间的限制，以保证电动机的温升不超过允许值。电动机常用的工作方式有以下三种。

① 连续工作方式（S1）。连续工作方式是指电动机带额定负载运行时，运行时间很长，电动机的温升可以达到稳态温升的工作方式，如水泵、通风机等。

② 短时工作方式（S2）。短时工作方式是指电动机带额定负载运行时，运行时间很短，电动机的温升达不到稳态温升；停机时间很长，电动机的温升可以降到零的工作方式。短时工作方式分为 10min、30min、60min、90min 四种。

③ 周期断续工作方式（S3）。周期断续工作方式是指电动机带额定负载运行时，运行时间很短，电动机的温升达不到稳态温升；停止时间也很短，电动机的温升降不到零，工作周期小于 10min 的工作方式，即电动机以间歇方式运行。采用周期断续工作方式的机械有吊车、起重机等。

（10）防护等级。防护等级表示电动机外壳的防护等级，其中 IP 是防护等级标志符号，其后面的两位数字分别表示电动机防固体和防水能力。数字越大，防护能力越强，如 IP44 中第一位数字"4"表示电机能防止直径或厚度大于 1mm 的固体进入电机内壳，第二位数字"4"表示能承受任何方向的溅水。

（11）铭牌额定数值计算。

① 转矩和功率的关系。

② 输入功率和额定电压、额定电流的关系。

③ 损耗和效率。

① 损耗。铁损耗即铁心中的涡流损耗和磁滞损耗，与电源电压有关，是不变损耗；铜损耗即通过定子绕组和转子绕组中的电流发热产生的损耗，与电流的平方成正比，是可变损耗；机械损耗即机械摩擦和空气阻力产生的损耗。

② 效率指额定输出功率与输入功率的百分比。

【例 2-1】某三相异步电动机，额定输出功率 P_N=100kW，额定电压 U_N=380V，额定电流 I_N=183.5A，功率因数 $\cos\phi_N$=0.9，额定转速 n_N=1460r/min，求输入功率 P_1、效率 η、额定输出转矩 T_N。

解：

$$P_1 = \sqrt{3}U_N I_N \cos\phi_N = \sqrt{3}\times 380 \times 183.5 \times 0.9 = 108.70\text{kW}$$

$$\eta = \frac{P_N}{P_1}\times 100\% = \frac{100}{108.7}\times 100\% = 92\%$$

$$T_N = 9.55\frac{P_N}{n_N} = 9.55 \times \frac{100000}{1460} = 654.11\text{N}\cdot\text{m}$$

4. 三相异步电动机的工作原理

（1）旋转磁场的产生。当电动机定子绕组通以三相交流电时，三相定子绕组中的电流都将产生各自的磁场。由于电流随时间变化,其产生的磁场也将随时间变化,而三相交流电产生的总磁场(合成磁场)是在空间旋转的,故称为旋转磁场。现以 2 极三相异步电动机为例,分析旋转磁场的产生过程。

在三相异步电动机的定子铁心中放置三相结构完全相同的绕组 U1、U2、V1、V2、W1、W2,各相绕组在空间互差120°电角度,如图2-2-15(a)所示;U1、V1、W1 和U2、V2、W2 分别代表三相定子绕组的首端和末端。三相定子绕组接成Y形连接,即将三相绕组的末端接到一起,将三相绕组的首端接在三相对称交流电源上,如图 2-2-15(b)所示;绕组内通入三相对称交流电流 i_U、i_V、i_W,其波形图如图 2-2-15(c)所示,各相电流为

$$i_U = I_m \sin \omega t$$
$$i_V = I_m \sin(\omega t - 120°)$$
$$i_W = I_m \sin(\omega t + 120°)$$

(a) 简化的三相绕组分布图　　(b) 按Y形连接的三相定子绕组

(c) 三相对称交流电流波形图

① $\omega t = 0$　② $\omega t = \dfrac{\pi}{2}$　③ $\omega t = \pi$　④ $\omega t = \dfrac{3\pi}{2}$　⑤ $\omega t = 2\pi$

(d) 2 极绕组的旋转磁场

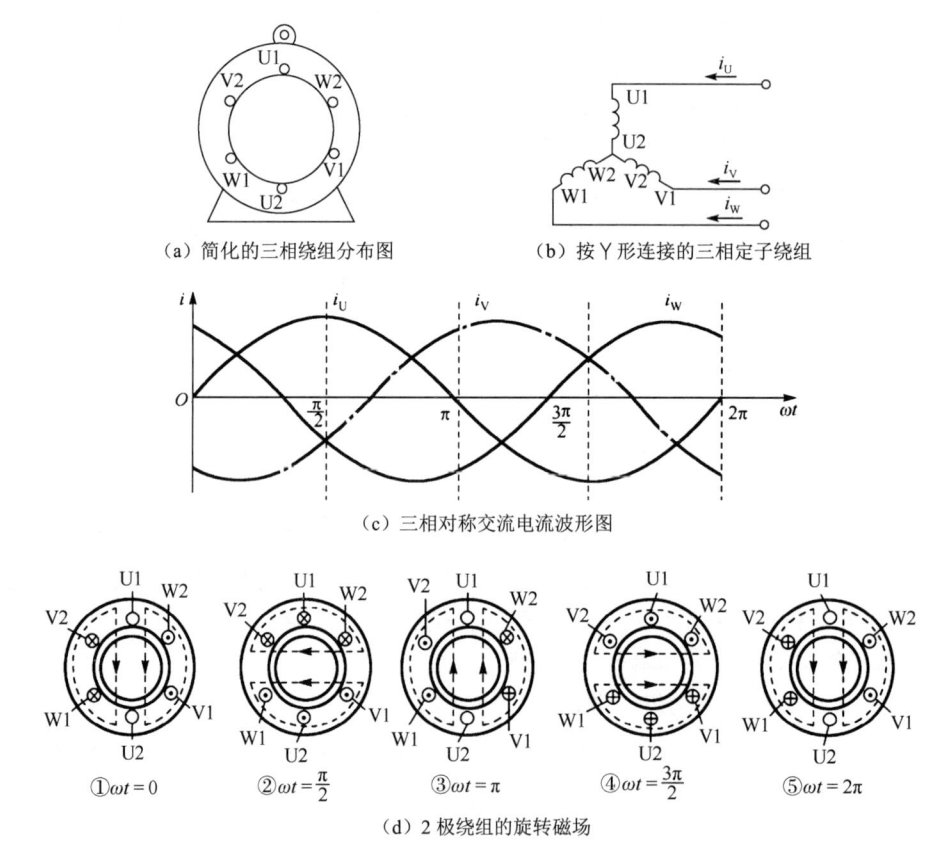

图 2-2-15 2 极三相异步电动机旋转磁场的产生过程

现用一个周期的五个特定瞬时来分析通入三相交流电后,电动机气隙磁场的变化情况。

规定:三相交流电为正半周时,电流由绕组的首端流入(用"⊗"表示),由末端流出(用"⊙"表示);三相交流电为负半周时,电流由绕组的末端流入(用"⊗"表示),由首端流出(用"⊙"表示)。

① 当 $\omega t=0$ 时,$i_U=0$,U 相绕组中没有电流,不产生磁场;i_V 是负值,V 相绕组中的电流由 V2 端流入,V1 端流出;i_W 是正值,W 相绕组中的电流由 W1 端流入,W2 端流出;

用安培定则可以确定此瞬间 V、W 两相电流的合成磁场，如图 2-2-15（d）①所示。此时磁力线穿过定子、转子的间隙部位，磁场恰好合成一对磁极，上方是 N 极，下方是 S 极。

② 当 $\omega t=\dfrac{\pi}{2}$ 时，i_V 和 i_W 是负值，V 相绕组中的电流由 V2 端流入，V1 端流出；W 相绕组中的电流由 W2 端流入，W1 端流出；i_U 是正值，U 相绕组中的电流由 U1 端流入，U2 端流出。用安培定则可以确定此瞬间的磁场方向，如图 2-2-15（d）②所示，可见磁场方向较 $\omega t=0$ 时顺时针转过 90°。

③ 当 $\omega t=\pi$ 时，$i_U=0$，U 相绕组中没有电流，不产生磁场；i_V 是正值，V 相绕组中的电流由 V1 端流入，V2 端流出；i_W 是负值，W 相绕组中的电流由 W2 端流入，W1 端流出；用安培定则可以确定此瞬间的磁场方向，如图 2-2-15（d）③所示，可见磁场方向已较 $\omega t=0$ 时顺时针转过 180°。

同理，当 $\omega t=\dfrac{3\pi}{2}$、$\omega t=2\pi$ 时的磁场方向如图 2-2-15（d）④、⑤所示。从图 2-2-15（d）中可以看出，随着三相交流电一个周期的结束，三相合成磁场刚好顺时针旋转了一周。因此，三相异步电动机旋转磁场的产生必须具备以下两个条件。

● 三相绕组必须对称，在定子铁心空间上互差 120°电角度。
● 通入三相对称绕组的电流也必须对称，即大小、频率相同，相位相差 120°。

（2）旋转磁场的旋转方向。图 2-2-15 中三相交流电按正序 U-V-W 接入电动机 U 相、V 相、W 相绕组，三个电流相量的相序是顺时针的，由此产生的旋转磁场的转向也是顺时针的，即由电流相位超前的绕组转向电流相位落后的绕组。如果任意调换电动机两相绕组所接交流电的相序，假定 U 相绕组仍接 U 相交流电，V 相绕组接 W 相交流电，W 相绕组接 V 相交流电，画出 $\omega t=0$、$\omega t=\dfrac{\pi}{2}$ 时的合成磁场，如图 2-2-16 所示。可见三个电流相量的相序是逆时针的，由此产生的旋转磁场的转向也是逆时针的，由电流相位超前的绕组转向电流相位落后的绕组。

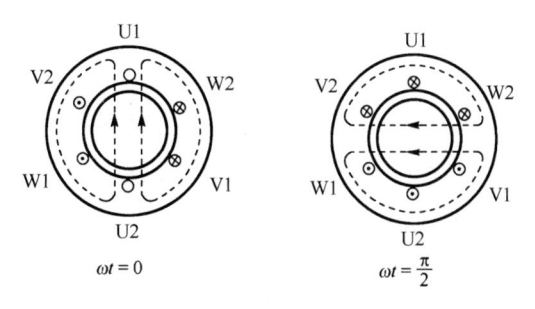

图 2-2-16 旋转磁场转向的改变

由此可以得出，电动机的转向是由接入三相绕组的电流相序决定的，只要调换电动机任意两相绕组所接的电源接线（相序），旋转磁场即反向转动，电动机也随之反转。

（3）旋转磁场的转速。在图 2-2-15 中，三相异步电动机的旋转磁场合成的只是一对磁极，该电动机称为 2 极三相异步电动机。当三相交流电变化一个周期时，磁场在空间旋转一周，若交流电的频率为 f_1（50Hz），则旋转磁场转速为 $n_1=60f_1=60\times50=3000$ r/min。

将各相绕组分成由两个线圈串联而成，各相线圈排列顺序如图 2-2-17（a）所示，画出交流电一个周期五个瞬间的合成磁场,如图 2-2-17(b)所示。从图中可以看出合成磁场有两对磁极,三相交流电完成一个周期的交变时,合成磁场只旋转了半周。故 4 极三相异步电动机旋转磁场转速只有 2 极三相异步电动机旋转磁场转速的一半,即 $n_1=60f_1/2=60×50/2=1500$ r/min。

(a)简化的三相绕组分布图　　(b)按Y形连接的三相定子绕组

(c)三相对称交流电流波形图

(d)4 极绕组的旋转磁场

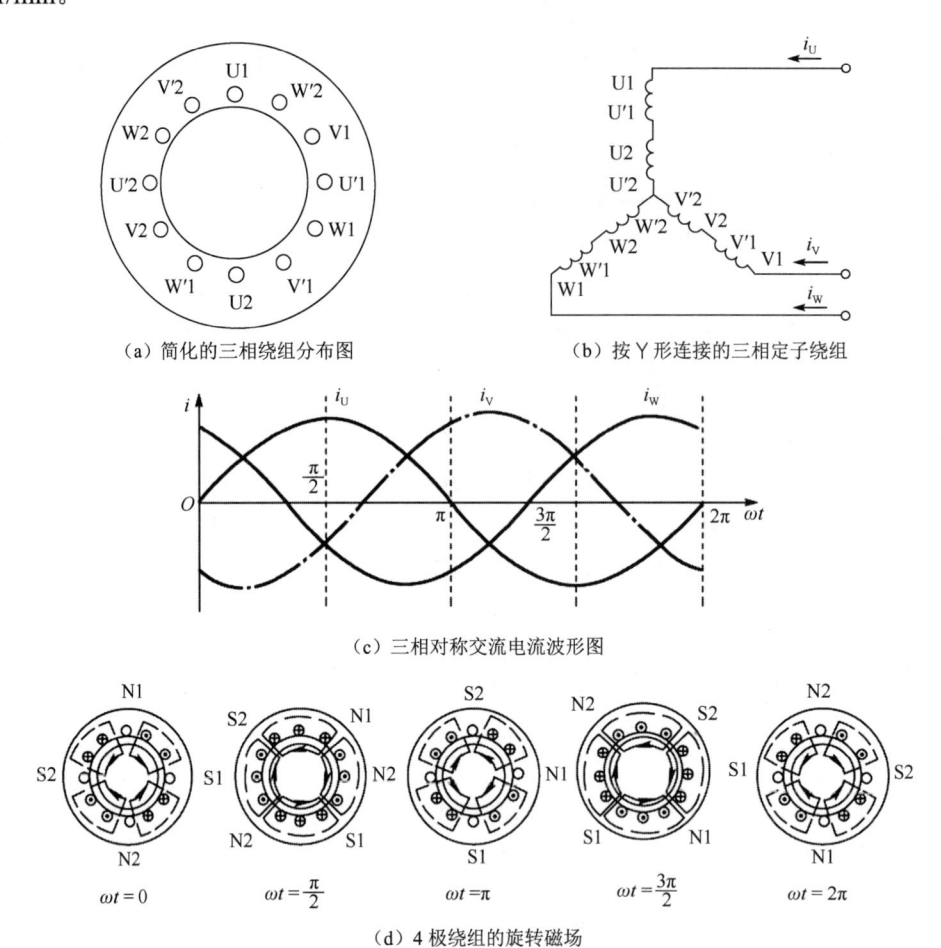

图 2-2-17　4 极三相异步电动机旋转磁场的产生过程

依次类推,具有 p 对磁极的电动机,旋转磁场的转速为

$$n_1 = \frac{60f_1}{p}$$

式中,n_1 为旋转磁场的转速(r/min);f_1 为交流电源的频率(Hz);p 为电动机定子绕组的磁极对数。

若电源频率为 50Hz,则电动机磁极个数与旋转磁场转速的关系如表 2-2-6 所示。

表 2-2-6　电动机磁极个数与旋转磁场转速的关系

磁极	2 极	4 极	6 极	8 极	10 极	12 极
n_1(r/min)	3000	1500	1000	750	600	500

（4）三相异步电动机的转动原理。图 2-2-15（a）所示为一台三相笼型异步电动机定子与转子的剖面图。转子上的 6 个小圆圈表示自成闭合回路的转子导体。当向三相定子绕组中通入三相交流电后，由前面分析可知，将在定子、转子及其气隙内产生一个同步转速为 n_1，在空间按顺时针方向旋转的磁场。该旋转磁场将切割转子导体，在转子导体中产生感应电动势，由于转子导体自成闭合回路，因此该电动势将在转子导体中形成电流，其电流方向可用安培定则判定。在使用安培定则时必须注意，安培定则的磁场是静止的，导体在做切割磁感线的运动，而这里正好相反。为此，可以相对地把磁场看作不动，而导体以与旋转磁场相反的方向（逆时针）切割磁感线，从而可以判定出在该瞬间转子导体中的电流方向，如图 2-2-18 所示，即电流从转子上半部的导体中流出，流入转子下半部导体。有电流流过的转子导体将在旋转磁场中受电磁力 F 的作用，其方向可用左手定则判定，如图 2-2-18 中箭头所示，该电磁力 F 在转子轴上形成电磁转矩，使三相异步电动机以转速 n 旋转。

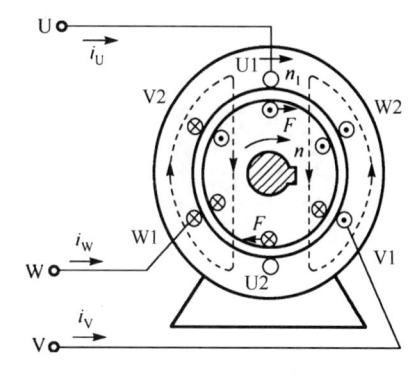

图 2-2-18 三相异步电动机的旋转原理图

三相异步电动机的旋转原理为：在定子三相绕组中通入三相交流电时，在电动机气隙中形成旋转磁场；转子绕组在旋转磁场的作用下产生感应电流；载有电流的转子导体受电磁力的作用，产生电磁转矩，驱动转子旋转，与定子的旋转磁场方向相同。

（5）转差率。虽然转子在电磁转矩作用下与旋转磁场同方向转动，但转子的转速不可能与旋转磁场的转速相等，因为如果二者相等，转子与旋转磁场之间便没有相对运动，转子导体不切割磁感线，不能产生感应电动势和感应电流，转子就不会受到电磁转矩的作用。所以，转子的转速应始终小于旋转磁场的转速（又称为同步转速），这就是异步电动机名称的由来。通常将同步转速 n_1 和转子转速 n 之差与同步转速 n_1 之比称为转差率，即

$$S = \frac{n_1 - n}{n_1} \times 100\%$$

转差率是分析三相异步电动机工作特性的重要参数之一，对分析三相异步电动机的运行有着至关重要的意义。

① 电动机启动瞬间，$n=0$（转子未动），$S=1$，转子切割相对速度最大，转子中的感应电动势和电流最大，反映在定子上，启动电流最大，可达 4～7 倍的额定电流。

② 空载运行时，$n \approx n_1$，S 很小，一般为 0.005，转子和定子中的感应电动势和电流也较小，反映在定子上，电动机的空载电流也较小，一般为 0.3～0.5 倍的额定电流。

③ 电动机在额定状态下运行时，有额定转速 n_N，额定转差率 S_N，S_N 一般为 0.01～0.07，通常为 0.05。

④ 电动机处于运行状态时，$0<S<1$。

电动机的转速 n 与电源频率 f_1、磁极对数 p 和转差率 S 的关系式为

$$n_1 = \frac{60 f_1}{p}(1-S)$$

【例 2-2】有一台三相异步电动机，额定转速为 1440r/min，求该电动机的额定转差率。

解：同步转速为

$$n_1 = \frac{60 f_1}{p} = \frac{60 \times 50}{p} = \frac{3000}{p}$$

由于三相异步电动机的额定转速略小于同步转速，所以 n_1=1500 r/min，p=2，为4极三相异步电动机，即 $2p$=4，则

$$S_N = \frac{n_1 - n}{n_1} = \frac{1500 - 1440}{1500} = 0.04$$

三相异步电动机的工作原理与变压器的工作原理相似，都是利用电磁感应原理制成的。因此，三相异步电动机的定子绕组和转子绕组可以等效为变压器的一次侧绕组和二次侧绕组。但是，三相异步电动机是旋转的电气设备，与变压器相比又有不同之处，变压器的工作原理如图 2-2-19 所示。

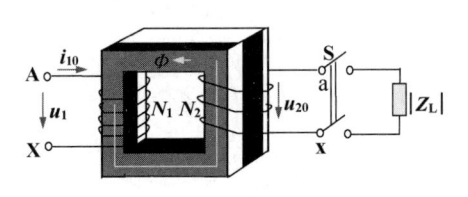

图 2-2-19　变压器工作原理

5．三相异步电动机的使用和维护

（1）三相异步电动机使用前的检查。对于新安装或久未运行的电动机，在通电使用之前必须先进行下列检查工作，以验证电动机能否通电运行。

① 观察电动机是否清洁，内部有无灰尘或杂物等，一般可用不大于 0.2MPa（2 个大气压）的干燥压缩空气吹净各部分的污物。若无压缩空气，也可用手风箱（通称"皮老虎"）吹，或者用干抹布抹去，不应用湿布或沾有汽油、煤油、机油的布。

② 拆除电动机出线端上的所有外部接线，用兆欧表测量电动机各相绕组之间及各相绕组与地（机壳）之间的绝缘电阻，看是否符合要求。

③ 对照电动机铭牌数据，检查电动机定子绕组的连接方法是否正确，电源电压、频率是否合适。

④ 检查电动机轴承的润滑油是否正常，观察是否有泄漏现象，转动电动机转轴，看转动是否灵活，有无摩擦声或其他异常响声。

⑤ 检查电动机接地装置是否良好。

⑥ 检查电动机的启动设备是否完好，操作是否正常；电动机所带负载是否良好。

（2）三相异步电动机启动中的注意事项。

① 电动机在通电运行时必须提醒在场人员，不要站在电动机及被拖动设备的两侧，以免旋转物切向飞出造成伤害。

② 接通电源之前就应做好切断电源的准备，以防接通电源后电动机出现不正常的情况（如电动机不能启动、启动缓慢、出现异常响声等）时能立即切断电源。

③ 三相笼型异步电动机采用全压启动时，启动次数不宜过于频繁，尤其是电动机功率较大时要随时注意电动机的温升情况。

④ 三相绕线式异步电动机在接通电源前，应检查启动器的操作手柄是不是已经在"零"位，若不是，则应先置于"零"位。接通电源后逐渐转动手柄，随着电动机转速的提高而逐渐切除启动电阻。

（3）三相异步电动机运行中的监视与维护。

① 电动机在运行时，要通过听、看、闻、摸等手段及时监视电动机的运行状况，以便当电动机出现不正常现象时能及时切断电源，排除故障。具体情况如下。

听——电动机在运行时发出的声音是否正常。电动机正常运行时，发出的声音应该是平稳、轻快、均匀、有节奏的。如果出现尖叫、沉闷、摩擦、撞击、振动等异常响声时，应立即停机检查，如图 2-2-20 所示。

看——电动机的振动情况，传动装置传动应流畅。

闻——注意电动机在运行中是否发出焦臭味，若有，则说明电动机温度过高，应立即停机检查原因。

摸——电动机停机以后，可触摸电动机。若烫手，则说明电动机过热。

② 通过多种渠道经常检查、监视电动机的温度，检查电动机的通风是否良好，如图 2-2-21 所示。

图 2-2-20　听电动机运行时的声音　　　　图 2-2-21　监视电动机的温度

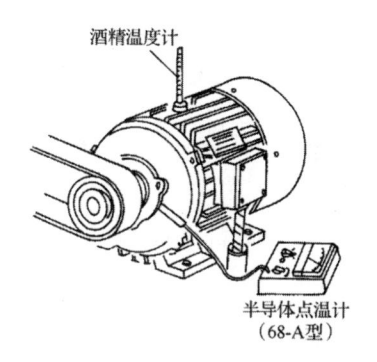

③ 要保持电动机的清洁，特别是接线端和绕组表面的清洁。

④ 要定期测量电动机的绝缘电阻，特别是电动机受潮时，若发现绝缘电阻过低，要及时进行干燥处理。

⑤ 对于三相绕线式异步电动机，要经常注意电刷与集电环间火花是否过大，若火花过大，要及时做好清洁工作，并进行检修。

6. 三相异步电动机的检修

三相异步电动机在使用过程中经常会出现各种故障，按照故障性质可分为机械故障和电气故障两类。机械故障如轴承、铁心、风叶、机座、转轴等的故障，一般比较容易观察与发现；电气故障主要是定子绕组、转子绕组、电刷等导电部分出现的故障。无论电动机是出现机械故障还是电气故障，都会对电动机的正常运行带来影响，因此，如何通过电动机在运行中出现的各种异常现象来进行分析，从而找到电动机的故障部位与故障点，是处理电动机故障的关键，也是衡量操作者技术熟练程度的重要标志。由于电动机的结构形式、制造质量、使用和维护情况的不同，同一种故障可能有不同的外观现象，或者同一外观现象由不同的故障原因引起。因此要正确判断故障，必须先进行认真细致的研究、观察和分析，然后进行检查与测量，找出故障所在，并采取相应的措施予以排除。

三相异步电动机的常见故障主要有定子绕组接地、定子绕组短路、定子绕组断路、转子导条断裂等。如果三相异步电动机定子绕组发生故障，则会造成电动机不能正常运转或完全不能运行，甚至烧毁。如果转子导条断裂，则会使电动机启动困难，带不动负载；运行中的电动机转速变慢；定子电流时大时小；电流表指针呈周期性摆动；电动机过热；机身振动等，还可能产生周期性的"嗡嗡"声。

检查电动机故障的一般步骤是：调查→查看故障现象→分析故障原因→排除故障。

（1）调查。首先了解电动机的型号、规格、使用条件及使用年限，以及电动机在发生故障前的运行情况，如所带负载的大小、温升高低、有无异常响声、操作使用情况等，并认真听取操作人员的反映。

（2）查看故障现象。查看的方法要按照电动机故障情况灵活掌握，有时可以把电动机接上电源进行短时运转，先直接观察故障情况，再进行分析研究。有时电动机不能接上电源，需要通过仪表测量或观察来进行分析判断，然后把电动机拆开，测量并仔细观察其内部情况，找出故障所在。

（3）分析故障原因。三相异步电动机常见故障现象及产生故障的原因如表 2-2-7 所示。

表 2-2-7 三相异步电动机常见故障现象及产生故障的原因

序 号	故 障 现 象	产生故障的原因
1	电源接通后电动机不转	（1）定子绕组接线错误 （2）定子绕组断路、短路或接地，三相绕线式异步电动机转子绕组断路 （3）负载过重或传动机构卡阻 （4）三相绕线式异步电动机转子回路断开 （5）电源电压过低
2	电动机温升过高或冒烟	（1）负载过重或启动过于频繁 （2）三相异步电动机断相运行 （3）定子绕组接线错误 （4）定子绕组接地或匝间、相间短路 （5）三相笼型异步电动机转子导条断裂 （6）三相绕线式异步电动机转子绕组断相运行 （7）定子、转子相擦 （8）通风不良 （9）电源电压过高或过低
3	电动机振动	（1）转子不平衡 （2）带轮不平衡或轴身弯曲 （3）电动机或负载轴线不对 （4）电动机安装不良 （5）负载突然过重
4	运行时有异常响声	（1）定子、转子相擦 （2）轴承损坏或润滑不良 （3）电动机两相运行 （4）风叶碰机壳
5	电动机带负载时转速过低	（1）电源电压过低 （2）负载过大 （3）三相笼型异步电动机转子导条断裂 （4）三相绕线式异步电动机转子绕组一相接触不良或断开

续表

序号	故障现象	产生故障的原因
6	电动机外壳带电	（1）接地不良或接地电阻太大 （2）绕组受潮 （3）绝缘有损坏、有污物或引出线碰壳

（4）排除故障。运用三相异步电动机运行中的监视与维护方法，结合表 2-2-7 进行综合分析来排除故障。

思考与练习

1．填空题（请将正确答案填在横线空白处）

（1）电源缺相的三相异步电动机，因为没有_____不能自行启动运转；运行中的电动机如果缺少一相电源仍会_____，但电动机发出_____异常。

（2）用万用表检测绕组首尾端时，用手转动转子，如果指针不动，说明首尾端接线_____；如果指针摆动，说明首尾端接线_____。

2．判断题（正确的在括号内打"√"，错误的打"×"）

（1）三相异步电动机在运行中若有焦臭味，则说明电动机运行肯定不正常，必须迅速停机检查。（　　）

（2）新购进的三相异步电动机只要用手拨动转轴，转动灵活就可通电运行。（　　）

3．选择题（将正确答案的字母填入括号）

（1）三相异步电动机在运行时出现一相电源断电，对电动机带来的影响主要是（　　）。

A．电动机立即停转

B．电动机转速降低，温度升高

C．电动机出现振动及异常响声

D．仔细观察发现电动机转速降低，温度升高，而且出现振动及异常响声

（2）三相异步电动机某相定子绕组出线端有一处对地绝缘损坏，给电动机带来的故障是（　　）。

A．电动机停转　　　　　　　　　　　　B．电动机温度过高而冒烟

C．电动机外壳带电

（3）变压器短路试验的目的之一是测定（　　）。

A．短路电压　　　　B．励磁阻抗　　　　C．铁损耗　　　　D．不确定功率因数

4．问答题

（1）三相异步电动机在运行中，一相电源突然断开，会发生什么现象？如何防止这种故障发生？

（2）若发现三相异步电动机通电后不转，首先应怎么办？其原因可能有哪些？如何检查？

任务 3　特种电机的拆装、检测与维修

能力目标

（1）了解步进电机、交流伺服电机和直流伺服电机的结构。

（2）熟悉步进电机、交流伺服电机和直流伺服电机的工作原理。

（3）了解步进电机、交流伺服电机的连接方法。

（4）能够正确使用步进电机、交流伺服电机和直流伺服电机。

使用器材、工具、设备

（1）器材：根据实际需求选择步进电机和伺服电机。

（2）工具：常用电工工具1套（螺丝刀、镊子、钢丝钳、尖嘴钳）、拆装工具1套［卡圈（挡圈）钳、木榔头、铁榔头、扳手、拉具等］。

（3）设备：万用表、兆欧表、转速表等。

任务要求及实施

一、任务要求

根据特种电机（步进电机和伺服电机）的结构，分析其工作原理，按照标准流程拆装特种电机，对其进行维护保养，并能对特种电机进行检查和故障排除。

二、任务实施

1. 步进电机拆装

1）步进电机的拆卸

（1）安装前的准备。

准备好拆卸场地及摆放好各种拆卸、安装、接线与调试使用的各种工具，断开电源，拆卸电机与电源线的连接线，并对电源线头做好绝缘处理。

（2）步进电机的拆卸步骤。

① 拆卸前端盖螺钉。用螺丝刀将步进电机前端盖的4只螺钉拆卸下来。

② 取出前端盖。待螺钉收下后，顺着转轴方向将端盖拔出，在前端盖与轴承分离过程中，轴承簧垫可能会掉下来，应当注意将它妥善保管好。

③ 拆卸转子。待前端盖拆卸后取出转子，因转子是永磁铁心，所以在拔取过程中应注意用力的方向。

④ 拆卸后端盖。待前端盖和转子拆卸后就只剩定子和后端盖了，用手轻摇后端盖可将定子和后端盖分离。

⑤ 拆卸完毕清点部件。拆卸完毕将各部件摆放整齐并进行清点，以便减少装配过程中的疏忽。

⑥ 研究步进电机定子和转子结构。认真观察步进电机的定子和转子，清点铁心磁极个数，结合定子铁心磁极个数和步进电机工作原理分析其结构特点。

⑦ 研究步进电机端盖结构。端盖的机械工艺要求很高，因为它们直接影响转轴同心度和间隙问题，在观察过程中应注意保持端盖的清洁度。

2）步进电机的装配

将各零部件清洗干净，并检查完好后，按与拆卸步骤相反的顺序进行装配，在此不做过多阐述。

3）步进电机的检测

（1）对转轴的灵活性进行实验，用手旋转转轴看转动是否灵活。值得注意的是，因其转子是永磁铁，所以在转动时力度稍大些。

（2）对绕组进行完好性检测（拆卸与装配时绕组可能会损坏），分别测量两相绕组的直流电阻，其中一相绕组的直流电阻为 1.2Ω，属于正常范围。

（3）用万用表的"×200MΩ"挡测量两相绕组各自对外壳的绝缘电阻（测得其中一相绕组对外壳的绝缘电阻为 194MΩ，属于正常范围）。

2．伺服电机检测

伺服电机可分为交流伺服电机和直流伺服电机两类，伺服电机的操纵速度、位置精密度十分精确，能够将工作电压数据信号转换为转矩和转速，以驱动操纵对象，属于高精度的电机，一般禁止拆卸，拆卸后会降低其性能，使用时存在很大的安全隐患，所有正常使用的伺服电机切勿拆卸，如果有故障找售后或专业人员来维修。因此伺服电机不做拆装步骤介绍，主要介绍常见的交流伺服电机的好坏检测方法。

（1）伺服电机的初步判断。先测试一下电机，不用连接任何电路，把电机三根线中的任意两根短路在一起，用手转动电机轴，感觉有阻力，初步判断电机能正常工作。

（2）把伺服驱动器和伺服编码器按图纸接上电源通电，确认驱动器是否正常，若有错误信息显示，对照说明书，查找故障原因并排除。

（3）按照说明书设置驱动器。例如，设置"速度控制模式"，旋动电位器，伺服电机没有转动。按照说明书调整"Servo-ON"拨动开关，电机能锁定，旋动电位器，使"SPR/TRQR"输入引脚有电压，电机就能转动，调整电位器旋钮，伺服驱动器上转数能进行改变，一般最多能达 4000 多转。

（4）对转轴的灵活性进行检测。在电机断电时，根据说明书要求，用手旋转转轴观察转动是否灵活。值得注意的是，因其转子是永磁铁，所以在转动时需要稍加大力度。

（5）其他测量。使用万用表测电流，三相不平衡率不超过 10%；摇表测每相对地、相间绝缘电阻均不低于 0.5MΩ。

3．填写记录表

填写如表 2-3-1 所示的记录表。

表 2-3-1　特种电机的工作原理及参数测试

主要种类	工作原理	主要作用
步进电机		
伺服电机		

检查内容					
步进电机					
硬件装配是否良好	电路情况是否正常	接地装置是否连接	两相绕组的直流电阻	每相对地、相间绝缘电阻	是否能正常运转
伺服电机					
硬件初步判断是否良好	电路情况是否正常	接地装置是否连接	两相绕组的直流电阻	每相对地、相间绝缘电阻	是否能正常运转

4．特种电机的检修

步进电机的检修参照知识点中提到的检测及故障诊断方法进行。

伺服电机的检修参照知识点中提到的检测及故障诊断方法进行。

考核标准及评价

从知识与技能、学习态度与团队意识和工作与职业操守三方面进行综合考核，具体的评价标准如表 2-3-2 所示。

表 2-3-2 考核评价表

考核内容	考核方式	评价标准与得分				
		标准	分值	互评	教师评分	得分
知识与技能（70分）	教师评价+互评	认识步进电机结构及工作原理	10 分			
		认识伺服电机结构及工作原理	10 分			
		能正确拆装步进电机	15 分			
		能合理使用与维护步进电机	15 分			
		能进行检测与故障排除	20 分			
学习态度与团队意识（15分）	教师评价	学习积极性高、有自主学习能力	3 分			
		有分析和解决问题的能力	3 分			
		能组织和协调小组活动过程	3 分			
		有团队协作精神、能顾全大局	3 分			
		有合作精神、热心帮助小组其他成员	3 分			
工作与职业操守（15分）	教师评价+互评	有安全操作、文明生产的职业意识	3 分			
		诚实守信、实事求是、有创新精神	3 分			
		遵守纪律、规范操作	3 分			
		有节能环保和产品质量意识	3 分			
		能够不断反思、优化和完善	3 分			

知识要点

特种电机是指具有特殊功能和作用的电动机，如电磁调速异步电动机、伺服电机、测速电动机、步进电机、直线电动机、超声波电动机等。随着现代工业化发展及自动化技术的提高，特种电机的使用范围越来越广泛，种类也越来越多。例如，磁悬浮列车是用同步直流电动机驱动的，在工业自动生产线、印刷机、航空系统中，成功应用了步进电机和伺服电机。

一、步进电机

1. 步进电机的结构

图 2-3-1 所示为一台步进电机的外形，步进电机也分为定子和转子两大部分，如图 2-3-2 所示。

定子由硅钢片叠成，装上一定相数的控制绕组，采用集中绕组，接成 Y 形，其中每两个相对的磁极组成一相，由环形分配器送来的电脉冲对多相定子绕组轮流进行励磁。用永久磁铁做转子的叫作永磁式步进电机，转子用硅钢片叠成或用软磁性材料做成凸极结构，转子本身没有励磁绕组的叫作反应式步进电机，如图 2-3-3 所示。

图 2-3-1　步进电机的外形　　　　　图 2-3-2　步进电机的内部结构

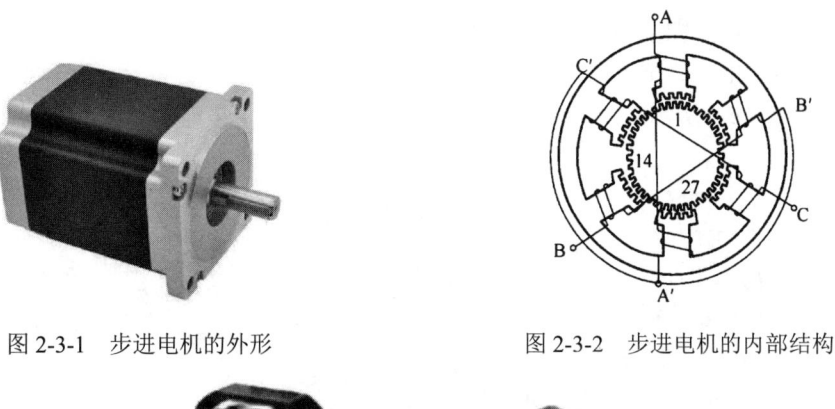

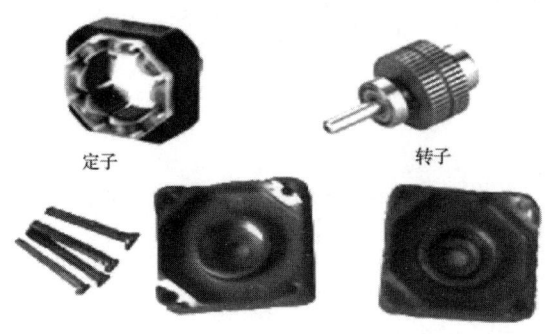

图 2-3-3　步进电机的实物解体图

2. 步进电机的工作原理

（1）工作原理。图 2-3-4 所示为一台三相反应式步进电机的工作原理图。定子上装有 6 个均匀分布的磁极，每个磁极上都绕有控制绕组，绕组接成三相 Y 形接法；转子上有 4 个均匀分布的齿，没有绕组，由硅钢片或软磁材料叠成。

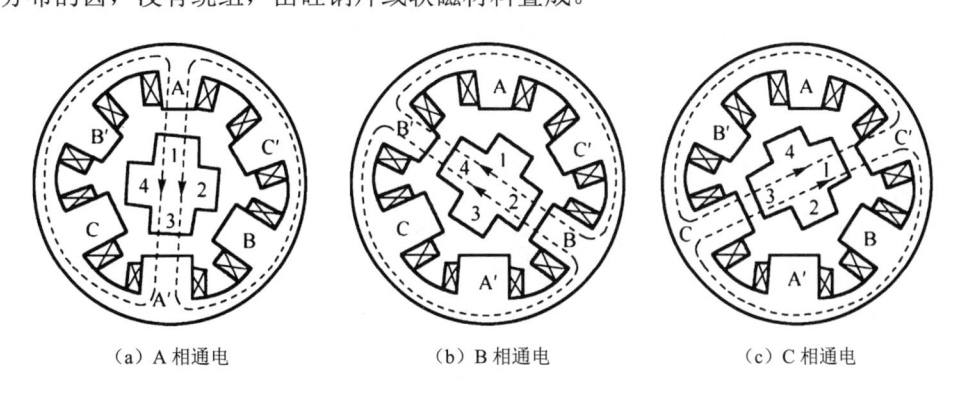

（a）A 相通电　　　　　（b）B 相通电　　　　　（c）C 相通电

图 2-3-4　三相反应式步进电机的工作原理图

① 由环形分配器送来的脉冲信号，对定子绕组轮流通电，设先对 A 相绕组通电，B 相和 C 相都不通电。由于磁通具有力图沿磁阻最小路径通过的特点，图中转子齿 1 和 3 的轴线与定子 A 极轴线对齐，即在电磁力的作用下，将转子齿 1、3 吸引到 A 极。此时，因转子只受径向力而无切线力，故转矩为零，转子被自锁在这个位置。此时，B、C 两相的转子齿在不同方向各错开 30°，如图 2-3-5（a）所示。

② 随后，如果 A 相断电，B 相控制绕组通电，则转子齿和 B 相定子齿对齐，转子沿顺

时针方向旋转 30°，如图 2-3-5（b）所示。

③ 使 B 相断电，C 相通电，同理转子齿就和 C 相定子齿对齐，转子又顺时针方向旋转 30°，如图 2-3-5（c）所示。

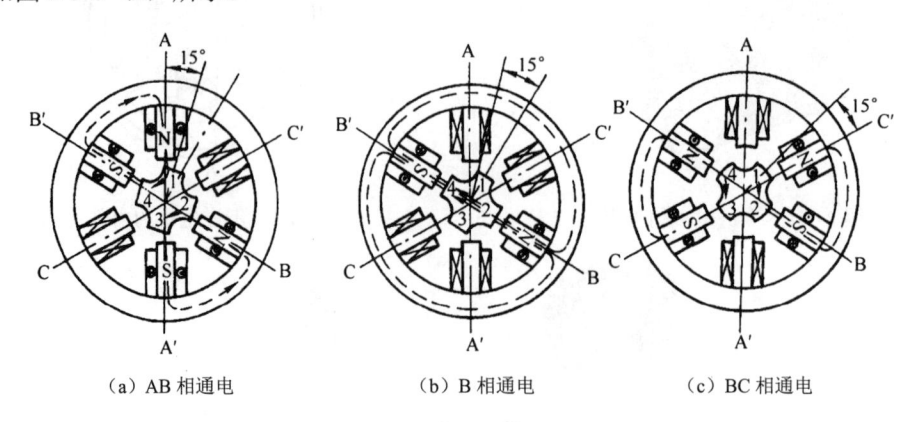

(a) AB 相通电　　　　(b) B 相通电　　　　(c) BC 相通电

图 2-3-5　步进电机单双六拍通电时的工作原理图

可见，通电顺序为 A→B→C→A 时，转子便按顺时针方向一步一步转动。每换接一次，转子就前进一个步距角，步距角是 30°。

欲改变旋转方向，只要改变通电顺序即可，如通电顺序改为 A→C→B→A，转子就反向转动。

（2）通电方式。以三相步进电机为例，有如下情况。

① 单三拍：A→B→C→A。

② 双三拍：AB→BC→CA→AB。

③ 单双六拍：A→AB→B→BC→C→CA→A。

由图 2-3-5 可明显看出，三相单双六拍的步距角为 15°。

（3）步距角和转速。设转子齿数为 Z，则齿距为

$$\tau = \frac{360°}{Z}$$

步距角为

$$\beta = \frac{齿距}{拍数} = \frac{360°}{ZKm}$$

式中，m 为相数；单三拍、双三拍时，$K=1$，单双六拍时，$K=2$。

转速为

$$n = \frac{60f}{KmZ}$$

式中，f 为电脉冲频率。

因此，步进电机的转速既取决于控制绕组通电的频率，又取决于绕组的通电方式。

步进电机除三相外，还可制成四相、五相、六相或更多相，相数越多，转子齿数越多，步距角越小；在同样脉冲频率下，转速越低，其他性能也有所改善。

3．步进电机的驱动电源

驱动电源的基本部分由变频信号源、脉冲分配器和功率放大器三部分组成，其原理方

框图如图 2-3-6 所示。

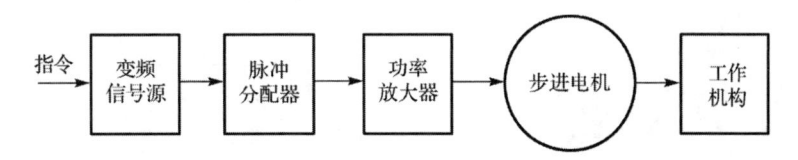

图 2-3-6 驱动电源的原理方框图

变频信号源即脉冲信号发生电路，产生基准频率信号供给脉冲分配器，脉冲分配器完成步进电机控制的各种脉冲信号，功率放大器对脉冲分配器输出的控制信号进行放大，驱动步进电机的各相绕组，使步进电机转动。

4．步进电机的常见故障及原因分析

（1）步进电机温升过高。步进电机温升过高的原因有：①环境温度过高，散热条件差，安装接触面积不符合标准；②工作方式不符合技术要求，如三相六拍工作的电机改为双三拍工作，温升要变高；③驱动电路发生故障，步进电机长期工作在单一高电压或高频状态下，同样温升要变高；④高、低压供电的驱动电路在高频状态下工作时，高压脉宽不能太宽，应按技术标准调整，否则温升也会变高。

（2）步进电机运行不正常。运行不正常是指电动机不能启动、产生失步、超步甚至停转等故障，其原因是：①环境尘埃过多，被电动机吸入使转子卡死；②传动齿轮的间隙过大，配合的键槽松动而产生失步；③驱动电路的电压偏低；④工作方式不按规定标准，如四相八拍电动机改为四相四拍运行，产生振荡或失步；⑤存放不善，定、转子表面生锈卡住；⑥电动机未装配好，定、转子间划碰、扫膛；⑦负载过重或负载转动惯量过大；⑧接线不正确；⑨驱动电路参数与电动机不匹配，达不到额定值要求；⑩转子铁心与电机转轴配合过松动在重负载下，铁心发生错移而造成停转；⑪没有清零复位，环形分配器进入死循环；⑫在电动机振荡区范围内运行。

（3）步进电机噪音振动过大。步进电机噪音振动过大的主要原因有：①传动齿轮间隙过大；②纯惯性负载，正反转频繁；③轴向间隙过大；④在共振频率范围内工作；⑤阻尼器未调好或失灵。

二、伺服电机

伺服电机的作用是将输入的电信号转换成电动机轴上的转速输出，在自动控制系统中，伺服电机常作为执行元件使用，其工作原理和步进电机相似，区别在于伺服电机有反馈的编码器进行闭环控制，广泛应用于数控机床。按其使用的电源不同，伺服电机分为交流伺服电机和直流伺服电机。

1．交流伺服电机

（1）电机结构。图 2-3-7 所示为交流伺服电机的实物图。它实质上就是一种微型交流异步电动机，其内部结构与单相电容运行式异步电动机相似，也由定子和转子两部分组成，如图 2-3-8 所示。

图 2-3-7 交流伺服电机的实物图 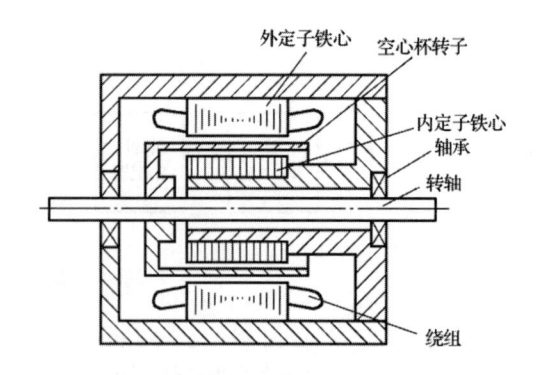   图 2-3-8 交流伺服电机的内部结构

交流伺服电机的定子绕组多制成两相的,在空间相差 90°电角度。定子有内、外两个铁心,均用硅钢片叠成。在外定子铁心的圆周上装有两个对称绕组:一个称为励磁绕组,与交流电源相连,有固定电压励磁;另一个称为控制绕组,接在伺服放大器的输入信号电压端,所以交流伺服电机又称为两相伺服电机。

转子采用空心杯转子,但其电阻比一般异步电动机大得多,细而长。空心杯转子装在内、外定子之间,由铝或铝合金的非磁性金属制成,壁厚 0.2~0.8mm,用转子支架装在转轴上。惯性小,能迅速、灵敏地启动、旋转和停止。

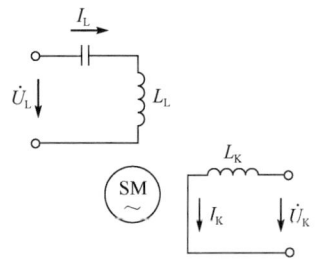

（2）工作原理。交流伺服电机的工作原理和单相电容运转式异步电动机相似,如图 2-3-9 所示。没有控制信号时,定子内只有励磁绕组产生的脉动磁场,转子上没有电磁转矩作用而静止不动;有控制电压时,定子在气隙中产生一个旋转磁场,并产生电磁转矩使转子沿旋转磁场的方向旋转。负载一定时,控制电压越高,转速也越高。

图 2-3-9 交流伺服电机的工作原理

（3）工作特性。交流伺服电机的工作特性用机械特性和调节特性来表征,控制电压一定时,负载增加,转速下降,如图 2-3-10（a）所示;负载一定时,控制电压越高,转速越高,如图 2-3-10（b）所示。

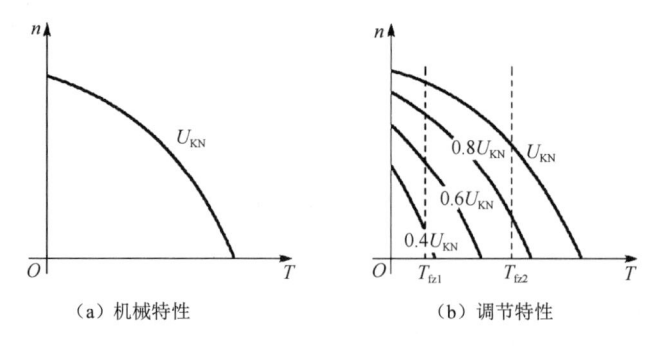

（a）机械特性   （b）调节特性

图 2-3-10 交流伺服电机的工作特性

（4）防止"自转"现象。两相异步电动机正常运行时,若转子电阻较小,则当控制电压变为零时,电动机便成为单相异步电动机,会继续运行（称为"自转"现象）,而不能立即

停转。而伺服电机在自动控制系统中是起执行命令的作用的，因此，不仅要求它在静止状态下能服从控制电压的命令而转动，而且要求它在受控启动以后，一旦信号消失，即控制电压等于零，立即停转。

增大转子电阻可以防止"自转"现象的发生，当转子电阻增大到足够大时，若两相异步电动机的一相断电（控制电压等于零），则电动机停转。

为了使转子具有较大的电阻和较小的转动惯量，交流伺服电机的转子一般有三种形式：高电阻率导条的笼型转子、非磁性空心转子和铁磁性空心转子。

（5）交流伺服电机的控制方法。

① 幅值控制，即保持控制电压的相位不变，仅改变其幅值进行控制。

② 相位控制，即保持控制电压的幅值不变，仅改变其相位进行控制。

③ 幅-相控制，即同时改变幅值和相位进行控制。

这三种方法的实质和单相异步电动机一样，都是利用改变正转与反转旋转磁通大小的比例来改变正转与反转电磁转矩的大小，从而达到改变合成电磁转矩和转速的目的。

2．直流伺服电机

（1）电机结构。图 2-3-11 所示为直流伺服电机的实物图。它实质上就是一台他励直流电动机，其结构与一般直流电动机基本相同，但气隙比较小，电枢比较细长，转动惯量小；换向性能较好，不需要换向极。信号电压一般加在电枢绕组两端，即电枢控制。主要分为无槽电枢直流伺服电机、空心杯电枢直流伺服电机、印制绕组直流伺服电机、低转动惯量直流伺服电机四类。

图 2-3-11 直流伺服电动机的实物图

（2）工作原理。直流伺服电机的工作原理和普通他励直流电动机的工作原理相同，如图 2-3-12 所示。

① 定子上的励磁绕组通入直流电，控制信号加在电枢绕组上，没有控制信号时，电枢不受力，无转动现象。

② 有控制信号时，电枢受力转动，且电枢转动的速度快慢与控制信号的大小成正比。

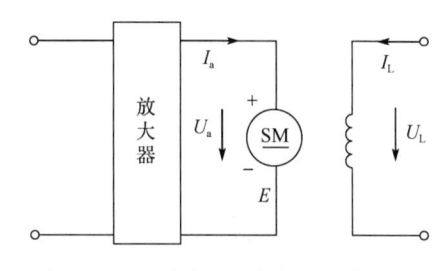

图 2-3-12 直流伺服电机的工作原理

（3）工作特性。直流伺服电机的工作特性由机械特性和调节特性来表征，励磁电压和电枢电压一定时，负载增加，转速下降，如图2-3-13（a）所示；在一定负载转矩下，若磁通不变，则电枢电压升高，转速升高，如图 2-3-13（b）所示。

（a）机械特性　　　　　　　（b）调节特性

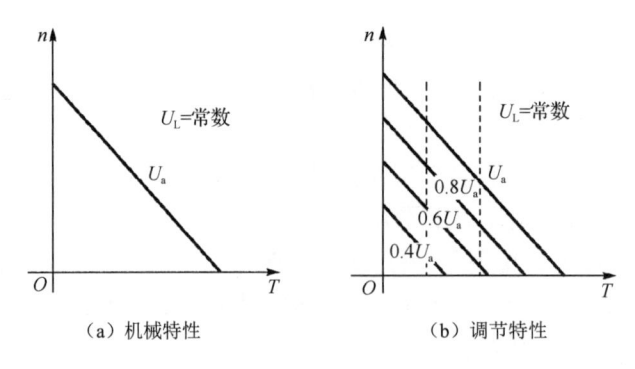

图 2-3-13　直流伺服电机的工作特性

3．伺服电机的常见故障及原因分析

（1）伺服电机产生轴电流。伺服电机轴→轴承座→底座回路中的电流称为轴电流。

轴电流的产生原因：①磁场不对称；②供电电流中有谐波；③制造、安装不好，由于转子偏心造成气隙不匀；④可拆式定子铁心的两个半圆有缝隙；⑤有扇形叠成式的定子铁心的拼片数目选择不合适。

危害：使伺服电机轴承表面或滚珠受到侵蚀，形成点状微孔，使轴承运转性能恶化，摩擦损耗和发热增加，最终造成轴承烧毁。

预防：①消除脉动磁通和电源谐波（如在变频器输出侧加装交流电抗器）；②设计伺服电机时，将滑动轴承的轴承座和底座绝缘，滚动轴承的外端和端盖绝缘。

（2）伺服电机一般不能用于高原地区。海拔高度对伺服电机温升、容量及换向均有不利影响，应注意海拔越高，伺服电机温升越大，输出功率越小，但当气温随海拔的升高而降低到足以补偿海拔高度对温升的影响时，伺服电机的额定输出功率可以不变。伺服电机在高原地区使用时要采取防电晕措施。海拔高度对伺服电机换向不利，要注意碳刷材料的选用。

（3）伺服电机不宜轻载运行。伺服电机轻载运行时会造成：①功率因数低；②效率低，运行不经济。

（4）伺服电机过热。伺服电机过热的原因有：①负载过大；②缺相；③风道阻塞；④低速运行时间过长；⑤电源谐波过大。

（5）久置不用的伺服电机投入运行前需要做的工作如下。

① 测量定子、绕组间及绕组对地绝缘电阻，绝缘电阻 R 应满足 $R>U_N/(1000+P/1000)\mathrm{M}\Omega$，其中 U_N 为伺服电机绕组额定电压（V），P 为伺服电机功率（kW）；②清理风机；③更换轴承润滑脂。

（6）不能任意启动寒冷环境中的伺服电机。伺服电机在寒冷环境中放置时间过长会导致：①绝缘开裂；②轴承润滑脂冻结；③导线接头焊锡粉化。因此，伺服电机在寒冷环境中应加热保存，在运转前应对绕组和轴承进行检测。

（7）伺服电机三相电流不平衡。伺服电机三相电流不平衡的原因有：①三相电压不平衡；②伺服电机内部某相支路焊接不良或接触不好；③伺服电机绕组匝间短路或对地相间短路；④接线错误。

（8）60Hz 的伺服电机不能用于 50Hz 的电源。设计伺服电机时一般使硅钢片工作在磁化曲线的饱和区,当电源电压一定时,降低频率会使磁通增加,励磁电流增加,导致伺服电机电流增加,铜耗增加,最终导致伺服电机温升增高,严重时还因线圈过热而烧毁伺服电机。

（9）伺服电机缺相。电源方面的原因：①开关接触不良；②变压器或电路断线；③保险熔断。伺服电机方面的原因：①伺服电机接线盒螺钉松动,接触不良；②内部接线焊接不良；③伺服电机绕组断线。

（10）伺服电机出现异常振动和响声。机械方面的原因：①轴承润滑不良,轴承磨损；②紧固螺钉松动；③伺服电机内有杂物。电磁方面的原因：①伺服电机过载运行；②三相电流不平衡；③缺相；④定子、转子绕组发生短路故障；⑤笼型转子焊接部分开焊,造成导条断裂。

（11）启动伺服电机前需要做的工作。

①测量绝缘电阻（对低电压伺服电机不应低于 0.5MΩ）；②测量电源电压,检查伺服电机接线是否正确,电源电压是否符合要求；③检查启动设备是否良好；④检查熔断器是否合适；⑤检查伺服电机接地、接零是否良好；⑥检查传动装置是否有缺陷；⑦检查伺服电机工作环境是否合适,清除易燃品和其他杂物。

（12）伺服电机轴承过热。伺服电机本身的原因：①轴承内外圈配合太紧；②零部件形位公差有问题,如机座、端盖、轴等零件同轴度不好；③轴承选用不当；④轴承润滑不良或轴承清洗不净,润滑脂内有杂物；⑤轴电流过大。使用方面的原因：①机组安装不当,如伺服电机轴和所拖动装置轴的同轴度不符合要求；②带轮拉动过紧；③轴承维护不好,润滑脂不足或超过使用期限,发干变质。

（13）伺服电机绝缘电阻小。绝缘电阻小的原因有：①绕组受潮或有水浸入；②绕组上积聚灰尘或油污；③绝缘老化；④伺服电机引线或接线板绝缘被破坏。

思考与练习

1. 填空题（请将正确答案填在横线空白处）

（1）步进电机是把输入的_____信号转换成_____的控制电机。

（2）三相磁阻式步进电机的定子绕组上装有_____个均匀分布的磁极,每个磁极上都有_____,绕组接成三相_____接法。转子上没有绕组,由_____叠成。

（3）步进电机的转速大小取决于_____,频率越高,转速_____。转动方向取决于_____。

（4）步进电机的驱动电源的基本部分包括_____、_____和_____三部分。

（5）伺服电机的作用是把所接收的电信号转换为电动机转轴的_____或_____。

（6）交流伺服电机的结构和_____异步电动机相似。其定子上有两个绕组,即_____绕组和_____绕组,这两个绕组在定子圆周上相差_____电角度。

（7）交流伺服电机为克服_____现象并要求灵敏度高,一般转子结构形式有_____转子和_____转子两种。

（8）交流伺服电机的转速控制方式有_____、_____和_____。

（9）直流伺服电机按励磁方式可分为_____和_____两种。转速控制方式分为_____式和_____式。

2．判断题（正确的在括号内打"√"，错误的打"×"）

（1）同一台步进电机通电拍数增加1倍，步距角减小为原来的1/2，控制精度将有所提高。（   ）

（2）不论通电拍数为多少，步进电机步距角与通电拍数的乘积都等于转子一个磁极在空间所占的角度。（   ）

（3）对于三相步进电机，如果要反向转动，只需将任意两相接线对调位置即可。（   ）

（4）交流伺服电机转速不仅与励磁电压、控制电压的幅值有关，而且与励磁电压、控制电压的相位差有关。（   ）

（5）直流伺服电机不论是电枢控制式还是磁极控制式，均不会有"自转"现象。（   ）

（6）直流伺服电机的转向不受控制电压极性的影响。（   ）

3．选择题（将正确答案的字母填入括号）

（1）某三相反应式步进电机的转子有40个磁极，采用单三拍供电，步距角为（   ）。

A．1.5°　　　　　　　　　B．3°　　　　　　　　　C．9°

（2）某三相反应式步进电机采用六拍供电，通电次序为（   ）。

A．A—B—C—AB—BC—CA—A　　　　　　B．A—BC—B—AC—C—BA—A

C．A—AB—B—BC—C—CA—A

（3）一台三相磁阻式步进电机，采用三相单三拍方式通电时，步距角为1.5°，则其转子齿数为（   ）。

A．40　　　　　　　　　B．60　　　　　　　　　C．80

（4）空心杯交流伺服电机，当只给励磁绕组通入励磁电流时，产生的磁场称为（   ）。

A．脉动磁场　　　　　　B．旋转磁场　　　　　　C．恒定磁场

（5）存在"自转"现象的伺服电机是（   ）。

A．交流伺服电机　　　　B．直流伺服电机　　　　C．交流伺服电机和直流伺服电机

项目三

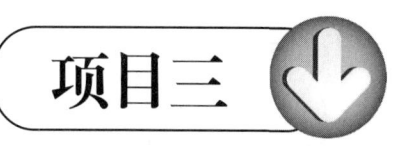

电气控制电路的安装、接线与调试

项目描述

各种生产机械的运动形式多种多样，对应的控制电路也不同，差异极大。但生产机械的电气控制环节不管是简单还是复杂，都以电动机为动力，通过改变控制电路实现不同的运动控制。本项目以电气控制电路的安装、接线和调试为载体，通过本项目的学习，学生可以掌握常用低压电器的使用方法及其在控制电路中的作用；熟悉三相异步电动机常用控制电路的工作原理、接线、调试及故障排除方法；能够根据电气原理图绘制电气安装接线图，按工艺要求完成电气控制电路连接，并能进行电路的检查和故障排除。

思维导图

电气控制电路的安装、接线与调试
- 任务1：三相异步电动机单向控制电路的安装、接线与调试
- 任务2：三相异步电动机正反转控制电路的安装、接线与调试
- 任务3：三相异步电动机自动往返控制电路的安装、接线与调试
- 任务4：三相异步电动机顺序控制的电路安装、接线与调试
- 任务5：三相异步电动机降压启动电路的安装、接线与调试
- 任务6：三相异步电动机制动电路的安装、接线与调试
- 任务7：三相异步电动机调速控制电路的安装、接线与调试
- 任务8：直流电动机启动、制动控制电路的安装、接线与调试

任务 1　三相异步电动机单向控制电路的安装、接线与调试

能力目标

（1）理解自锁的作用和实现方法。
（2）识读三相异步电动机点动、连续运行、多地控制电路的工作原理。
（3）掌握安装、接线、调试点动、连续运行、多地控制电路的能力及其操作技能。

使用器材、工具、设备

（1）器材：根据实际需求准备刀开关 1 个、控制按钮 4 个（红色 2 个、绿色 2 个）、熔断器 5 个、接触器 1 个、热继电器 1 个、三相异步电动机 1 台、安装网孔板 1 块和导线若干等。
（2）工具：常用电工工具 1 套（螺丝刀、镊子、钢丝钳、尖嘴钳、验电笔等）。
（3）设备：万用表。

任务要求及实施

一、任务要求

根据三相异步电动机点动、连续运行、多地等控制电路的电气原理图，分析点动、连续运行、多地等控制电路的工作原理，以电气原理图绘制电气安装接线图，按工艺要求完成电路连接，并能对电路进行检查和故障排除。

二、任务实施

1. 识读电气原理图

分析三相异步电动机点动、连续运行、多地等控制电路的电气原理图。明确点动、连续运行、多地等控制电路中所用的元器件及其作用，熟悉点动、连续运行、多地等控制电路的工作原理；理解接触器常开触点的作用；理解热继电器过载保护的原理及其接线要求。

2. 检测元器件

按照电气原理图配齐所需的元器件，并检测其好坏。

在断电状态下，利用万用表或目视检查各元器件触点的通断情况是否良好；检查接触器线圈额定电压与电源电压是否相符；检查熔断器的熔体是否完好；检查按钮中的螺钉是否完好及螺纹是否失效。

3. 安装与接线

（1）绘制电气元件布置图和电气安装接线图。根据电气原理图绘制三相异步电动机控制电路的电气元件布置图和电气安装接线图，以整齐、均匀、间距合理地布置和安装元器件，要求便于后期元器件更换及维修，但紧固各元器件时应用力均匀。尤其是紧固熔断器、接触器等易碎元器件，应压紧元器件，紧固对角螺钉，使其不动再适度旋紧。

(2) 接线。由电气安装接线图进行板前明线布线，板前明线布线的工艺要求如下。

① 布线通道尽可能少，同路并行导线按主电路、控制电路分类集中，单层密排，紧贴安装面布线。

② 同一平面的导线应高低一致或前后一致，走线合理，不能交叉或架空。

③ 螺栓式接线端子，导线连接要以压接圈，并按顺时针旋转；瓦片式接线端子，导线连接直线插入接线端子固定。导线连接不能压绝缘层，露铜不能过长。

④ 布线应横平竖直，均匀分布，垂直变换走向。

⑤ 布线严禁损伤线芯和导线绝缘层。

⑥ 利用一根完整导线（中间无接头）连接端子（或接线柱）与端子。

⑦ 元器件接线端子连接导线不能超过两根。

⑧ 进出线应合理汇集于接线端子排。

(3) 检查布线。根据电气安装接线图检查控制板布线是否正确。

(4) 安装电动机。根据电气安装接线图安装电动机。

(5) 安装接线注意事项。

① 按钮内接线时，用力不可过猛，以防螺钉打滑。

② 按钮内部的接线不要接错，启动按钮（绿色）必须接常开触点，停止按钮（红色）必须接常闭触点（可用万用表的欧姆挡判别）。

③ 接触器的常开（自锁）触点应并联在启动按钮两端，停止按钮的常闭触点串联在控制电路中。

④ 热继电器的热元件应串联在主电路中，常闭触点应串联在控制电路中，不可接错，否则不能对电路起过载保护作用。

⑤ 电动机外壳必须可靠接 PE（保护接地）线。

4．检测与故障排除

按照知识点中提到的检测及故障诊断方法进行。

5．填写记录表

填写如表 3-1-1～表 3-1-4 所示的记录表。

表 3-1-1　点动控制电路检测记录

不通电测试				
主电路			控制回路	
操作步骤	合上 QS，压下接触器 KM 衔铁		按下启动按钮	压下 KM 衔铁
阻值	L1-U			
	L2-V			
	L3-W			
通电测试				
操作步骤	合上 QS	按下按钮	松开按钮	电动机处于运行状态，按下热继电器复位按钮
电动机动作或接触器吸合情况				

表 3-1-2 连续运行控制电路检测记录

不通电测试				
操作步骤	主电路		控制回路	
	合上 QS，压下接触器 KM 衔铁		按下启动按钮	压下 KM 衔铁
阻值	L1-U			
	L2-V			
	L3-W			
通电测试				
操作步骤	合上 QS	按下按钮 SB2	按下按钮 SB1	电动机处于运行状态，按下热继电器复位按钮
电动机动作或接触器吸合情况				

表 3-1-3 连续运行（带点动）控制电路检测记录

不通电测试					
操作步骤	主电路		控制回路		
	合上 QS，压下接触器 KM 衔铁		按下启动按钮		压下 KM 衔铁
阻值	L1-U				
	L2-V				
	L3-W				
通电测试					
操作步骤	合上 QS	按下按钮 SB2	按下按钮 SB1	按下按钮 SB3，松开 SB3	电动机处于运行状态，按下热继电器复位按钮
电动机动作或接触器吸合情况					

表 3-1-4 多地控制电路检测记录

不通电测试						
操作步骤	主电路			控制回路		
	合上 QS，压下接触器 KM 衔铁			按下启动按钮		压下 KM 衔铁
阻值	L1-U					
	L2-V					
	L3-W					
通电测试						
操作步骤	合上 QS	按下按钮 SB2	按下按钮 SB1	按下按钮 SB3	按下按钮 SB4	电动机处于运行状态，按下热继电器复位按钮
电动机动作或接触器吸合情况						

考核标准及评价

从知识与技能、学习态度与团队意识和工作与职业操守三方面进行综合考核，具体的评价标准如表 3-1-5 所示。

表 3-1-5　考核评价表

考核内容	考核方式	评价标准与得分				
		标准	分值	互评	教师评分	得分
知识与技能 （70分）	教师评价+ 互评	元器件安装正确紧固、布置合理	5分			
		接线按工艺要求正确	5分			
		所选线色正确	5分			
		布线工艺合理、美观，无损伤导线绝缘层	5分			
		接线紧固电气接触良好	10分			
		能不通电检测电路	20分			
		能通电检测电路	20分			
学习态度与团队 意识（15分）	教师评价	学习积极性高、有自主学习能力	3分			
		有分析和解决问题的能力	3分			
		能组织和协调小组活动过程	3分			
		有团队协作精神、能顾全大局	3分			
		有合作精神、热心帮助小组其他成员	3分			
工作与职业操守 （15分）	教师评价+ 互评	有安全操作、文明生产的职业意识	3分			
		诚实守信、实事求是、有创新精神	3分			
		遵守纪律、规范操作	3分			
		有节能环保和产品质量意识	3分			
		能够不断反思、优化和完善	3分			

知识要点

电气控制系统是将多个电气元件按一定逻辑顺序连接成整体实现控制要求的系统。为了表达生产机械电气控制系统的结构、工作原理等设计意图，同时便于电气控制系统的安装、调试、使用和维护，需要将电气控制电路中的各种电气元件及其连接按照一定的图形符号和文字符号表达出来，这就是电气控制系统图。

电气控制系统图一般包括电气原理图、电气元件布置图、电气安装接线图等。各种图有其不同的用途和规定的画法，应根据简明易懂的原则，采用国家标准统一规定的图形符号、文字符号和标准画法来绘制。在图上用不同的图形符号表示不同的电气元件，用不同的文字符号表示不同的电气设备及电路功能、状况和特征。国家标准化管理委员会参照国际电工委员会（IEC）颁布的有关文件，制定了我国电气设备的有关国家标准。

GB/T 7159—1987《电气技术中的文字符号制订通则》

GB/T 5226.1—2019《机械电气安全　机械电气设备　第 1 部分：通用技术条件》

GB/T 6988.1—2008《电气技术用文件的编制　第 1 部分：规则》

GB/T 4728.1～12—2018《电气简图用图形符号》

GB/T 5094.1～2—2018《工业系统、装置与设备以及工业产品结构原则与参照代号》。

一、电气控制系统图的识图

1. 电气控制系统图

1）图形符号

图形符号通常用于图样或其他文件，用于表示一个设备或概念的图形、标记或字符。

（1）电气控制系统图中的图形符号必须按国家标准绘制。附录 A 列出了电气控制系统中常用电气符号。图形符号含有符号要素、一般符号和限定符号。

① 符号要素：一种具有确定意义的简单图形，必须同其他图形组合才能构成一个设备或概念的完整符号。

② 一般符号：用于表示一类产品和此类产品特征的一种简单符号。例如，电动机一般符号为"*"，"*"用 M 代替可以表示电动机，用 G 表示发电机。

③ 限定符号：用于提供附加信息的一种加在其他符号上的符号。

（2）运用图形符号绘制电气控制系统图时应注意以下几个方面。

① 符号尺寸大小、线条粗细依国家标准可放大与缩小，但在同一张图样中，同一符号的尺寸应保持一致，各符号间及符号本身比例应保持不变。

② 标准中的符号方位。在不改变符号含义的前提下，可根据图面布置的需要旋转或成镜像位置，但文字和指示方向不得倒置。

③ 大多数符号都可以加上补充说明标记。

④ 有些具体电气元件的符号由设计者根据国家标准的符号要素、一般符号和限定符号组合而成。

⑤ 国家标准未规定的图形符号，可根据实际需要，按特征突出、结构简单、便于识别的原则进行设计，但需要向国家标准化管理委员会备案。当采用其他来源的符号或代号时，必须在图解和文件上说明其含义。

2）文字符号

文字符号适用于电气技术领域中技术文件的编制，用于标明电气设备、装置和电气元件的名称，以及电路的功能、状态和特征。

（1）文字符号应按国家标准 GB/T7159—1987《电气技术中的文字符号制订通则》编制。文字符号分为基本文字符号和辅助文字符号。

① 基本文字符号。基本文字符号有单字母符号与双字母符号两种。单字母符号按拉丁字母顺序将各种电气设备、装置和元件划分为 23 类，每类用一个专用单字母符号表示，如"C"表示电容器类，"R"表示电阻器类等；双字母符号由一个表示种类的单字母符号与另一个字母组成，且次序为单字母符号在前，另一个字母在后，如"F"表示保护器件类，"FU"表示熔断器，"FR"表示热继电器。

② 辅助文字符号。辅助文字符号用来表示电气设备、装置和元件，以及电路的功能、状态和特征，如"RD"表示红色，"SP"表示压力传感器，"YB"表示电磁制动器等。辅助文字符号还可以单独使用，如"ON"表示接通，"N"表示中性线等。

③ 补充文字符号。当规定的基本文字符号和辅助文字符号不够使用时，可按国家标准中文字符号的组成规律予以补充。

（2）在不违背国家标准文字符号编制原则的条件下，可采用国家标准中规定的电气技术文字符号。

（3）在优先采用基本文字符号和辅助文字符号的前提下，可补充国家标准中未列出的双字母文字符号和辅助文字符号。

（4）使用文字符号时，应按电气名词术语国家标准或专业技术标准中规定的英文术语缩写而成。

(5) 基本文字符号不得超过两位字母,辅助文字符号一般不超过三位字母。文字符号采用大写正体拉丁字母,且拉丁字母中"I"和"O"不允许单独作为文字符号使用。

3) 主电路各节点标记

三相交流电源引线采用 L1、L2、L3 标记。电源开关之后的三相交流电源主电路分别按 U、V、W 顺序标记。分级三相交流电源主电路采用三相文字代号 U、V、W 的前边加上阿拉伯数字 1、2、3 等来标记。

电动机分支电路各节点标记采用三相文字代号后面加数字来表示,电动机绕组首端分别用 U1、V1、W1 标记,尾端分别用 U2、V2、W2 标记。

控制电路采用阿拉伯数字编号,一般由三位或三位以下的数字组成。标注方法按"等电位"原则进行,在垂直绘制的电路图中,标号顺序一般由上到下编号。凡是被线圈、绕组、触点或电阻、电容等元器件间隔的线段,都应标以不同的电路标号。

2. 电气原理图

电气原理图是表达电路工作原理的图纸,所以应按国家标准进行绘制。图纸的尺寸需要符合标准,图中需要用图形符号和文字符号绘制出全系统所有的电气元件,不绘制外形和结构。同时不考虑电气元件的实际位置,而是依据电气绘图标准,依照展开图画法表示电气元件之间的连接关系。由于电气原理图具有结构简单,层次分明,适用于研究、分析电路的工作原理等优点,所以无论在设计部门还是生产现场都得到了广泛应用。

(1) 绘制电气原理图的规则。

① 所有元件均按照国家标准的图形符号和文字符号表示,不画实际的外形。

② 主电路用粗实线绘制在图纸的左部或上部,辅助电路用细实线绘制在图纸的右部或下部。电气元件和部件在控制电路中的位置,应根据便于阅读的原则安排,布局遵守从左到右、从上到下的顺序排列,可水平布置,也可垂直布置。

③ 同一个元件的不同部分,如接触器的线圈和触点,可以绘制在电气原理图中的不同位置,但必须使用同一文字符号表示。对于多个同类电器,采用文字符号加序号表示,如 KM1、KM2 等。

④ 所有电器的可动部分(如接触器触点和按钮)均按照没有通电或无外的状态画出。对于继电器、接触器的触点,按吸引线圈不通电状态画出,控制器校手柄处于零位时的状态画出,按钮、行程开关触点按不受外力作用时的状态画出。

⑤ 尽量减少线条和避免线条交叉;元件的图形符号可以旋转 90°、180°或 45°绘制;各导线相连时用实心圆点表示。

⑥ 绘制要层次分明,各元件及其触点安排合理,在完成功能和性能的前提下,尽量少用元件,减少能耗同时保证电路的运行可靠性、施工和维修的方便性。

(2) 图幅区域的划分。图 3-1-1 所示为 CW6132 型普通车床的电气原理图。图纸下方的 1、2、3……是图区编号,是为了便于检索电气电路,方便阅读分析从而避免遗漏设置的。图区编号也可以设置在图纸上方。

图纸上方的"电源开关""主轴"…字样,表明对应的下方元件或电路的功能,使读者能清楚地知道某个元件或某部分电路的功能,以利于理解全电路的工作原理。

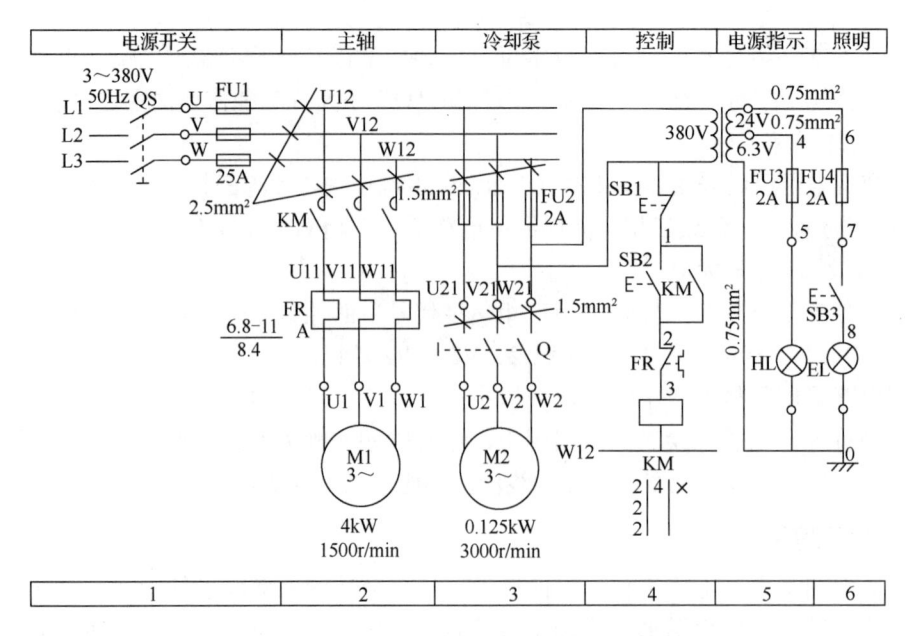

图 3-1-1　CW6132 型普通车床的电气原理图

（3）符号位置的索引。符号位置的索引用图号、页次和图区号的组合索引法，索引代号的组成为

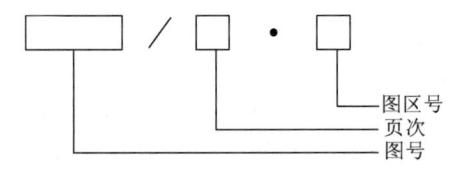

当某一元件相关的各符号元素出现在不同图区号的图纸上，且某个图号仅有一页图纸时，索引代号中可省略页次及分隔符"·"，简化为

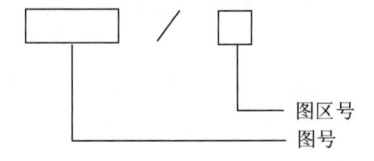

当某一元件相关的各符号元素出现在同一图号的图纸上，且该图号有几页图纸时，索引代号中可省略图号和分隔符"/"，简化为

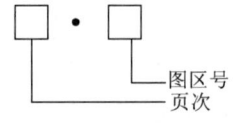

当某一元件的各符号元素出现在只有一页图纸的不同图区上时，索引代号只用图区号表示，简化为

图 3-1-1 中 KM 线圈下方的

$$\mathrm{KM} \begin{array}{|c|c|} 2 & 4 & \times \\ 2 & & \\ 2 & & \end{array}$$

是接触器 KM 触点的索引。

在电气原理图中，接触器和继电器线圈与触点的从属关系应用附图表示。在电气原理图相应线圈的下方，给出触点的图形符号，并在其下面注明相应触点的索引代号，对未使用的触点用"×"表明，有时也可以采用上述省去触点的表示法。

对于接触器，上述表示法中各栏的含义如下：

左栏	中栏	右栏
主触点所在图区号	常开触点所在图区号	常闭触点所在图区号

对于继电器，上述表示法中各栏的含义如下：

左栏	右栏
常开触点所在图区号	常闭触点所在图区号

3. 电气元件布置图

电气元件布置图是控制电路或电气原理图中相应电气元件的实际安装位置，在生产和维护过程中使用该图作为依据。CW6132 型普通车床的电气元件布置图和电气安装接线图如图 3-1-2 所示，图中各电器代号应与有关电路图和电器清单上所有电气元件代号相同。在图中往往留有 10%以上的备用面积及导线管（槽）的位置，以供改进设计时用。图中不需要标注尺寸。图 3-1-2 中 FUI～FU4 为熔断器，KM 为接触器，FR 为热继电器，TC 为变压器，XT 为接线端子板。

4. 电气安装接线图

用规定的图形符号，按各电气元件相对位置绘制的实际接线图叫作电气安装接线图。电气安装接线图是实际接线安装的依据和准则，它清楚地表示了各电气元件的相对位置和它们之间的电气连接，所以电气安装接线图不仅要把同一个电器的各个部件画在一起，而且各个部件的布置要尽可能符合这个电器的实际情况，但对尺寸和比例没有严格要求。各电气元件的图形符号、文字符号和回路标记均应以电气原理图为准，并保持一致，以便查对。

不在同一控制箱内和不是同一块配电屏上的各电气元件之间的导线连接，必须通过接线端子进行；同一控制箱内各电气元件之间的接线可以直接相连。

在电气安装接线图中，分支导线应在各电气元件接线端上引出，不允许在导线两端以外的地方连接，且接线端上允许引出两根导线。电气安装接线图上的电气连接，一般并不表示实际走线途径，施工时由操作者根据经验选择最佳走线方式。

电气安装接线图上应该详细地标明导线及所穿管子的数号、规格等。电气安装接线图要求准确、清晰，以便于施工和维护。

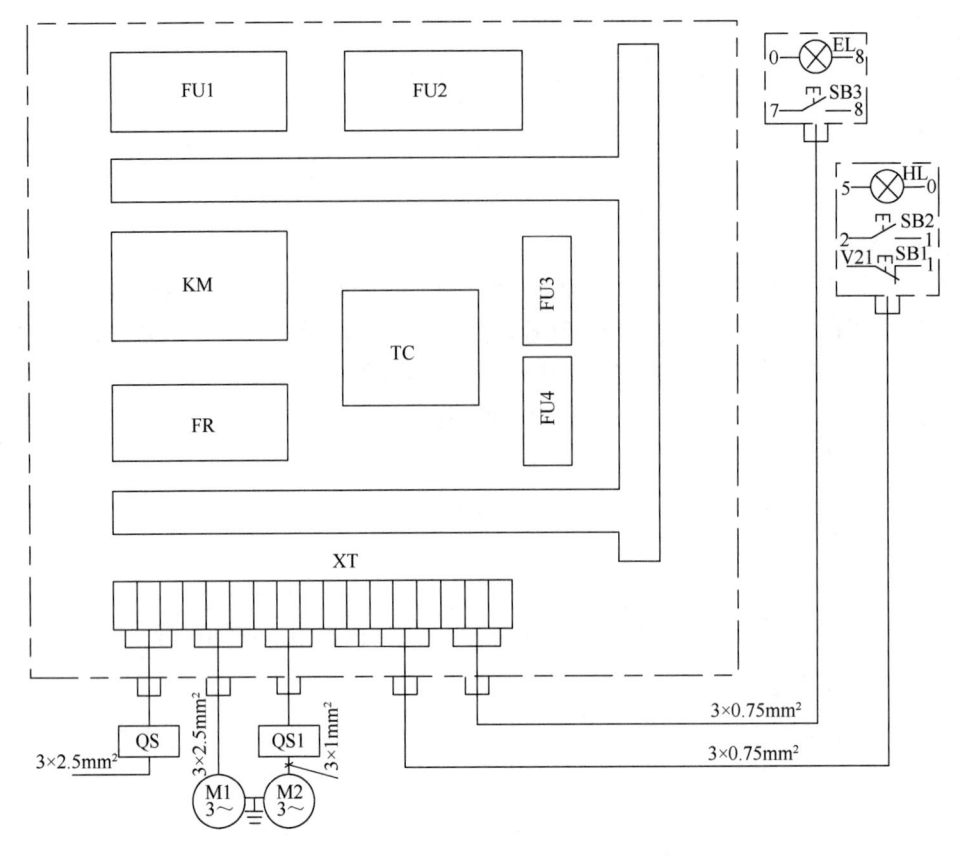

图 3-1-2 CW6132 型普通车床的电气元件布置图和电气安装接线图

二、点动控制

生产实际中的机具、设备的对位、对刀、定位或机器设备的调试往往需要点动控制。所谓点动，就是按下按钮电动机转动，松开按钮电动机停转。点动控制电路原理图如图 3-1-3 所示。

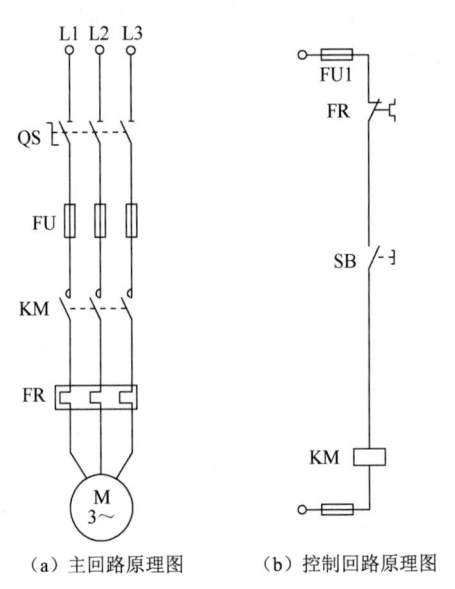

（a）主回路原理图　　（b）控制回路原理图

图 3-1-3 点动控制电路原理图

1. 电路构成

从电源引线 L1、L2、L3 通过刀开关 QS、熔断器 FU 与接触器 KM 的 3 个主触点相连接，经过热继电器的 3 个热元件 FR 后与三相异步电动机串联，构成点动控制电路的主回路，主回路中通过的电流为电动机的工作电流。

点动控制电路的控制回路接于电源两相之间，经熔断器 FU、热继电器 FR 的常闭触点、点动按钮 SB、接触器 KM 线圈，构成小电流的控制回路。

2. 控制原理及控制过程

（1）先闭合主回路中的刀开关 QS，为电动机的点动做好准备。

（2）按下点动按钮 SB，接触器 KM 线圈得电，串联在主回路中的接触器 KM 的 3 对主触点闭合，电动机主电路接通，电动机点动转动。

（3）若要电动机点动结束，只需松开点动按钮 SB 即可，控制回路电流由 SB 处断开，造成接触器 KM 线圈失电，其主触点断开，电动机停转。

（4）如果电路发生过载，则串联在主电路中的热继电器热元件会连续受热直至弯曲变形，推动串联在控制电路中的热继电器 FR 的常闭触点断开，使控制回路断电，接触器 KM 线圈失电，KM 主触点断开，电动机停转。

三、单向连续运转控制电路

在实际应用中，大多数生产机械都需要拖动电动机才能实现连续运转，因此要熟练掌握电动机单向连续运转控制电路的工作过程。单向连续运转控制电路原理图如图 3-1-4 所示。

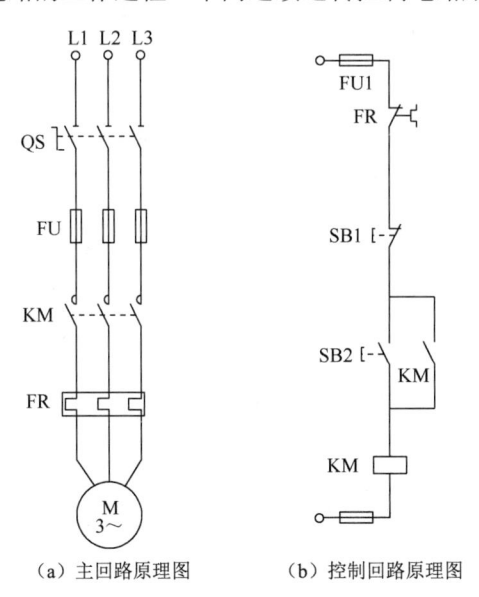

（a）主回路原理图　　（b）控制回路原理图

图 3-1-4　单向连续运转控制电路原理图

1. 电路结构

主回路和点动控制主回路相同，在此不再阐述。

单向连续运转控制电路的控制回路接于电源之间，经熔断器 FU、热继电器 FR 的常闭触点、停止按钮 SB1、启动按钮 SB2、接触器 KM 线圈、接触器 KM 的常开触点并联在启动按钮 SB2 的两端，构成小电流的控制回路。

2．控制原理及控制过程

（1）先闭合主回路中的刀开关 QS，为电动机的连续运行做好准备。

（2）按下启动按钮 SB2，接触器 KM 线圈得电，串联在主回路中的接触器 KM 的 3 对主触点闭合，电动机主电路接通，电动机连续转动。同时并联在启动按钮 SB2 两端的接触器 KM 的常开触点闭合，当松开启动按钮 SB2 时，KM 线圈仍能通过自身的常开触点保持通电状态，从而保证电动机的连续运行。这种依靠接触器自身辅助触点使其线圈保持通电的现象，称为自锁或自保持。这个起自锁作用的辅助触点，称为自锁触点。

（3）若要电动机停止运行，只需按下停止按钮 SB1 即可，控制回路电流由 SB1 处断开，造成接触器 KM 线圈失电，其主触点断开，电动机停转。

（4）如果电路发生过载，则串联在主电路中的热继电器热元件会连续受热直至弯曲变形，推动串联在控制电路中的热继电器 FR 的常闭触点断开，使控制回路断电，接触器 KM 线圈失电，KM 主触点断开，电动机停转。

四、连续运行（带点动）控制电路

在实际应用中，有些生产机械常常需要电动机既能连续运转，又能实现点动控制，因此要熟练掌握电动机连续运转（带点动）控制电路的工作过程。连续运转（带点动）控制电路原理图如图 3-1-5 所示。

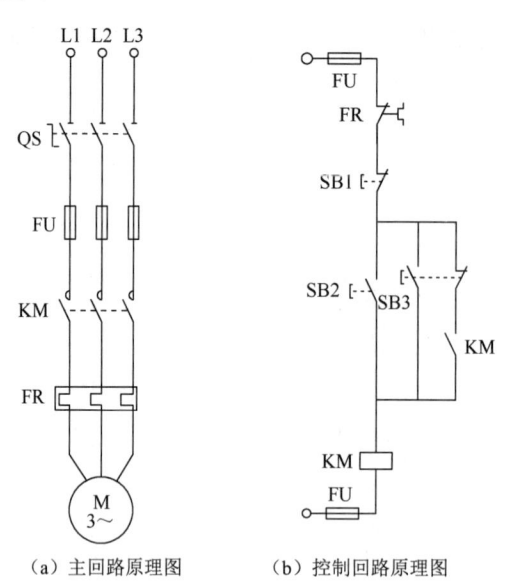

（a）主回路原理图　　（b）控制回路原理图

图 3-1-5　连续运行（带点动）控制电路原理图

1．电路结构

主回路和点动控制主回路相同，在此不再阐述。

连续运行（带点动）控制电路的控制回路接于电源之间，经熔断器 FU、热继电器 FR 的常闭触点、停止按钮 SB1、连续运行启动按钮 SB2、接触器 KM 线圈、点动控制按钮 SB3 的常开触点并联于 SB2 两端，SB3 的常闭触点串联接触器 KM 的常开触点并联于 SB3（或

SB2）的常开触点两端，构成控制回路。

2．控制原理及控制过程

（1）先闭合主回路中的刀开关 QS，为电动机的连续运行（带点动）控制做好准备。

（2）按下按钮 SB2，接触器 KM 线圈得电，串联在主回路中的接触器 KM 的 3 对主触点闭合，电动机主电路接通，电动机连续转动。同时接触器 KM 的常开触点闭合。当松开 SB2 时，KM 的常开触点和 SB3 的常闭触点串联，保持 KM 线圈通电，从而保证电动机的连续运行。若要电动机停止运行，只需按下停止按钮 SB1 即可，控制回路电流由 SB1 处断开，造成接触器 KM 线圈失电，其主触点断开，电动机停转。

（3）按下控制按钮 SB3（常开触点闭合、常闭触点断开），接触器 KM 线圈得电，串联在主回路中的接触器 KM 的 3 对主触点闭合，电动机主电路接通，电动机转动。同时接触器 KM 的常开触点闭合，但 SB3 的常闭触点处于断开状态，导致 KM 常开触点支路没有电流流通，若松开 SB3，则电动机停止运行。

（4）如果电路发生过载，则串联在主电路中的热继电器热元件会连续受热直至弯曲变形，推动串联在控制电路中的热继电器 FR 的常闭触点断开，使控制回路断电，接触器 KM 线圈失电，KM 主触点断开，电动机停转。

五、多地控制电路

有些机械和生产设备，由于种种原因常常要在两地或两个以上的地方进行操作。例如，重型龙门刨床，有时在固定的操作台上控制，有时需要在机床四周用悬挂按钮控制；有些场合，为了便于集中管理，由中央控制台进行控制，但在每台设备调整检修时，又需要就地进行机旁控制等。多地控制电路原理图如图 3-1-6 所示。

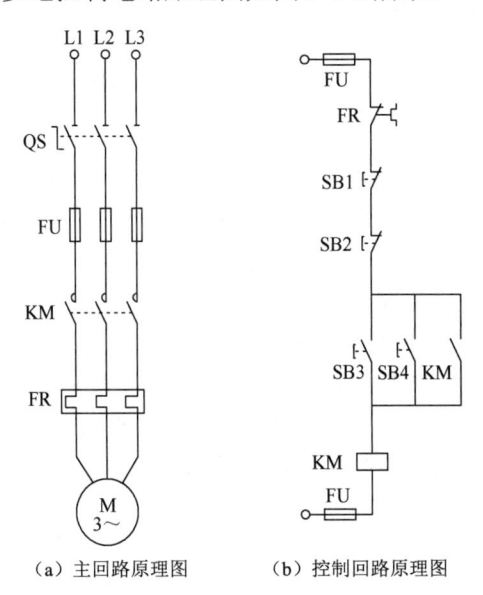

（a）主回路原理图　　（b）控制回路原理图

图 3-1-6　多地控制电路原理图

1．电路结构

主回路和点动控制主回路相同，在此不再阐述。

多地控制电路的控制回路接于电源之间，经熔断器 FU、热继电器 FR 的常闭触点、按钮 SB1、按钮 SB2、按钮 SB3、接触器 KM 线圈、按钮 SB4 和 KM 的常开触点并联于 SB3 两端，构成控制回路。启动按钮并联在一起，停止按钮串联在一起，实现 A、B 两地控制同一台电动机，达到操作方便的目的。对于三地或多地控制，只要按照将各地的启动按钮并联、停止按钮串联的连线原则即可实现。

2．控制原理及控制过程

（1）先闭合主回路中的刀开关 QS，为电动机的多地控制做好准备。

（2）无论是按下 A 地的启动按钮 SB3 还是按下 B 地的启动按钮 SB4，接触器 KM 线圈均得电，串联在主回路中的接触器 KM 的 3 对主触点闭合，电动机主电路接通，电动机连续转动。同时接触器 KM 的常开触点闭合，形成自锁。

（3）无论是按下 A 地的启动按钮 SB1 还是按下 B 地的启动按钮 SB2，均造成接触器 KM 线圈失电，其主触点断开，电动机停转。

（4）如果电路发生过载，则串联在主电路中的热继电器热元件会连续受热直至弯曲变形，推动串联在控制电路中的热继电器 FR 的常闭触点断开，使控制回路断电，接触器 KM 线圈失电，KM 主触点断开，电动机停转。

六、检测及故障诊断

1．不通电检测

（1）按电气原理图或电气安装接线图从电源端出发，逐一核对接线及接线端子处是否正确，有无漏接、错接。检查导线接线端子是否符合要求，压接是否牢固。

（2）用万用表检查电路的通断情况。检查时，应选用倍率适当的欧姆挡，并进行校零，以防短路故障发生。

检查控制回路时（断开电源），可将万用表表笔分别搭在控制回路的两端子上，此时读数应为"∞"。

点动控制电路。按下启动按钮 SB1，万用表测量的阻值为 KM 线圈阻值。

单向连续运行控制电路。按下启动按钮 SB2 或压下接触器 KM 衔铁，万用表测量的阻值为 KM 线圈阻值。

连续运行（带点动）控制电路。按下连续启动按钮 SB2、点动启动按钮 SB3 或压下接触器 KM 衔铁，万用表测量的阻值为 KM 线圈阻值。

检查主电路，通过外力压下接触器 KM 衔铁进行检查，测量电源端（L1、L2、L3）到电动机接线端子上的每相电路的阻值，检查是否存在开路现象。

（3）利用绝缘电阻表测量电路的绝缘电阻，阻值应不小于 0.5MΩ。

2．通电试验

操作相应按钮，观察电器动作情况，判定电路是否实现控制要求。

3．故障诊断

在操作过程中，若出现不正常现象，则应立即断开电源，分析故障原因，仔细检查电路（用万用表），在实训教师同意下才能上电试车运行调试。

思考与练习

1. 什么是自锁控制？自锁控制电路的作用。
2. 判断如图 3-1-7 所示的电路能否实现自锁控制？若不能，请修改，并说明其原因。

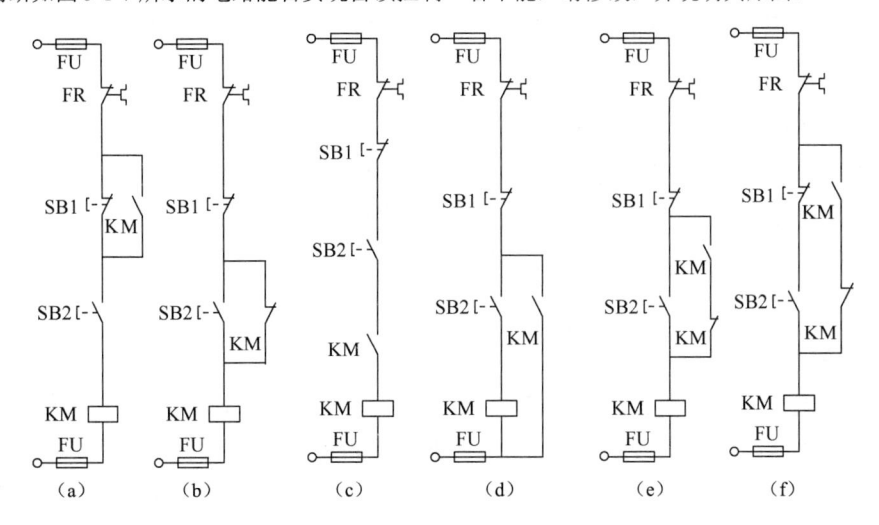

图 3-1-7　思考与练习题 2 图

任务 2　三相异步电动机正反转控制电路的安装、接线与调试

能力目标

（1）理解互锁的作用和正反转控制实现方法。
（2）识读三相异步电动机正反转控制电路的工作原理。
（3）掌握安装、接线、调试电动机正反转控制电路的能力及其操作技能。

使用器材、工具、设备

（1）器材：根据实际需求准备刀开关 1 个、控制按钮 3 个（红色 1 个、绿色 2 个）、熔断器 5 个、接触器 2 个、热继电器 1 个、三相异步电动机 1 台、安装网孔板 1 块和导线若干等。
（2）工具：常用电工工具 1 套（螺丝刀、镊子、钢丝钳、尖嘴钳、验电笔等）。
（3）设备：万用表、绝缘电阻表。

任务要求及实施

一、任务要求

根据三相异步电动机正反转控制电路的电气原理图，分析正反转控制电路的工作原理，以电气原理图绘制电气安装接线图，按工艺要求完成电路连接，并能对电路进行检查和故障排除。

二、任务实施

1. 识读电气原理图

分析三相异步电动机正反转控制电路的电气原理图。明确电路中所用的元器件及其作用,熟悉正反转控制电路的工作原理;熟悉电气互锁、机械互锁的原理、实现方法和作用。

2. 检测元器件

按照电气原理图配齐所需元器件,并检测其好坏。

在断电状态下,利用万用表或目视检查各元器件触点的通断情况是否良好;检查接触器线圈额定电压与电源电压是否相符;检查熔断器的熔体是否完好;检查按钮中的螺钉是否完好及螺纹是否失效。

3. 安装与接线

(1)绘制电气元件布置图和电气安装接线图。根据电气原理图绘制正反转控制电路的电气元件布置图和电气安装接线图,整齐、均匀、间距合理地布置和安装元器件,要求便于后期元器件更换及维修,但紧固各元器件时应用力均匀。尤其是紧固熔断器、接触器等易碎元器件,应压紧元器件,紧固对角螺钉,使其不动再适度旋紧。

(2)接线。安装步骤及工艺要求与项目二任务 2 中相同。

(3)检查布线。根据电气安装接线图检查控制板布线是否正确。

(4)安装电动机。根据电气安装接线图安装电动机。

(5)安装接线注意事项。

① 在按钮内接线时,用力不可过猛,以防螺钉打滑。

② 按钮内部的接线不要接错,启动按钮(绿色)必须接常开触点,停止按钮(红色)必须接常闭触点(可用万用表的欧姆挡判别)。

③ 接触器的常开(自锁)触点应并联在启动按钮两端,接触器的常闭触点、停止按钮的常闭触点串联在控制电路中。

④ 热继电器的热元件应串联在主电路中,常闭触点应串联在控制电路中,不可接错,否则不能对电路起过载保护作用。

⑤ 两组接触器的主触点必须换相,否则不能实现正反切换。

⑥ 电动机外壳必须可靠接 PE(保护接地)线。

4. 检测与故障排除

按照知识点中提到的检测及故障诊断方法进行。

5. 填写记录表

填写如表 3-2-1～表 3-2-3 所示的记录表。

表 3-2-1　正反转（不含互锁）控制电路检测记录

操作步骤	不通电测试					
	主电路		控制回路			
	合上 QS，压下接触器 KM 衔铁		按下 SB2（回路阻值）	按下 SB3（回路阻值）	压下 KM1 衔铁（回路阻值）	压下 KM2 衔铁（回路阻值）
阻值	L1-U					
	L2-V					
	L3-W					
	通电测试					
操作步骤	合上 QS	按下 SB2	按下 SB1	按下 SB3	按下 SB1	电动机处于运行状态，按下热继电器复位按钮
电动机动作或接触器吸合情况						

表 3-2-2　接触器联锁控制电路检测记录

操作步骤	不通电测试					
	主电路		控制回路			
	合上 QS，压下接触器 KM 衔铁		按下 SB2（回路阻值）	按下 SB3（回路阻值）	压下 KM1 衔铁（回路阻值）	压下 KM2 衔铁（回路阻值）
阻值	L1-U					
	L2-V					
	L3-W					
	通电测试					
操作步骤	合上 QS	按下 SB2	按下 SB1	按下 SB3	按下 SB1	电动机处于运行状态，按下热继电器复位按钮
电动机动作或接触器吸合情况						

表 3-2-3　复合联锁控制电路检测记录

操作步骤	不通电测试					
	主电路		控制回路			
	合上 QS，压下接触器 KM 衔铁		按下 SB2（回路阻值）	按下 SB3（回路阻值）	压下 KM1 衔铁（回路阻值）	压下 KM2 衔铁（回路阻值）
阻值	L1-U					
	L2-V					
	L3-W					
	通电测试					
操作步骤	合上 QS	按下 SB2	按下 SB1	按下 SB3	按下 SB1	电动机处于运行状态，按下热继电器复位按钮
电动机动作或接触器吸合情况						

考核标准及评价

从知识与技能、学习态度与团队意识和工作与职业操守三方面进行综合考核,具体的评价标准如表 3-2-4 所示。

表 3-2-4 考核评价表

考核内容	考核方式	评价标准与得分				
		标准	分值	互评	教师评分	得分
知识与技能 (70分)	教师评价+ 互评	元器件安装正确紧固、布置合理	5分			
		接线按工艺要求正确	5分			
		所选线色正确	5分			
		布线工艺合理、美观,无损伤导线绝缘层	5分			
		接线紧固电气接触良好	10分			
		能不通电检测电路	20分			
		能通电检测电路	20分			
学习态度与团队 意识(15分)	教师评价	学习积极性高、有自主学习能力	3分			
		有分析和解决问题的能力	3分			
		能组织和协调小组活动过程	3分			
		有团队协作精神、能顾全大局	3分			
		有合作精神、热心帮助小组其他成员	3分			
工作与职业操守 (15分)	教师评价+ 互评	有安全操作、文明生产的职业意识	3分			
		诚实守信、实事求是、有创新精神	3分			
		遵守纪律、规范操作	3分			
		有节能环保和产品质量意识	3分			
		能够不断反思、优化和完善	3分			

知识要点

在生产加工过程中,经常需要电动机能够实现可逆运行,以满足工业生产要求,如机床工作台的前进和后退、主轴的正反转、混凝土搅拌机的正反转、起重机的升降等。所有这些都要求电动机能够实现正反转。根据三相异步电动机的转动原理可知:只要将三相异步电动机电源线的任意两根对调,就能够使电动机实现反转,所以控制电路只要能将任意两根电源线对调即可。

对于小功率电动机(数十瓦至数百瓦),由于电流较小,可以直接使用组合开关来实现正反转。而对于经常需要进行正反转切换的电路,要实现两根电源线对调,就需要用两个接触器(KM1 和 KM2)来实现,KM1 控制正转,KM2 控制反转。为了防止电源短路,在同时间只能有一个接触器吸合。图 3-2-1 所示为正反转控制原理图。

(a) 主电路　　(b) 控制回路　　(c) 接触器联锁控制回路　　(d) 复合联锁控制回路

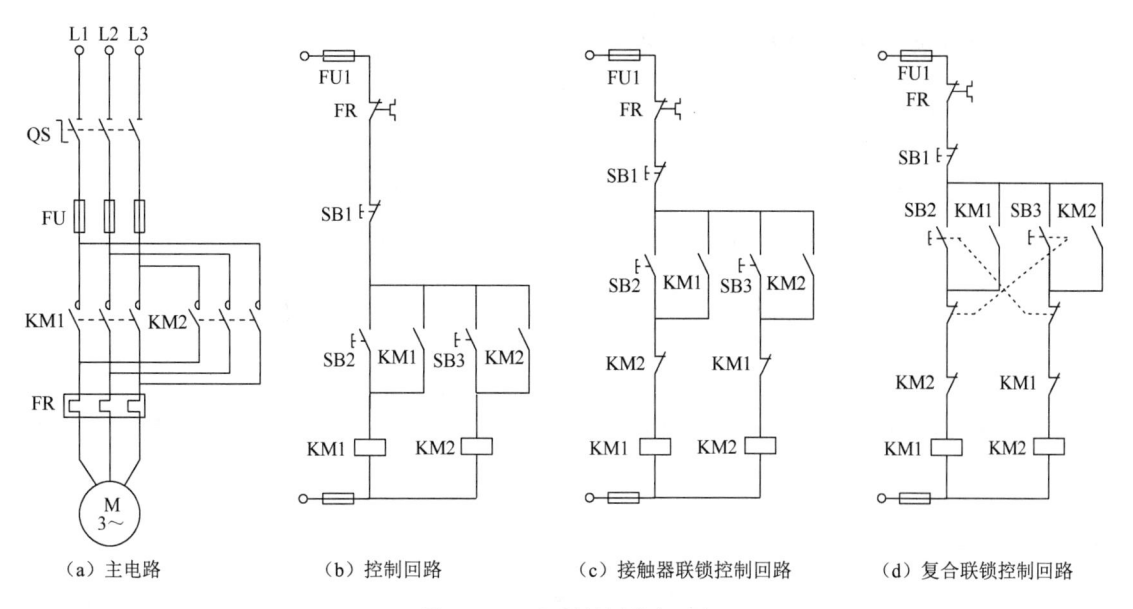

图 3-2-1　正反转控制原理图

一、正反转控制电路

1. 电路构成

从电源引线 L1、L2、L3 通过刀开关 QS、熔断器 FU 与交流接触器 KM1（按 U-V-W 相序接线）和 KM2（按 W-V-U 相序接线）的 3 个主触点相连，经过热继电器的 3 个热元件 FR 后与三相异步电动机串联，构成正反转控制电路的主回路，利用两个接触器分别工作，电动机的旋转方向不一样，实现电动机的可逆运转。

正反转控制电路的控制回路两端接入电源，经熔断器 FU、热继电器 FR 的常闭触点、控制按钮、接触器 KM 线圈，构成控制回路。

2. 控制原理及控制过程

（1）先闭合主回路中的刀开关 QS，为电动机的点动做好准备。

（2）正转控制过程：按下控制按钮 SB2，接触器 KM1 线圈得电，接触器 KM1 的 3 对主触点闭合，同时 KM1 的辅助常开触点闭合自锁，电动机正转。

反转控制过程：按下控制按钮 SB3，接触器 KM2 线圈得电，接触器 KM2 的 3 对主触点闭合，同时 KM2 的辅助常开触点闭合自锁，电动机反转。

（3）停止运行：按下控制按钮 SB1，控制回路断开，造成接触器 KM1（或 KM2）线圈失电，其主触点和辅助常开触点断开，电动机停转。

（4）如果电路发生过载，则串联在主电路中的热继电器热元件会连续受热直至弯曲变形，推动串联在控制电路中的热继电器 FR 的常闭触点断开，使控制回路断电，接触器 KM 线圈失电，KM 主触点断开，电动机停转。

图 3-2-1（b）的正反转控制电路存在一个问题，当电动机处于运行状态时，按下相反的运行启动按钮，对应的线圈得电，就会造成 U、W 两相电源短路。为了避免这样的事故发生，应使其两接触器不能同时工作。

二、接触器联锁正反转控制电路

1. 电路构成

主回路和正反转控制电路主回路相同，在此不再阐述。

接触器联锁正反转控制电路的控制回路两端接入电源，经熔断器 FU、热继电器 FR 的常闭触点、控制按钮、接触器 KM 线圈，在正反转两个接触器的线圈电路中互串联一个对方的常闭触点，构成控制回路。

2. 控制原理及控制过程

（1）先闭合主回路中的刀开关 QS，为电动机的点动做好准备。

（2）正转控制过程：按下控制按钮 SB2，接触器 KM1 线圈得电，串联在反转控制电路 KM1 的辅助常闭触点断开互锁、KM1 的辅助常开触点闭合自锁，同时接触器 KM1 的 3 对主触点闭合，电动机正转。

反转控制过程：按下控制按钮 SB3，接触器 KM2 线圈得电，串联在反转控制电路 KM2 的辅助常闭触点断开互锁、KM2 的辅助常开触点闭合自锁，同时接触器 KM2 的 3 对主触点闭合，电动机反转。

若电动机处于正转运行状态，未按下停止按钮 SB1，直接按下反转启动按钮 SB3，由于反转控制回路 KM1 常闭触点断开，则接触器 KM2 线圈无法得电，电动机不能反转启动；若电动机处于反转运行状态，未按下停止按钮 SB1，直接按下正转启动按钮 SB2，由于正转控制回路 KM2 常闭触点断开，则接触器 KM1 线圈无法得电，电动机不能正转启动。把上述利用接触器辅助常开触点控制对方线圈的这一控制现象称为互锁。

（3）停止运行：按下控制按钮 SB1，控制回路断开，造成接触器 KM1（或 KM2）线圈失电，其主触点和辅助常开触点断开，电动机停转。

（4）如果电路发生过载，则串联在主电路中的热继电器热元件会连续受热直至弯曲变形，推动串联在控制电路中的热继电器 FR 的常闭触点断开，使控制回路断电，接触器 KM 线圈失电，KM 主触点断开，电动机停转。

图 3-2-1（c）的接触器联锁正反转控制电路也有一个缺点，即在正转过程中要求反转必须先按下停止按钮 SB1，让其 KM1 线圈断电，联锁触点 KM1 闭合，这样才能按下反转按钮使电动机反转，这给操作带来了不方便。为了解决这一问题，在生产上常采用复合联锁（触点联锁和复式按钮）控制回路，如图 3-2-1（d）所示。

三、复合联锁控制电路

1. 电路构成

主回路和正反转控制电路主回路相同，在此不再阐述。

接触器联锁正反转控制电路的控制回路两端接入电源，经熔断器 FU、热继电器 FR 的常闭触点、控制按钮、接触器 KM 线圈，在正反转两个接触器线圈电路中互串联一个对方的常闭触点和控制按钮的常闭触点，构成控制回路。

2. 控制原理及控制过程

（1）先闭合主回路中的刀开关 QS，为电动机的点动做好准备。

（2）正转控制过程、反转控制过程和接触器联锁正反转控制电路相同。当电动机由正转变为反转时，只需按下反转按钮 SB3，便会通过 SB3 的常闭触点断开 KM1 电路，KM1 起互锁作用的触点闭合，接通 KM2 线圈控制电路，实现电动机反转。上述过程中利用按钮上常开、常闭触点之间的机械连接，在电路中形成相互制约的机制，这种利用按钮的机械联锁在正反转控制回路中实现互锁的方法称为机械互锁。

（3）停止运行：按下控制按钮 SB1，控制回路断开，造成接触器 KM1（或 KM2）线圈失电，其主触点和辅助常开触点断开，电动机停转。

（4）如果电路发生过载，则串联在主电路中的热继电器热元件会连续受热直至弯曲变形，推动串联在控制电路中的热继电器 FR 的常闭触点断开，使控制回路断电，接触器 KM 线圈失电，KM 主触点断开，电动机停转。

四、检测及故障诊断

1．不通电检测

（1）按电气原理图或电气安装接线图从电源端出发，逐一核对接线及接线端子处是否正确，有无漏接、错接。检查导线接线端子是否符合要求，压接是否牢固。

（2）用万用表检查电路的通断情况。检查时，应选用倍率适当的欧姆挡，并进行校零，以防短路故障发生。

检查控制回路时（断开电源），可将万用表表笔分别搭在控制回路的两端子上，此时读数应为"∞"。

正反转控制电路。按下图 3-2-1（b）中的启动按钮 SB2 或压下接触器 KM1 衔铁，万用表测量的阻值为 KM1 线圈阻值；按下启动按钮 SB3 或压下接触器 KM2 衔铁，万用表测量的阻值为 KM2 线圈阻值；同时按下 按钮 SB2 和 SB3 或压下接触器 KM1 和 KM2 衔铁，万用表测量控制电路的阻值为 KM1 和 KM2 线圈并联阻值。按下图 3-2-1（c）中的启动按钮 SB2，万用表测量的阻值为 KM1 线圈阻值；按下启动按钮 SB3，万用表测量的阻值为 KM2 线圈阻值；同时按下按钮 SB2 和 SB3，万用表测量控制电路的阻值为 KM1 和 KM2 线圈并联阻值；同时压下接触器 KM1 和 KM2 衔铁，万用表测量的阻值为零。按下图 3-2-1（d）中的启动按钮 SB2 或压下接触器 KM1 衔铁，万用表测量的阻值为 KM1 线圈阻值；按下启动按钮 SB3 或压下接触器 KM2 衔铁，万用表测量的阻值为 KM2 线圈阻值；同时按下按钮 SB2 和 SB3 或压下接触器 KM1 和 KM2 衔铁，万用表测量的阻值为零。

检查主电路，通过外力压下接触器衔铁进行检查，测量电源端（L1、L2、L3）到电动机接线端子上的每相电路的阻值，检查是否存在开路现象。

（3）利用绝缘电阻表测量电路的绝缘电阻，阻值应不小于 0.5MΩ。

2．通电试验

按照操作标准流程按下相应按钮，观察电器动作情况，判定电路是否实现控制要求。

3．故障诊断

在操作过程中，若出现不正常现象，则应立即断开电源，分析故障原因，仔细检查电路（用万用表），在实训教师同意下才能上电试车运行调试。

思考与练习

1. 用什么方法可以使三相异步电动机改变转向？
2. 什么是电气互锁？在正反转控制电路中为什么要设置电气互锁？
3. 三相异步电动机电气互锁正反转控制电路由正转变为反转，简述按钮操作的顺序。

任务3 三相异步电动机自动往返控制电路的安装、接线与调试

能力目标

（1）理解行程开关的作用和实现自动往返控制的方法。
（2）识读三相异步电动机自动往返控制电路的工作原理。
（3）掌握安装、接线、调试自动往返控制电路的能力及其操作技能。

使用器材、工具、设备

（1）器材：根据实际需求准备刀开关1个、控制按钮3个（红色1个、绿色2个）、熔断器5个、接触器2个、热继电器1个、行程开关4个、三相异步电动机1台、安装网孔板1块和导线若干等。
（2）工具：常用电工工具1套（螺丝刀、镊子、钢丝钳、尖嘴钳、验电笔等）。
（3）设备：万用表、绝缘电阻表。

任务要求及实施

一、任务要求

根据三相异步电动机自动往返控制电路的电气原理图，分析自动往返控制电路的工作原理，以电气原理图绘制电气安装接线图，按工艺要求完成电路连接，并能对电路进行检查和故障排除。

二、任务实施

1. 识读电气原理图

分析三相异步电动机自动往返控制电路的电气原理图。明确电路中所用的元器件及其作用，熟悉自动往返控制电路的工作原理、实现方法和作用。

2. 检测元器件

按照电气原理图配齐所需元器件，并检测其好坏。

在断电状态下，利用万用表或目视检查各元器件触点的通断情况是否良好；检查接触器线圈额定电压与电源电压是否相符；检查熔断器的熔体是否完好；检查热继电器的额定电流是否满足实际负载；检查按钮中的螺钉是否完好及螺纹是否失效；检查行程开关撞击是否改变触点状态。

3．安装与接线

（1）绘制电气元件布置图和电气安装接线图。根据电气原理图绘制自动往返控制电路的电气元件布置图和电气安装接线图，整齐、均匀、间距合理地布置和安装元器件，要求便于后期元器件更换及维修，但紧固各元器件时应用力均匀。尤其是紧固熔断器、接触器等易碎元器件，应压紧元器件，紧固对角螺钉，使其不动再适度旋紧。

（2）接线。安装步骤及工艺要求与项目二任务 2 中相同。

（3）检查布线。根据电气安装接线图检查控制板布线是否正确。

（4）安装电动机。根据电气安装接线图安装电动机。

（5）安装接线注意事项。

① 在按钮内接线时，用力不可过猛，以防螺钉打滑。

② 按钮内部的接线不要接错，启动按钮（绿色）必须接常开触点，停止按钮（红色）必须接常闭触点（可用万用表的欧姆挡判别）。

③ 接触器的常开（自锁）触点和行程开关的常开触点应并联在启动按钮两端。

④ 热继电器的热元件应串联在主电路中，常闭触点应串联在控制电路中，不可接错，否则不能对电路起过载保护作用。

⑤ 行程开关的常闭触点应串联在电路中。

⑥ 电动机外壳必须可靠接 PE（保护接地）线。

4．检测与故障排除

按照知识点中提到的检测及故障诊断方法进行。

5．填写记录表

填写如表 3-3-1 和表 3-3-2 所示的记录表。

表 3-3-1 自动往返（不含极限保护）控制电路检测记录

		不通电测试								
	主电路	控制回路（测阻值）								
操作步骤	合上 QS，压下接触器 KM 衔铁	按下 SB2	按下 SB3	同时按下 SB2、SB3	按下 SQ1	按下 SQ2	同时按下 SQ1、SQ2	压下 KM1 衔铁	压下 KM2 衔铁	同时压下 KM1、KM2 衔铁
阻值	L1-U									
	L2-V									
	L3-W									
		通电测试								
操作步骤	合上 QS	按下 SB2	按下 SQ1	按下 SQ2	按下 SB1	按下 SB3	按下 SQ2	按下 SQ1	按下 SB2	电动机处于运行状态，按下热继电器复位按钮
电动机动作或接触吸合情况										

表 3-3-2　自动往返（含极限保护）控制电路检测记录

操作步骤	主电路	控制回路（测阻值）										
	合上 QS，压下接触器 KM 衔铁	按下 SB2	按下 SB3	同时按下 SB2、SB3	按下 SQ1	按下 SQ2	同时按下 SQ1、SQ2	按下 SQ3	按下 SQ4	压下 KM1 衔铁	压下 KM2 衔铁	同时压下 KM1、KM2 衔铁
阻值 L1-U												
L2-V												
L3-W												

<table>
<tr><td colspan="11">不通电测试（续）/ 通电测试</td></tr>
</table>

操作步骤	合上 QS	按下 SB2	按下 SQ1	按下 SQ2	按下 SB1	按下 SB3	按下 SQ2	按下 SQ1	按下 SB2	电动机处于运行状态	
										按下 SQ3 或 SQ4	按下热继电器复位按钮
电动机动作或接触器吸合情况											

考核标准及评价

从知识与技能、学习态度与团队意识和工作与职业操守三方面进行综合考核，具体的评价标准如表 3-3-3 所示。

表 3-3-3　考核评价表

考核内容	考核方式	评价标准与得分				
		标准	分值	互评	教师评分	得分
知识与技能（70 分）	教师评价+互评	元器件安装正确紧固、布置合理	5 分			
		接线按工艺要求正确	5 分			
		所选线色正确	5 分			
		布线工艺合理、美观，无损伤线绝缘层	5 分			
		接线紧固电气接触良好	10 分			
		能不通电检测电路	20 分			
		能通电检测电路	20 分			
学习态度与团队意识（15 分）	教师评价	学习积极性高、有自主学习能力	3 分			
		有分析和解决问题的能力	3 分			
		能组织和协调小组活动过程	3 分			
		有团队协作精神、能顾全大局	3 分			
		有合作精神、热心帮助小组其他成员	3 分			
工作与职业操守（15 分）	教师评价+互评	有安全操作、文明生产的职业意识	3 分			
		诚实守信、实事求是、有创新精神	3 分			
		遵守纪律、规范操作	3 分			
		有节能环保和产品质量意识	3 分			
		能够不断反思、优化和完善	3 分			

> 知识要点

在生产实践中，有些生产机械的工作台需要自动往返运动，如龙门倒床、导轨感床等，自动往返控制电路是指控制电路能够控制工作部件在一定的行程范围内自动往返工作。图 3-3-1 所示为工作台自动往返运动示意图，将 SQ1 安装在左端需要进行反向的位置 A 上，SQ2 安装在右端需要进行反向的位置 B 上，机械撞块安装在工作台的运动部件上，撞击行程开关实现往返运动控制，通常被叫作行程控制原则。行程开关如何控制工作台的往返运动和电动机的正反转控制电路是相似的，只不过正反转控制电路由人工按动按钮，而往返运动由撞块撞击行程开关控制。

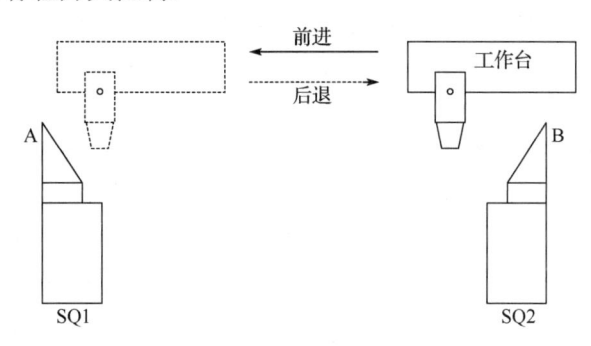

图 3-3-1　工作台自动往返运动示意图

一、自动往返控制电路

1. 电路构成

图 3-3-2 所示为工作台自动往返控制电路原理图，主电路和项目三任务 2 中的正反转控制电路相同，在此不再阐述。

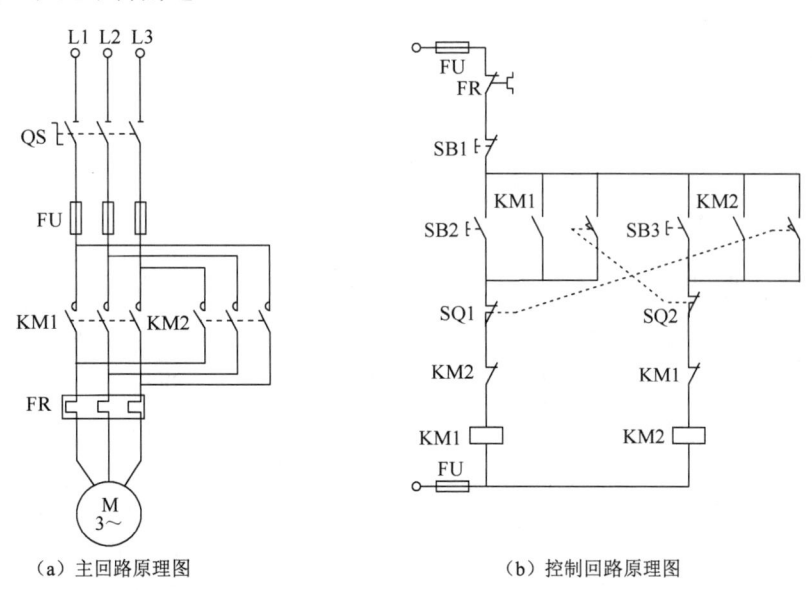

（a）主回路原理图　　　（b）控制回路原理图

图 3-3-2　工作台自动往返控制电路原理图

自动往返控制电路的控制回路由熔断器 FU、热继电器 FR 的常闭触点、控制按钮、接触器线圈、行程开关构成。

2. 控制原理及控制过程

（1）先闭合主回路中的刀开关 QS，为电动机的点动做好准备。

（2）启动过程：按下正转按钮 SB2，KM1 线圈得电并自锁，主触点接通主电路，电动机正转，带动运动部件前进。当运动部件运动到左端的位置 A 时，机械撞块碰到 SQ1，其常闭触点断开，切断 KM1 线圈电路，使其主、辅助触点复位，KM1 的常闭触点闭合及 SQ1 的常开触点闭合，使接触器 KM2 线圈得电并自锁，电动机定子绕组电源相序改变，电动机进行反接制动，转速迅速下降，然后反向启动，带动运动部件反向后退运动。当运动部件运动到右端位置 B 时，其上的撞块撞击行程开关 SQ2，SQ2 动作，常闭触点断开使 KM2 线圈断电，SQ2 的常开触点闭合，使 KM1 线圈电路接通，电动机先进行反接制动再反向启动，带动运动部件前进。这样，运动部件自动进行往返运动。当按下停止按钮 SB1 时，电动机停转。

（3）如果电路发生过载，则串联在主电路中的热继电器热元件会连续受热直至弯曲变形，推动串联在控制电路中的热继电器 FR 的常闭触点断开，使控制回路断电，接触器 KM 线圈失电，KM 主触点断开，电动机停转。

在实际生产机械中，往往还需要在图 3-3-1 中位置 A、B 的外侧再装设两个行程开关，分别作为左、右极限保护电器，其工作示意图及控制原理图如图 3-3-3 所示。

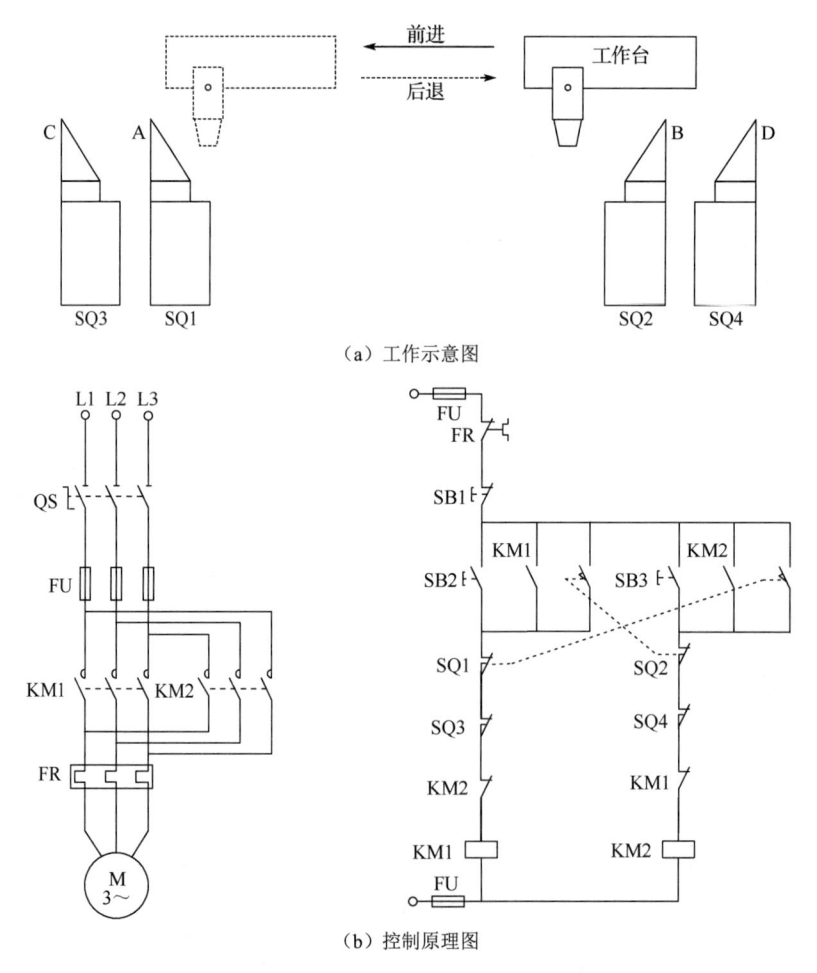

图 3-3-3 自动往返工作示意图及控制（含极限保护）原理图

二、自动往返控制（含极限保护）电路

1．电路构成

图 3-3-3（b）所示为工作台自动往返控制（含极限保护）原理图，与图 3-3-2 相比，控制回路中增加了行程开关 SQ3、SQ4。

2．控制原理及控制过程

工作台自动往返控制（含极限保护）的工作过程与不含极限保护的自动往返控制一样，若在运行过程中 SQ1 或 SQ2 损坏，工作台继续移动，当撞块撞击行程开关 SQ3 或 SQ4 时，SQ3 或 SQ4 的常闭触点断开电路，实现限位保护。

三、检测及故障诊断

1．不通电检测

（1）按电气原理图或电气安装接线图从电源端出发，逐一核对接线及接线端子处是否正确，有无漏接、错接。检查导线接线端子是否符合要求，压接是否牢固。

（2）用万用表检查电路的通断情况。检查时，应选用倍率适当的欧姆挡，并进行校零，以防短路故障发生。

检查控制回路时（断开电源），可将万用表表笔分别搭在控制回路的两端子上，此时读数应为"∞"。

工作台自动往返控制电路。按下启动按钮 SB2、撞击行程开关 SQ2 或压下接触器 KM1 衔铁，万用表测量的阻值为 KM1 线圈阻值；按下启动按钮 SB3、撞击行程开关 SQ1 或压下接触器 KM2 衔铁，万用表测量的阻值为 KM2 线圈阻值；同时按下 SB1 和 SB2，万用表测量的阻值为 KM1 和 KM2 线圈并联阻值。

检查主电路，通过外力压下接触器衔铁进行检查，测量电源端（L1、L2、L3）到电动机接线端子上的每相电路的阻值，检查是否存在开路现象。

（3）利用绝缘电阻表测量电路的绝缘电阻，阻值应不小于 0.5MΩ。

2．通电试验

按照操作标准流程按下相应按钮，观察电器动作情况，判定电路是否实现控制要求。

3．故障诊断

在操作过程中，若出现不正常现象，则应立即断开电源，分析故障原因，仔细检查电路（用万用表），在实训教师同意下才能上电试车运行调试。

思考与练习

1．简述 SQ1、SQ2 的常开触点、常闭触点在电路中的作用？
2．SQ3、SQ4 在电路中起何作用？

任务 4　三相异步电动机顺序控制电路的安装、接线与调试

能力目标

（1）掌握顺序控制实现方法。
（2）识读两台或多台三相异步电动机顺序控制电路的工作原理。
（3）掌握安装、接线、调试顺序控制电路的能力及其操作技能。

使用器材、工具、设备

（1）器材：根据实际需求准备刀开关 1 个、控制按钮 4 个（红色 2 个、绿色 2 个）、熔断器 5 个、接触器 2 个、时间继电器 1 个、热继电器 2 个、三相异步电动机 2 台、安装网孔板 1 块和导线若干等。
（2）工具：常用电工工具 1 套（螺丝刀、镊子、钢丝钳、尖嘴钳、验电笔等）。
（3）设备：万用表、绝缘电阻表。

任务要求及实施

一、任务要求

根据两台三相异步电动机顺序控制电路的电气原理图，分析顺序控制电路的工作原理，以电气原理图绘制电气安装接线图，按工艺要求完成电路连接，并能对电路进行检查和故障排除。

二、任务实施

1. 识读电气原理图

分析三相异步电动机顺序控制电路的电气原理图。明确电路中所用的元器件及其作用，熟悉顺序控制电路的工作原理、实现方法和作用。

2. 检测元器件

按照电气原理图配齐所需元器件，并检测其好坏。

在断电状态下，利用万用表或目视检查各元器件触点的通断情况是否良好；检查接触器、继电器线圈额定电压与电源电压是否相符；检查熔断器的熔体是否完好；检查时间继电器的延时闭合常闭触点能否延时断开；检查按钮中的螺钉是否完好及螺纹是否失效。

3. 安装与接线

（1）绘制电气元件布置图和电气安装接线图。

根据电气原理图绘制电动机顺序控制电路的电气元件布置图和电气安装接线图，整齐、均匀、间距合理地布置和安装元器件，要求便于后期元器件更换及维修，但紧固各元器件时应用力均匀。尤其是紧固熔断器、接触器等易碎元器件，应压紧元器件，紧固对角螺钉，使其不动再适度旋紧。

（2）接线。安装步骤及工艺要求与项目二任务 2 中相同。
（3）检查布线。根据电气安装接线图检查控制板布线是否正确。

（4）安装电动机。根据电气安装接线图安装电动机。

（5）安装接线注意事项。

① 在按钮内接线时，用力不可过猛，以防螺钉打滑。

② 按钮内部的接线不要接错，启动按钮（绿色）必须接常开触点，停止按钮（红色）必须接常闭触点（可用万用表的欧姆挡判别）。

③ 接触器的常开（自锁）触点应并联在启动按钮或时间继电器延时闭合常开触点的两端。

④ 热继电器的热元件应串联在主电路中，常闭触点应串联在控制电路中，不可接错，否则不能对电路起过载保护作用。

⑤ 电动机外壳必须可靠接 PE（保护接地）线。

4．检测与故障排除

按照知识点中提到的检测及故障诊断方法进行。

5．填写记录表

填写如表 3-4-1～表 3-4-5 所示的记录表。

表 3-4-1　主电路实现顺序控制电路检测记录

不通电测试							
主电路				控制回路			
操作步骤	合上 QS，压下接触器 KM1 衔铁	合上 QS，压下接触器 KM2 衔铁/同时按下 KM1、KM2 衔铁		按下 SB2（回路阻值）	按下 SB3（回路阻值）	同时按下 SB2、SB3（回路阻值）	同时压下 KM1、KM2 衔铁（回路阻值）
阻值	L1-U	L1-U					
	L2-V	L2-V					
	L3-W	L3-W					
通电测试							
操作步骤	合上 QS	按下 SB2	按下 SB3	按下 SB1	按下 SB3	电动机处于运行状态，按下热继电器复位按钮	
电动机动作或接触器吸合情况							

表 3-4-2　利用手动控制电路的顺序控制电路［见图 3-4-2（b）］检测记录

不通电测试							
主电路				控制回路			
操作步骤	合上 QS，压下接触器 KM1 衔铁	合上 QS，压下接触器 KM2 衔铁		按下 SB2（回路阻值）	按下 SB3（回路阻值）	同时按下 SB2、SB3 衔铁（回路阻值）	同时压下 KM1、KM2 衔铁（回路阻值）
阻值	L1-U	L1-U					
	L2-V	L2-V					
	L3-W	L3-W					
通电测试							
操作步骤	合上 QS	按下 SB2	按下 SB3	按下 SB1	按下 SB3	电动机处于运行状态，按下热继电器复位按钮	
电动机动作或接触器吸合情况							

表 3-4-3　利用手动控制电路的顺序控制电路[见图 3-4-2（c）]检测记录

操作步骤	不通电测试						
	主电路		控制回路				
	合上 QS，压下接触器 KM1 衔铁	合上 QS，压下接触器 KM2 衔铁	按下 SB2（回路阻值）	按下 SB4（回路阻值）	同时按下 SB2、SB4 衔铁（回路阻值）	同时压下 KM1、KM2 衔铁（回路阻值）	
阻值	L1-U	L1-U					
	L2-V	L2-V					
	L3-W	L3-W					
通电测试							
操作步骤	合上 QS	按下 SB2	按下 SB4	按下 SB1	按下 SB4	两台电动机都处于运行状态，按下 SB3，再按下 SB1	两台电动机都处于运行状态，按下热继电器复位按钮
电动机动作或接触器吸合情况							

表 3-4-4　利用手动控制电路的顺序控制电路[见图 3-4-2（d）]检测记录

操作步骤	不通电测试						
	主电路		控制回路				
	合上 QS，压下接触器 KM1 衔铁	合上 QS，压下接触器 KM2 衔铁	按下 SB2（回路阻值）	按下 SB4（回路阻值）	同时按下 SB2、SB4 衔铁（回路阻值）	同时压下 KM1、KM2 衔铁（回路阻值）	
阻值	L1-U	L1-U					
	L2-V	L2-V					
	L3-W	L3-W					
通电测试							
操作步骤	合上 QS	按下 SB2	按下 SB4	按下 SB1	按下 SB4	两台电动机都处于运行状态，按下 SB3，再按下 SB1	两台电动机都处于运行状态，按下热继电器复位按钮
电动机动作或接触器吸合情况							

表 3-4-5　利用时间继电器控制电路的顺序控制电路检测记录

操作步骤	不通电测试					
	主电路		控制回路			
	合上 QS，压下接触器 KM1 衔铁	合上 QS，压下接触器 KM2 衔铁	按下 SB2（回路阻值）	压下 KM1 衔铁（回路阻值）	压下 KM2 衔铁（回路阻值）	同时压下 KM1、KM2 衔铁（回路阻值）
阻值	L1-U	L1-U				
	L2-V	L2-V				
	L3-W	L3-W				
通电测试						
操作步骤	合上 QS	按下 SB2	按下 SB1	调整时间继电器延迟时间，按下 SB2	两台电动机都处于运行状态，按下热继电器复位按钮	
电动机动作、接触器或时间继电器吸合情况						

考核标准及评价

从知识与技能、学习态度与团队意识和工作与职业操守三方面进行综合考核，具体的评价标准如表 3-4-6 所示。

表 3-4-6 考核评价表

考核内容	考核方式	评价标准与得分			
		标准	分值	互评	教师评分	得分
知识与技能（70分）	教师评价+互评	元器件安装正确紧固、布置合理	5分			
		接线按工艺要求正确	5分			
		所选线色正确	5分			
		布线工艺合理、美观，无损伤导线绝缘层	5分			
		接线紧固电气接触良好	10分			
		能不通电检测电路	20分			
		能通电检测电路	20分			
学习态度与团队意识（15分）	教师评价	学习积极性高、有自主学习能力	3分			
		有分析和解决问题的能力	3分			
		能组织和协调小组活动过程	3分			
		有团队协作精神、能顾全大局	3分			
		有合作精神、热心帮助小组其他成员	3分			
工作与职业操守（15分）	教师评价+互评	有安全操作、文明生产的职业意识	3分			
		诚实守信、实事求是、有创新精神	3分			
		遵守纪律、规范操作	3分			
		有节能环保和产品质量意识	3分			
		能够不断反思、优化和完善	3分			

知识要点

在实际生产中，针对多台电动机启停按一定顺序的控制系统，如空调设备控制系统，要求压缩机必须在风机启动后运行；铣床的电气控制系统，要求启动主电动机后才能启动进给电动机；磨床的电气控制系统，要求先启动油泵电动机，再启动主轴电动机。总之，对多台电动机的启停要求一般有：正序启动，同时停止；正序启动，正序停止；正序启动，逆序停止。顺序控制可利用主电路实现，也可利用控制电路实现。

一、主电路实现顺序控制

1. 电路构成

图 3-4-1 所示为主电路实现顺序控制原理图，从电源引线 L1、L2、L3 通过刀开关 QS、熔断器 FU 与交流接触器 KM1 的 3 个主触点相连，经过热继电器 FR1 的 3 个热元件后与三相异步电动机 M1 串联；交流接触器 KM2 的 3 个主触点进线端与 KM1 的 3 个主触点下端相连，出线端与热继电器 FR2 的 3 个热元件相连，热继电器 FR2 出线端与 M2 相连。利用两个接触器分别控制两台电动机的旋转。

顺序控制电路的控制回路与正反转（不含互锁）控制回路一致。

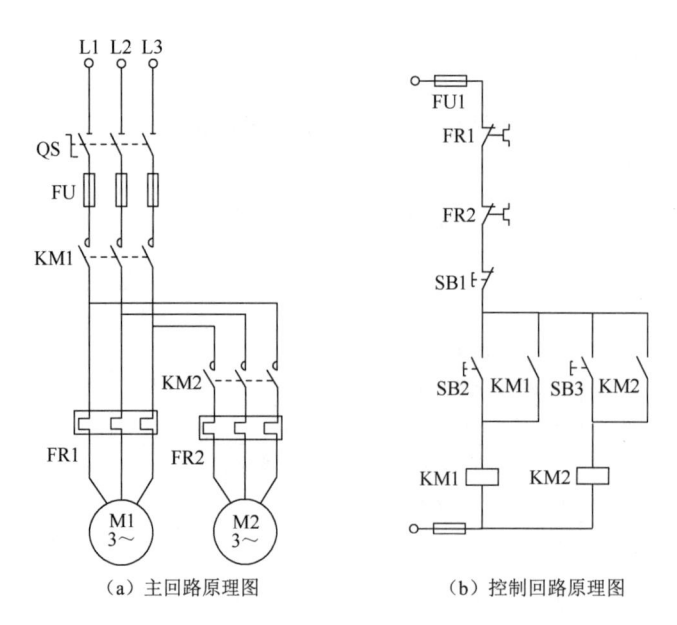

(a) 主回路原理图　　　(b) 控制回路原理图

图 3-4-1　主电路实现顺序控制原理图

2．控制原理及控制过程

（1）先闭合主回路中的刀开关 QS，为电动机的顺序启动做好准备。

（2）M1 启动过程：按下控制按钮 SB2，接触器 KM1 线圈得电，接触器 KM1 的 3 对主触点闭合，同时 KM1 的辅助常开触点闭合自锁，电动机 M1 启动运行。

M2 启动过程：按下控制按钮 SB3，接触器 KM2 线圈得电，KM2 的 3 对主触点串联在接触器 KM1 的下方，故只有当 KM1 闭合，电动机 M1 启动后，接触器 KM2 的 3 对主触点才闭合，同时 KM2 的辅助常开触点闭合自锁，电动机 M2 反转启动运行。

（3）停止运行：按下控制按钮 SB1，控制回路断开，造成接触器 KM1 和 KM2 线圈失电，其主触点和辅助常开触点断开，电动机 M1、M2 停转。

（4）如果电动机发生过载运行，则串联在主电路中对应的热继电器热元件会连续受热直至弯曲变形，推动串联在控制电路中的热继电器的常闭触点断开，使控制回路断电，接触器 KM1、KM2 线圈失电，电动机停转。

二、利用手动控制电路的顺序控制

1．电路构成

图 3-4-2 所示为手动顺序控制原理图。图 3-4-2（a）为主电路，其结构从电源引线 L1、L2、L3 通过刀开关 QS、熔断器 FU 与交流接触器 KM1 的 3 个主触点相连，经过热继电器 FR1 的 3 个热元件与三相异步电动机 M1 串联；交流接触器 KM2 的 3 个主触点进线端与 KM1 的 3 个主触点上端相连，出线端与热继电器 FR2 的 3 个热元件相连，热继电器 FR2 出线端与 M2 相连。利用两个接触器分别控制两台电动机的旋转。

图 3-4-2（b）中控制回路两端接入电源，经熔断器 FU1、热继电器 FR 的常闭触点、控制按钮、接触器线圈，KM1 常开触点作为自锁触点，接触器 KM2 的线圈和按钮形成支路串联在接触器 KM1 自锁触点的下方，构成控制回路。

图 3-4-2（c）与图 3-4-2（b）相比，将 KM1 的常开触点分别作为自锁和顺序控制，作为顺序控制的 KM1 常开触点串联在 KM2 的线圈回路中。

图 3-4-2（d）与图 3-4-2（c）相比，将接触器 KM2 的常开辅助触点并联在停止按钮 SB1 两端。

2. 控制原理及控制过程

（1）先闭合主回路中的刀开关 QS，为电动机的启动做好准备。

（2）图 3-4-2（b）的运行过程：按下 SB2，KM1 线圈通电，KM1 主触点接通，电动机 M1 启动，同时 KM1 的常开触点闭合，形成电路自锁；按下 SB3，KM2 线圈通电，KM2 主触点接通，电动机 M2 启动，同时 KM2 的常开触点闭合，形成电路自锁。由于接触器 KM2 的线圈串联在接触器 KM1 自锁触点的下方，故只有 KM1 线圈通电后，KM2 线圈才可能通电，使电动机 M2 启动运行。按下停止按钮 SB1，电动机 M1、M2 同时停转。

图 3-4-2（c）的运行过程：按下 SB2，接触器 KM1 线圈通电，KM1 主触点闭合，电动机 M1 启动，同时 KM1 常开触点闭合，实现 KM1 线圈回路的自锁，保证 KM1 线圈在松开 SB2 后继续得电；串联在接触器 KM2 线圈回路中的 KM1 常开触点闭合，为 KM2 线圈得电做准备。显然，接触器 KM1 线圈不得电，KM2 线圈不能得电，即电动机 M1 先启动，只有 M1 启动后 M2 才能启动。待 M1 启动后，按下 SB4，接触器 KM2 线圈得电，主触点闭合，M2 启动运行，同时 KM2 辅助常开触点闭合自锁，保证 KM2 线圈在松开 SB4 后继续得电。按下 SB3，接触器 KM2 线圈失电，其触点断开，M2 停转，M1 可继续运行。如果先按下 SB1，则由于 KM1 线圈失电而使其所有常开触点断开，所以电动机 M1 和 M2 相继停转。电动机控制方式属于正序启动，可逆序停止，也可正序启动，同时停止的顺序控制。

图 3-4-2（d）的运行过程：启动过程与图 3-4-2（c）相同，在此不再阐述；如果先按下 SB1，则接触器线圈不会失电，电动机保持运行；只有先按下 SB3，电动机 M2 停转，再按下 SB1，才能使 M1 停转。实现了正序启动、逆序停止的顺序控制。

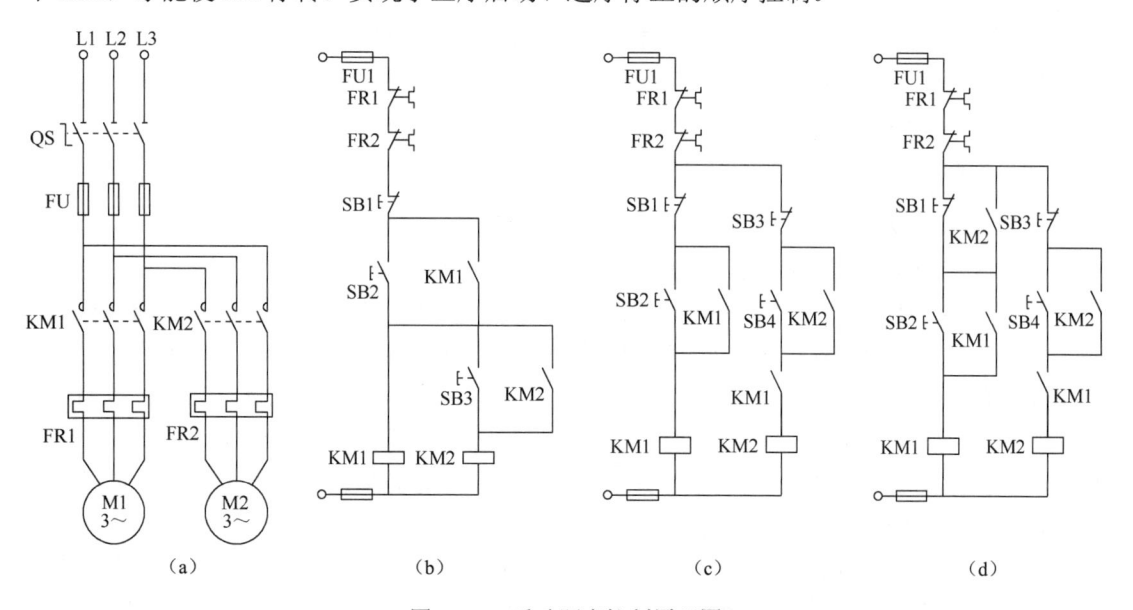

图 3-4-2 手动顺序控制原理图

（3）如果电路发生过载，则串联在主电路中的热继电器热元件会连续受热直至弯曲变形，推动串联在控制电路中的热继电器的常闭触点断开，使控制回路断电，接触器线圈失电，主触点断开，电动机停转。

三、利用时间继电器控制电路的顺序控制

1．电路构成

图 3-4-3 所示为自动顺序控制电路原理图，主回路和利用手动控制电路的顺序控制与图 3-4-2（a）的主回路相同，在此不再阐述。

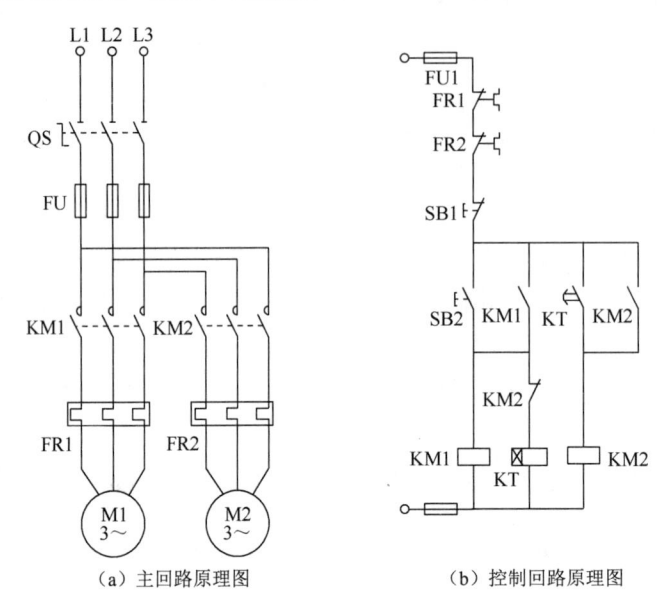

（a）主回路原理图　　（b）控制回路原理图

图 3-4-3　自动顺序控制电路原理图

控制回路两端接入电源，经熔断器 FU1、热继电器的常闭触点、控制按钮、接触器线圈，KM1 常开触点作为自锁触点，接触器 KM2 的常闭触点和时间继电器 KT 线圈形成支路串联在接触器 KM1 自锁触点的下方，利用 KT 延时闭合触点控制 KM2 线圈，KM2 常开触点作为自锁触点，KM2 常闭触点作为互锁触点。

2．控制原理及控制过程

（1）先闭合主回路中的刀开关 QS，为电动机的启动做好准备。

（2）按下 SB2，KM1 线圈通电，KM1 主触点接通，电动机 M1 启动，同时 KM1 的常开触点闭合自锁，时间继电器 KT 线圈得电计时，计时时间到时，时间继电器 KT 通电延时常开触点闭合，接触器 KM2 线圈得电，KM2 主触点闭合，电动机 M2 启动运行，KM2 辅助常开触点闭合自锁，辅助常闭触点断开，时间继电器线圈失电，恢复为原来状态。按下 SB1，接触器 KM1、KM2 线圈失电，其主触点断开，电动机 M1、M2 同时停转，实现了按时间继电器控制的顺序启动，同时停止控制。

（3）如果电路发生过载，则串联在主电路中的热继电器热元件会连续受热直至弯曲变形，推动串联在控制电路中的热继电器的常闭触点断开，使控制回路断电，接触器线圈失电，主触点断开，电动机停转。

四、检测及故障诊断

1．不通电检测

（1）按电气原理图或电气安装接线图从电源端出发，逐一核对接线及接线端子处是否正确，有无漏接、错接。检查导线接线端子是否符合要求，压接是否牢固。

（2）用万用表检查电路的通断情况。检查时，应选用倍率适当的欧姆挡，并进行校零，以防短路故障发生。

检查控制回路时（断开电源），可将万用表表笔分别搭在控制回路的两端子上，此时读数应为"∞"。

两台电动机主电路实现顺序控制电路。按下启动按钮 SB2 或压下接触器 KM1 衔铁，万用表测量的阻值为 KM1 线圈阻值；按下启动按钮 SB3 或压下接触器 KM2 衔铁，万用表测量的阻值为 KM2 线圈阻值。

手动顺序控制电路。在图 3-4-2（b）中，按下启动按钮 SB2 或压下接触器 KM1 衔铁，万用表测量的阻值为 KM1 线圈阻值；同时按下 SB3（或压下 KM2 衔铁）和 SB2（或 KM1 衔铁），万用表测量的阻值为 KM1 和 KM2 线圈并联阻值；在图 3-4-2（c）中，按下启动按钮 SB2 或压下接触器 KM1 衔铁，万用表测量的阻值为 KM1 线圈阻值；同时压下 KM1 和 KM2 衔铁（或按下 SB4），万用表测量的阻值为 KM1 和 KM2 线圈并联阻值；在图 3-4-2（d）中，按下启动按钮 SB2 或压下接触器 KM1 衔铁，万用表测量的阻值为 KM1 线圈阻值；同时压下 KM1 和 KM2 衔铁（或按下 SB4），万用表测量的阻值为 KM1 和 KM2 线圈并联阻值。

自动顺序控制电路。按下启动按钮 SB2 或压下接触器 KM1 衔铁，万用表测量的阻值为 KM1 和 KT 线圈并联阻值；同时压下 KM2 和 KM1 衔铁（或按下 SB2），万用表测量的阻值为 KM1 和 KM2 线圈并联阻值。

检查主电路，通过外力压下接触器衔铁进行检查，测量电源端（L1、L2、L3）到电动机接线端子上的每相电路的阻值，检查是否存在开路现象。

（3）利用绝缘电阻表测量电路的绝缘电阻，阻值应不小于 $0.5M\Omega$。

2．通电试验

按照操作标准流程按下相应按钮，观察电器动作情况，判定电路是否实现控制要求。

3．故障诊断

在操作过程中，若出现不正常现象，则应立即断开电源，分析故障原因，仔细检查电路（用万用表），在实训教师同意下才能上电试车运行调试。

思考与练习

1. 在图 3-4-2（b）中，KM1 常开触点在电路中起何作用？
2. 请问还有哪些方式能实现两台三相异步电动机的顺序控制。若有，请画出电气原理图，并说明工作原理过程。

任务5　三相异步电动机降压启动电路的安装、接线与调试

能力目标

（1）掌握降压启动电路的实现方法。
（2）识读分析串电阻（电抗）、Y-△、自耦变压器等降压启动电路的工作原理。
（3）掌握安装、接线、调试降压启动电路的能力及其操作技能。

使用器材、工具、设备

（1）器材：根据实际需求准备刀开关1个、控制按钮4个（红色2个、绿色2个）、电阻6个、熔断器5个、接触器3个、时间继电器2个、热继电器1个、中间继电器1个、自耦变压器1台、三相异步电动机1台、三相绕线式异步电动机1台、频敏变阻器3个、安装网孔板1块和导线若干等。
（2）工具：常用电工工具1套（螺丝刀、镊子、钢丝钳、尖嘴钳、验电笔等）。
（3）设备：万用表、绝缘电阻表。

任务要求及实施

一、任务要求

根据三相异步电动机降压启动电路的电气原理图，分析降压启动电路的工作原理，以电气原理图绘制电气安装接线图，按工艺要求完成电路连接，并能对电路进行检查和故障排除。

二、任务实施

1. 识读电气原理图

分析三相异步电动机降压启动电路的电气原理图。明确电路中所用的元器件及其作用；熟悉降压启动电路的工作原理、实现方法和作用。

2. 检测元器件

按照电气原理图配齐所需元器件，并检测其好坏。

在断电状态下，利用万用表或目视检查各元器件触点的通断情况是否良好；检查接触器、继电器线圈额定电压与电源电压是否相符；检查熔断器的熔体是否完好；检查时间继电器的延时闭合常闭触点能否延时断开；检查按钮中的螺钉是否完好及螺纹是否失效；检查自耦变压器的输入/输出变比是否满足实际。

3. 安装与接线

（1）绘制电气元件布置图和电气安装接线图。根据电气原理图绘制电动机降压启动电路的电气元件布置图和电气安装接线图，整齐、均匀、间距合理地布置和安装元器件，要求便于后期元器件更换及维修，但紧固各元器件应用力均匀。尤其是紧固熔断器、接触器等易碎元器件，应压紧元器件，紧固对角螺钉，使其不动再适度旋紧。

（2）接线。安装步骤及工艺要求与项目二任务2中相同。

(3) 检查布线。根据电气安装接线图检查控制板布线是否正确。

(4) 安装电动机。根据电气安装接线图安装电动机。

(5) 安装接线注意事项。

① 在按钮内接线时，用力不可过猛，以防螺钉打滑。

② 按钮内部的接线不要接错，启动按钮（绿色）必须接常开触点，停止按钮（红色）必须接常闭触点（可用万用表的欧姆挡判别）。

③ 接触器的常开（自锁）触点应并联在启动按钮或时间继电器延时闭合常开触点的两端。

④ 热继电器的热元件应串联在主电路中，常闭触点应串联在控制电路中，不可接错，否则不能对电路起过载保护作用。

⑤ 电动机外壳必须可靠接 PE（保护接地）线。

4．检测与故障排除

按照知识点中提到的检测及故障诊断方法进行。

5．填写记录表

填写如表 3-5-1～表 3-5-4 所示的记录表。

表 3-5-1　定子串电阻（电抗）降压启动电路检测记录

不通电测试						
	主电路		控制回路			
操作步骤	合上 QS，压下接触器 KM1 衔铁	合上 QS，压下接触器 KM2 衔铁	按下 SB2（回路阻值）	压下 KM1 衔铁（回路阻值）	压下 KM2 衔铁（回路阻值）	同时压下 KM1、KM2 衔铁（回路阻值）
阻值	L1-U L2-V L3-W	L1-U L2-V L3-W				
通电测试						
操作步骤	合上 QS	按下 SB2	按下 SB1	调整时间继电器延时时间，按下 SB2	按下 SB1	电动机处于运行状态，按下热继电器复位按钮
电动机动作或接触器吸合情况						

表 3-5-2　Y-△降压启动电路检测记录

不通电测试						
	主电路			控制回路		
操作步骤	合上 QS，压下接触器 KM1 衔铁	合上 QS，压下接触器 KM2 衔铁	合上 QS，压下接触器 KM3 衔铁	按下 SB2（回路阻值）	压下 KM1 衔铁（回路阻值）	同时压下 KM1、KM2 衔铁（回路阻值）
阻值	L1-U1 L2-V1 L3-W1	U1-V2 V1-W2 W1-U2	U2-V2 V2-W2 W2-U2			

续表

通电测试					
操作步骤	合上 QS	按下 SB2	按下 SB1	调整时间继电器延时时间，按下 SB2	按下 SB1	电动机处于运行状态，按下热继电器复位按钮
电动机动作或接触器吸合情况					

表 3-5-3　串自耦变压器降压启动电路检测记录

不通电测试						
操作步骤	主电路		控制回路			
	合上 QS，压下接触器 KM3 衔铁	合上 QS，压下接触器 KM1、KM2 衔铁	按下 SB2（回路阻值）	压下 KM1 衔铁（回路阻值）	压下 KM2 或 KM3 衔铁（回路阻值）	压下 K 衔铁（回路阻值）
阻值	L1-U	L1-U				
	L2-V	L2-V				
	L3-W	L3-W				

通电测试					
操作步骤	合上 QS	按下 SB2	按下 SB1	调整时间继电器延时时间，按下 SB2	按下 SB1	电动机处于运行状态，按下热继电器复位按钮
电动机动作或接触器吸合情况					

表 3-5-4　绕线式异步电动机降压启动电路检测记录

不通电测试							
操作步骤	主电路			控制回路			
	合上 QS，压下接触器 KM1 衔铁	合上 QS，压下接触器 KM2 衔铁	合上 QS，压下接触器 KM3 衔铁	按下 SB2（回路阻值）	压下 KM1 衔铁（回路阻值）	按下 SB1、KM2 衔铁（回路阻值）	按下 SB1、KM3（K）衔铁（回路阻值）
阻值	L1-U$_外$	U$_内$-V$_内$	U$_内$-V$_内$				
	L2-V$_外$	V$_内$-W$_内$	V$_内$-W$_内$				
	L3-W$_外$	W$_内$-U$_内$	W$_内$-U$_内$				

通电测试					
操作步骤	合上 QS	按下 SB2	按下 SB1	调整时间继电器延时时间，按下 SB2	按下 SB1	电动机处于运行状态，按下热继电器复位按钮
电动机动作或接触器吸合情况					

考核标准及评价

从知识与技能、学习态度与团队意识和工作与职业操守三方面进行综合考核，具体的评价标准如表 3-5-5 所示。

表 3-5-5　考核评价表

考核内容	考核方式	评价标准与得分				
		标准	分值	互评	教师评分	得分
知识与技能（70分）	教师评价+互评	元器件安装正确紧固、布置合理	5分			
		接线按工艺要求正确	5分			
		所选线色正确	5分			
		布线工艺合理、美观，无损伤导线绝缘层	5分			
		接线紧固电气接触良好	10分			
		能不通电检测电路	20分			
		能通电检测电路	20分			
学习态度与团队意识（15分）	教师评价	学习积极性高、有自主学习能力	3分			
		有分析和解决问题的能力	3分			
		能组织和协调小组活动过程	3分			
		有团队协作精神、能顾全大局	3分			
		有合作精神、热心帮助小组其他成员	3分			
工作与职业操守（15分）	教师评价+互评	有安全操作、文明生产的职业意识	3分			
		诚实守信、实事求是、有创新精神	3分			
		遵守纪律、规范操作	3分			
		有节能环保和产品质量意识	3分			
		能够不断反思、优化和完善	3分			

知识要点

较大容量的三相异步电动机直接启动时，启动电流是标称额定电流的 4～8 倍，启动电流较大，会对电网产生巨大冲击，使其电路产生电压降，为了减小这一危害，一般会采用降压的方式来实现启动。降压启动方式有很多，如定子串电阻（电抗）、Y-△、串自耦变压器、软启动等。现对降压启动方式如何由电动机控制电路自动实现进行讲解。

一、定子串电阻（电抗）降压启动电路

在启动过程中，转速、电流、时间等参量都会发生变化，原则上这些变化的参量都可以作为启动的控制信号。但经过分析发现，以转速和电流为变化参量控制电动机启动受负载变化、电网电压波动的影响较大，往往造成启动失败，因此，采用以时间为变化参量控制电动机启动。换接是依靠时间继电器的动作，不论负载如何变化或电网电压波动，都不会应用影响时间继电器的整定时间，可以按时切换，不会造成启动失误。图 3-5-1 所示为定子串电阻（电抗）降压启动电路，利用启动过程所需时间来设置（整定）时间继电器的延迟时间，以切断降压电阻。

从图 3-5-1（b）中可以看出，合上刀开关 QS，按下控制按钮 SB2，接触器 KM1 线圈得电，接触器 KM1 的 3 对主触点闭合，使电动机在串接定子电阻 R 的情况下启动运行，KM1 的辅助常开触点闭合自锁；同时时间继电器 KT 通电计时，当达到时间继电器的整定值时，延时闭合常开触点闭合，使 KM2 线圈得电吸合衔铁，KM2 的主触点闭合，将启动电阻短接，电动机在额定电压下稳定正常运行。

电动机稳定正常运行后，KM1、KT 一直处于通电动作状态，这是不经济的。如果能使

KM1、KT 在电动机启动结束后断电,则可减少能量损耗,延长接触器、时间继电器的电寿命。图 3-5-1(c)就解决了这一问题,增加 KM2 的常闭触点串联在 KM1 和 KT 线圈电路中,稳定运行后断开 KM1 和 KT 线圈,同时增加 KM2 的常开触点自锁,保持 KM2 线圈持续得电。

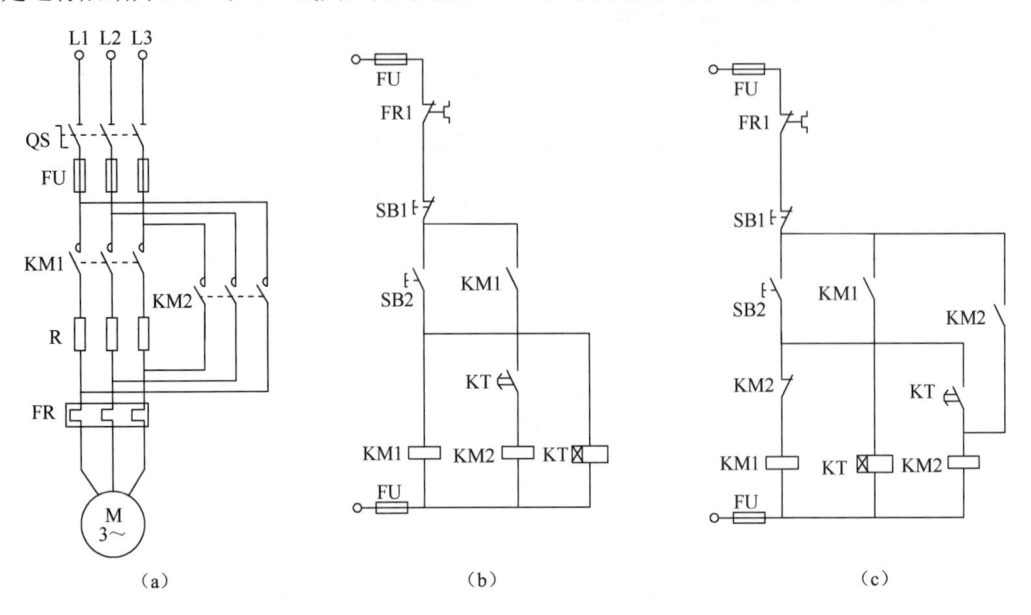

图 3-5-1 定子串电阻(电抗)降压启动电路

定子串电阻一般采用由电阻丝烧制成的板式电阻或铸铁电阻,它的阻值小、功率大,允许通过较大的电流。每相串联的电阻由经验公式可得

$$R = \frac{220}{I_N}\left(\frac{I_{ST}}{I'_{ST}}\right)^2 - 1$$

式中,I_N 为电动机额定电流;I_{ST} 为额定电压下未串联电阻时的启动电流,一般取 $I_{ST} = (5 \sim 7)I_N$;I'_{ST} 为串联电阻后所要求达到的电流,一般取 $I'_{ST} = (2 \sim 3)I_N$。

定子串电抗降压启动的控制电路与定子串电阻降压启动的控制电路相同,在此不再阐述。

二、Y-△降压启动电路

启动时将电动机定子绕组接成 Y 形,加到电动机每相绕组上的电压为额定值的 $1/\sqrt{3}$,启动电流为△连接时启动电流的 1/3;当电动机转速接近额定转速时,定子绕组改接成△形,使电动机在额定电压下正常运转,Y-△降压启动电路如图 3-5-2 所示。该启动电路以时间参量为控制对象,进行 Y 和△的切换。

合上刀开关 QS,按下控制按钮 SB2,接触器 KM1、KM3、KT 线圈得电,KM1 的辅助常开触点闭合自锁,接触器 KM1、KM3 的主触点闭合,电动机三相定子绕组接成 Y 形降压启动;时间继电器 KT 线圈开始通电计时,计时达到规定时间(电动机转速由 0 到额定转速所需时间)时,时间继电器 KT 的延时常闭触点断开,KM3 线圈失电,KM3 主触点断开,切断 Y 联结,KM3 辅助常闭触点恢复为初始状态,为 KM2 线圈得电做准备,KT 延时常开触点闭合,KM2 线圈得电,KM2 的辅助常开触点闭合自锁,KM2 主触点闭合,电动机接成△形全压运行。同时 KM2 的辅助常闭触点断开，使 KM3、KT 线圈都失电。要使电动机停转，按下 SB1 即可。

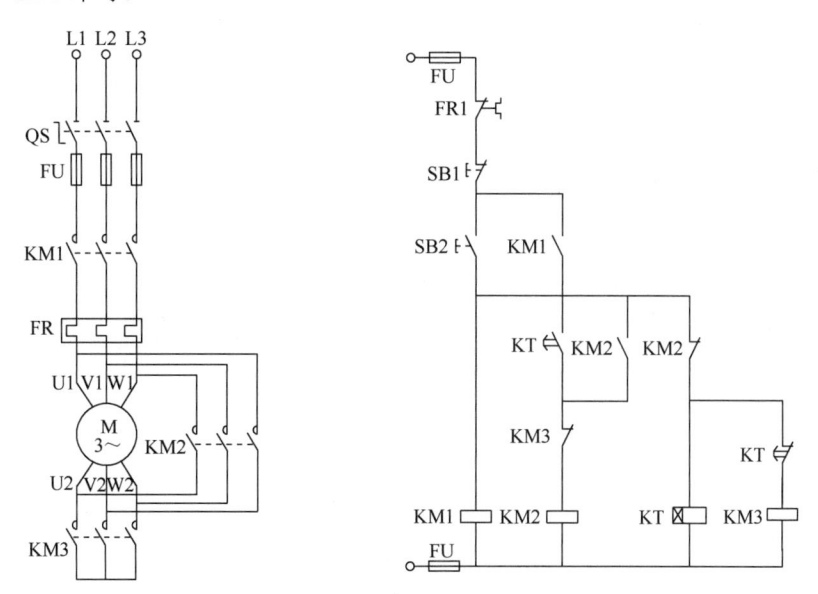

图 3-5-2　Y-△降压启动电路

三、串自耦变压器降压启动电路

在串自耦变压器降压启动电路中，电动机启动电流的限制是靠自耦变压器的降压作用来实现的。电动机启动的时候，定子绕组得到的电压是自耦变压器的二次电压，启动完成后，自耦变压器被切除，额定电压及自耦变压器的一次电压直接加在定子绕组上，电动机进入全压状态正常工作。定子串自耦变压器降压启动电路如图 3-5-3 所示。

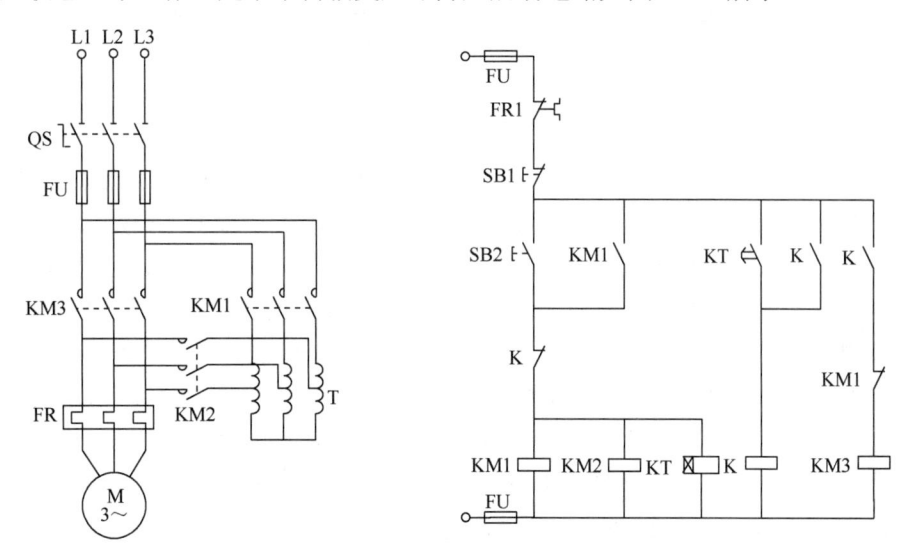

图 3-5-3　定子串自耦变压器降压启动电路

合上刀开关 QS，按下控制按钮 SB2，接触器 KM1、KM2、KT 线圈得电，KM1 的辅助常开触点闭合自锁，接触器 KM1、KM2 的主触点闭合将自耦变压器接入，电动机定子绕组

· 129 ·

经自耦变压器供电做降压启动。同时，时间继电器 KT 线圈得电开始计时，计时达到规定时间（电动机转速由 0 到额定转速所需时间）时，时间继电器 KT 的延时常开触点闭合，中间继电器 K 线圈得电，K 的常闭触点断开，KM1、KM2、KT 线圈失电，自耦变压器被切除，KM1 的常闭触点、常开触点恢复为初始状态；K 的常开触点闭合，实现自锁和使 KM3 线圈得电，KM3 的主触点闭合，电动机处于全压运行状态。

四、线绕式异步电动机降压启动电路

1. 转子绕组串电阻自动降压启动电路

三相绕线式异步电动机的转子绕组通过铜环经电刷可与外电路电阻相接，不仅可以减小启动电流，还可以提高转子电路功率因数和启动转矩，较好地适应重载启动场合。图 3-5-4 所示为转子绕组串电阻自动降压启动控制电路。

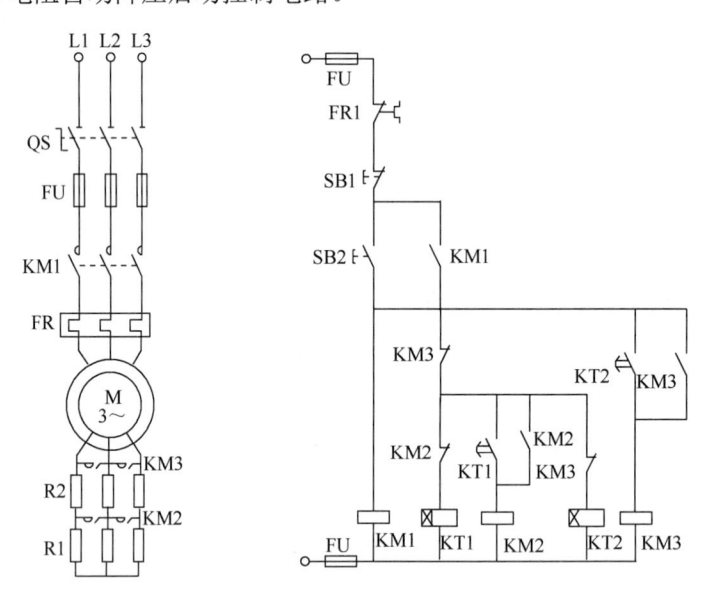

图 3-5-4 转子绕组串电阻自动降压启动电路

合上刀开关 QS，按下控制按钮 SB2，接触器 KM1、KT1 线圈得电，KM1 的辅助常开触点闭合自锁，接触器 KM1 的主触点闭合，电动机转子串入 2 段电阻开始降压启动；KT1 线圈得电开始计时，计时达到规定时间时，时间继电器 KT1 的延时常开触点闭合，KM2、KT2 线圈得电，KM2 主触点闭合，切断电阻 R1，KM2 辅助常开触点闭合自锁，KM2 辅助常闭触点断开，切断 KT1 线圈的通电；KT2 线圈得电开始计时，计时达到规定时间时，时间继电器 KT2 的延时常开触点闭合，KM3 线圈得电，KM3 主触点闭合切断电阻 R1、R2 进行全压运行，KM3 辅助常开触点闭合自锁，KM3 辅助常闭触点断开，切断 KM2、KT1、KT2 线圈的通电，此时，只有 KM1、KM3 接入电路。要使电动机停转，按下 SB1 即可。

2. 转子回路串频敏变阻器自动降压启动电路

频敏变阻器的阻抗能随着转子电流的频率下降而自动下降，所以能克服串电阻分级启动过程中产生机械冲击的缺点，从而实现平滑启动，转子回路串频敏变阻器常用于大量绕线式异步电动机的启动控制。图 3-5-5 所示为转子回路串频敏变阻器自动降压启动电路。

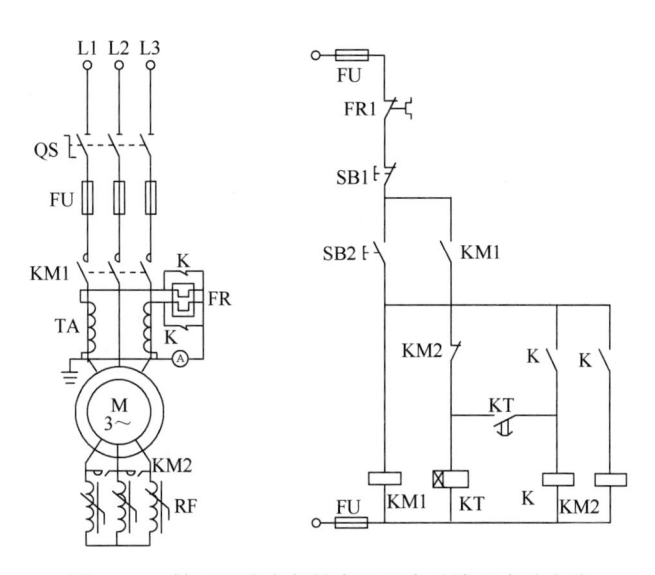

图 3-5-5　转子回路串频敏变阻器自动降压启动电路

合上刀开关 QS，按下控制按钮 SB2，接触器 KM1、KT 线圈得电，KM1 的辅助常开触点闭合自锁，接触器 KM1 的主触点闭合，电动机转子串频敏变阻器 RF 开始降压启动；KT 线圈得电开始计时，计时达到规定时间时，时间继电器 KT 的延时常开触点闭合，中间继电器 K 线圈得电，K 的常闭触点断开，热继电器 FR 投入电路作为过载保护电器；K 的常开触点实现自锁和使 KM2 线圈得电，KM2 的主触点闭合，切断频敏变阻器 RF，电动机实现全压运行。要使电动机停转，按下 SB1 即可。

五、异步电动机的软启动电路

为了解决交流异步电动机启动时电流大、电路电压降大、电力损耗大及传统机械带来破坏性冲击力等问题，可选用软启动装置。该装置采用电子启动方法，其主要特点是具有软启动和软停车功能，启动电流和启动转矩可调节，还具有过载保护等功能，如果需要，请自学软启动设备说明书。

六、检测及故障诊断

1. 不通电检测

（1）按电气原理图或电气安装接线图从电源端出发，逐一核对接线及接线端子处是否正确，有无漏接、错接。检查导线接线端子是否符合要求，压接是否牢固。

（2）用万用表检查电路的通断情况。检查时，应选用倍率适当的欧姆挡，并进行校零，以防短路故障发生。

检查控制回路时（断开电源），可将万用表表笔分别搭在控制回路的两端子上，此时读数应为"∞"。

定子串电阻（电抗）降压启动电路，按下启动按钮 SB2 或压下接触器 KM1 衔铁，万用表测量的阻值为 KM1 和时间继电器 KT 线圈并联阻值；在图 3-5-1（c）中，压下 KM2 衔铁，万用表测量的阻值为 KM2 线圈阻值。

Y-△降压启动电路，按下启动按钮 SB2 或压下接触器 KM1 衔铁，万用表测量的阻值为 KM1、KT 和 KM3 线圈并联阻值；同时压下 KM2 和 KM1 衔铁（或按下 SB2），万用表测量的阻值为 KM1 和 KM2 线圈并联阻值。

定子串自耦变压器降压启动电路，按下启动按钮 SB2 或压下接触器 KM1 衔铁，万用表测量的阻值为 KM1、KM2 和 KT 线圈并联阻值；压下中间继电器 K 衔铁，万用表测量的阻值为 K 和 KM3 线圈并联阻值。

转子绕组串电阻自动降压启动电路，按下启动按钮 SB2 或压下接触器 KM1 衔铁，万用表测量的阻值为 KM1、KT1 和 KT2 线圈并联阻值；同时压下 KM2 和 KM1 衔铁（或按下 SB2），万用表测量的阻值为 KM1、KM2 和 KT2 线圈并联阻值；同时压下 KM3 和 KM1 衔铁（或按下 SB2），万用表测量的阻值为 KM1、KM3 和 KT1 线圈并联阻值。

转子回路串频敏变阻器自动降压启动电路，按下启动按钮 SB2 或压下接触器 KM1 衔铁，万用表测量的阻值为 KM1 和 KT 线圈并联阻值；同时压下中间继电器 K 和 KM1 衔铁（或按下 SB2），万用表测量的阻值为 KM1、KM2、K 和 KT2 线圈并联阻值。

检查主电路，通过外力压下接触器衔铁进行检查，测量电源端（L1、L2、L3）到电动机接线端子上的每相电路的阻值，检查是否存在开路现象。

（3）利用绝缘电阻表测量电路的绝缘电阻，阻值应不小于 0.5MΩ。

2．通电试验

按照操作标准流程按下相应按钮，观察电器动作情况，判定电路是否实现控制要求。

3．故障诊断

在操作过程中，若出现不正常现象，则应立即断开电源，分析故障原因，仔细检查电路（用万用表），在实训教师同意下才能上电试车运行调试。

思考与练习

1．三相异步电动机常用的降压启动电路有哪几种？

2．当电动机容量较小时，能否采用两台交流接触器实现 Y-△ 降压启动，若能，请画出电气原理图，并说明工作原理。

任务6　三相异步电动机制动电路的安装、接线与调试

能力目标

（1）掌握制动电路的实现方法。

（2）识读分析机械制动、反接制动、能耗制动电路的工作原理。

（3）掌握安装、接线、调试制动电路的能力及其操作技能。

使用器材、工具、设备

（1）器材：根据实际需求准备刀开关 1 个、控制按钮 2 个、电阻 3 个、滑动变阻器 1 个、熔断器 5 个、接触器 3 个、时间继电器 1 个、速度继电器 1 个、热继电器 1 个、中间继电器 4 个、桥式整流装置 1 个、变压器 1 台、机械制动装置 1 个、三相异步电动机 1 台、安装网孔板 1 块和导线若干等。

（2）工具：常用电工工具 1 套（螺丝刀、镊子、钢丝钳、尖嘴钳、验电笔等）。

（3）设备：万用表、绝缘电阻表。

任务要求及实施

一、任务要求

根据三相异步电动机制动电路的电气原理图，分析制动电路的工作原理，以电气原理图绘制电气安装接线图，按工艺要求完成电路连接，并能对电路进行检查和故障排除。

二、任务实施

1. 识读电气原理图

分析三相异步电动机制动电路的电气原理图。明确电路中所用的元器件及其作用；熟悉制动电路的工作原理、实现方法和作用。

2. 检测元器件

按照电气原理图配齐所需元器件，并检测其好坏。

在断电状态下，利用万用表或目视检查各元器件触点的通断情况是否良好；检查接触器、继电器线圈额定电压与电源电压是否相符；检查熔断器的熔体是否完好；检查速度继电器的触点能否正确通断；检查时间继电器的延时闭合常闭触点能否延时断开；检查按钮中的螺钉是否完好及螺纹是否失效。

3. 安装与接线

（1）绘制电气元件布置图和电气安装接线图。根据电气原理图绘制电动机制动电路的电气元件布置图和电气安装接线图，整齐、均匀、间距合理地布置和安装元器件，便于后期元器件更换及维修，但紧固各元器件时应用力均匀。尤其是紧固熔断器、接触器等易碎元器件，应压紧元器件，紧固对角螺钉，使其不动再适度旋紧。

（2）接线。安装步骤及工艺要求与项目二任务 2 中相同。

（3）检查布线。根据电气安装接线图检查控制板布线是否正确及合理。

（4）安装电动机。根据电气安装接线图安装电动机。

（5）安装接线注意事项。

① 在按钮内接线时，用力不可过猛，以防螺钉打滑。

② 按钮内部的接线不要接错，启动按钮（绿色）必须接常开触点，停止按钮（红色）必须接常闭触点（可用万用表的欧姆挡判别）。

③ 避免时间继电器的整定时间过长引起定子绕组发热。

④ 热继电器的热元件串联在主电路中，其常闭触点应串联在控制回路中。

⑤ 电动机外壳必须可靠接 PE（保护接地）线。

4. 检测与故障排除

按照知识点中提到的检测及故障诊断方法进行。

5. 填写记录表

填写如表 3-6-1～表 3-6-4 所示的记录表。

表 3-6-1 机械制动电路检测记录

不通电测试				
主电路			控制回路（回路阻值）	
操作步骤	合上 QS，压下接触器 KM 衔铁		按下启动按钮	压下 KM 衔铁
阻值	L1-U			
	L2-V			
	L3-W			
通电测试				
操作步骤	合上 QS	按下按钮 SB2	按下按钮 SB1	电动机处于运行状态，按下热继电器复位按钮
电动机动作或接触器吸合或闸瓦状态情况				

表 3-6-2 单向反接制动电路检测记录

不通电测试					
主电路			控制回路（回路阻值）		
操作步骤	合上 QS，压下接触器 KM1 衔铁	合上 QS，压下接触器 KM2 衔铁	按下 SB2	压下 KM1 衔铁	压下 KM2 和 KM1 衔铁或 SB2
阻值	L1-U	L1-U			
	L2-V	L2-V			
	L3-W	L3-W			
通电测试					
操作步骤	合上 QS	按下 SB2	按下 SB1	电动机处于运行状态，按下热继电器复位按钮	
电动机动作或接触器吸合情况					

表 3-6-3 可逆运行反接制动电路检测记录

不通电测试							
主电路					控制回路（回路阻值）		
操作步骤	合上 QS，压下 KM1 衔铁	合上 QS，压下 KM2 衔铁	合上 QS，压下 KM1、KM3 衔铁	合上 QS，压下 KM2、KM3 衔铁	按下 SB2 或 SB3	压下 K1 或 K2 衔铁	同时压下 K1、K3 或 K2、K4 衔铁
阻值	L1-U	L1-U	L1-U	L1-U			
	L2-V	L2-V	L2-V	L2-V			
	L3-W	L3-W	L3-W	L3-W			
通电测试							
操作步骤	合上 QS	按下 SB2	按下 SB1	按下 SB3	按下 SB1	电动机处于运行状态，按下热继电器复位按钮	
电动机动作或接触器吸合情况							

表 3-6-4 能耗制动电路检测记录

不通电测试							
主电路				控制回路（回路阻值）			
操作步骤	合上 QS，压下 KM1 衔铁		合上 QS，压下 KM2 衔铁		按下 SB1	压下 KM1 衔铁	按下 SB2	压下 KM2 衔铁
阻值	L1-U		L1-U					
	L2-V		L2-V					
	L3-W		L3-W					
通电测试							
操作步骤	合上 QS	按下 SB2		按下 SB1	调整时间继电器延时时间，按下 SB2		按下 SB1	电动机处于运行状态，按下热继电器复位按钮
电动机动作或接触器吸合情况								

考核标准及评价

从知识与技能、学习态度与团队意识和工作与职业操守三方面进行综合考核，具体的评价标准如表 3-6-5 所示。

表 3-6-5 考核评价表

考核内容	考核方式	评价标准与得分			
		标准	分值	互评	教师评分	得分
知识与技能（70 分）	教师评价+互评	元器件安装正确紧固、布置合理	5 分			
		接线按工艺要求正确	5 分			
		所选线色正确	5 分			
		布线工艺合理、美观，无损伤导线绝缘层	5 分			
		接线紧固电气接触良好	10 分			
		能不通电检测电路	20 分			
		能通电检测电路	20 分			
学习态度与团队意识（15 分）	教师评价	学习积极性高、有自主学习能力	3 分			
		有分析和解决问题的能力	3 分			
		能组织和协调小组活动过程	3 分			
		有团队协作精神、能顾全大局	3 分			
		有合作精神、热心帮助小组其他成员	3 分			
工作与职业操守（15 分）	教师评价+互评	有安全操作、文明生产的职业意识	3 分			
		诚实守信、实事求是、有创新精神	3 分			
		遵守纪律、规范操作	3 分			
		有节能环保和产品质量意识	3 分			
		能够不断反思、优化和完善	3 分			

知识要点

由于三相异步电动机在停转状态，受惯性作用，不能立即停转，需要时间，因此不能适应某些生产机械工艺的要求。例如，万能铣床、卧式镗床、组合机床等，无论是从提高生产效率，还是安全及准确停位等方面考虑，都要求电动机能迅速停转，对电动机进行制动。其制动方法主要有机械制动和电气制动两类。机械制动是指利用机械装置强迫电动机迅速停转。电气制动是指在电动机停转过程中，产生一个与原来旋转方向相反的制动转矩，迫使电动机转速快速下降。

一、机械制动电路

机械制动是利用机械装置使电动机从电源切断后迅速停转。现广泛使用的是电磁抱闸，其结构主要由衔铁、线圈、闸瓦和闸轮组成。当线圈处于通电状态时，闸瓦松开闸轮，电动机可以自由转动；当线圈处于断电状态时，闸瓦抱紧闸轮，电动机立即停转。机械制动电路如图 3-6-1 所示。

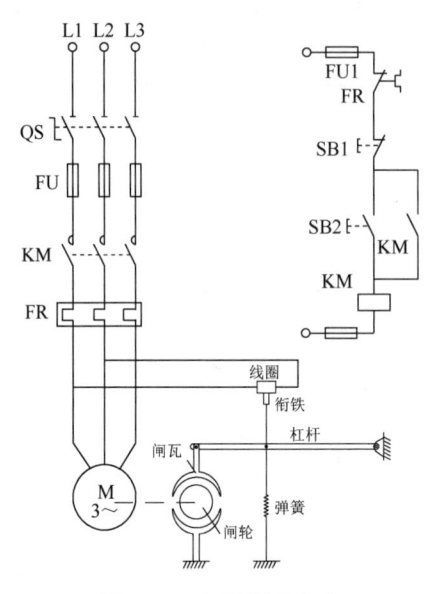

图 3-6-1 机械制动电路

合上刀开关 QS，按下控制按钮 SB2，接触器 KM 线圈得电，KM 的辅助常开触点闭合自锁，接触器 KM 的主触点闭合，同时电磁抱闸的线圈得电，松开闸瓦，电动机开始运行。若按下 SB1 或断电，电磁抱闸的线圈断电，则闸瓦立即抱紧闸轮，使电动机停转。

二、反接制动电路

1. 单向反接制动

反接制动是利用改变电动机电源的相序，使定子绕组产生相反方向的旋转磁场。由于反接制动时，转子与旋转磁场的相对速度接近两倍的同步转速，所以定子绕组中流过的反接制动电流相当于全电压直接启动时电流的两倍，因此反接制动的特点之一是制动迅速、效果好、冲击大，通常仅适用于 10kW 以下的小容量电动机。为了减小冲击电流，通常要求在电动机主电路中串联一定的电阻，以限制反接制动电流。单向反接制动电路如图 3-6-2 所示，KM1 为单向旋转接触器，KM2 为反接制动接触器，KS 为速度继电器，R 为反接制动电阻。

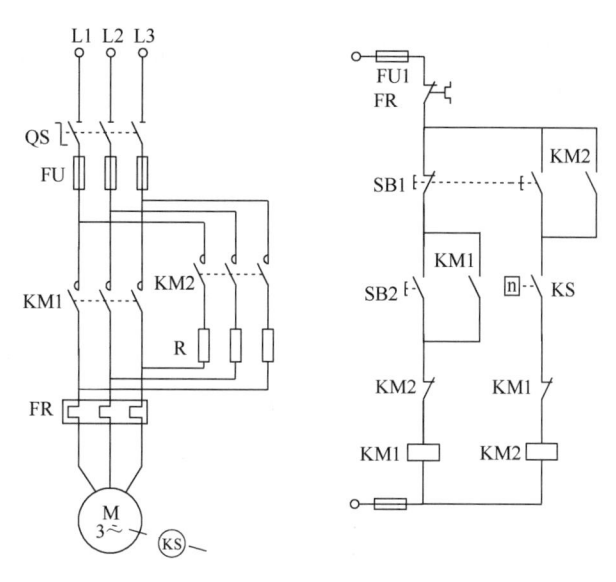

图 3-6-2 单向反接制动电路

设定速度继电器的动作整定转速为 120r/min，释放整定值为 100r/min。合上刀开关 QS，按下控制按钮 SB2，接触器 KM1 线圈得电，KM1 的辅助常开触点闭合自锁，接触器 KM1 的主触点闭合，电动机启动运行，当速度继电器转速上升到 120r/min 时，速度继电器 KS 的常开触点闭合，为 KM2 线圈得电做好准备。当电动机正常运行时，速度继电器 KS 常开触点一直保持闭合状态。

当需要停止时，按下 SB1，SB1 的常闭触点先断开，KM1 线圈失电，KM1 的主触点断开使其电动机与电源断开，KM1 的常闭触点恢复为初始状态，为 KM2 线圈得电做好准备；SB1 的常开触点闭合，KM2 线圈得电，KM2 的辅助常开触点闭合自锁，接触器 KM1 的主触点闭合，电动机定子绕组与串联电阻的反序三相电源相连，开始反接制动，当速度继电器转速上升到 100r/min 时，速度继电器 KS 的常开触点断开，使 KM2 线圈失电，KM2 触点恢复为初始状态，切断串联电阻的反接电源。

2．可逆运行反接制动电路

图 3-6-3 所示为可逆运行反接制动电路，KM1、KM2 分别为正反转接触器，KM3 为短接电阻用接触器，K1~K4 为中间继电器，电阻 R 为反接制动电阻。

正转启动过程：合上刀开关 QS，按下控制按钮 SB2，中间继电器 K3 线圈通电，K3 的常开触点闭合自锁，使接触器 KM1 线圈通电，KM1 主触点闭合，使电动机在定子串电阻 R 的情况下降压启动运行，当转速上升到一定值时，速度继电器 KS 动作，KM1 常开触点闭合，中间继电器 K1 线圈通电动作并自锁，K1 常开触点闭合，KM3 线圈通电，KM3 主触点闭合，短接电阻 R，电动机处于全压运行状态。反转启动过程与正转启动过程一致，请自行分析。

停止过程：按下 SB1，K3、KM1 线圈失电，触点恢复为初始状态，切断电动机正向运行电源。由于电动机转速较高，速度继电器 KS 的常开触点仍闭合，中间继电器 K1 线圈保持通电状态。KM1 线圈断电后，KM1 的辅助常闭触点复位，KM2 线圈得电，KM2 主触点闭合，接通电动机反向电源，进行反接制动。中间继电器 K3 线圈失电，K3 的常开触点复位，接触器 KM3 线圈失电，定子串电阻 R 接入主电路，限制反接制动电流。电动机转速迅速下降，当转速下降到 100r/min 以下时，KS1 的常开触点复位，K1 线圈失电，K1 常开触点复位，KM2 线圈失电，KM2 主触点复位，反接制动停止。

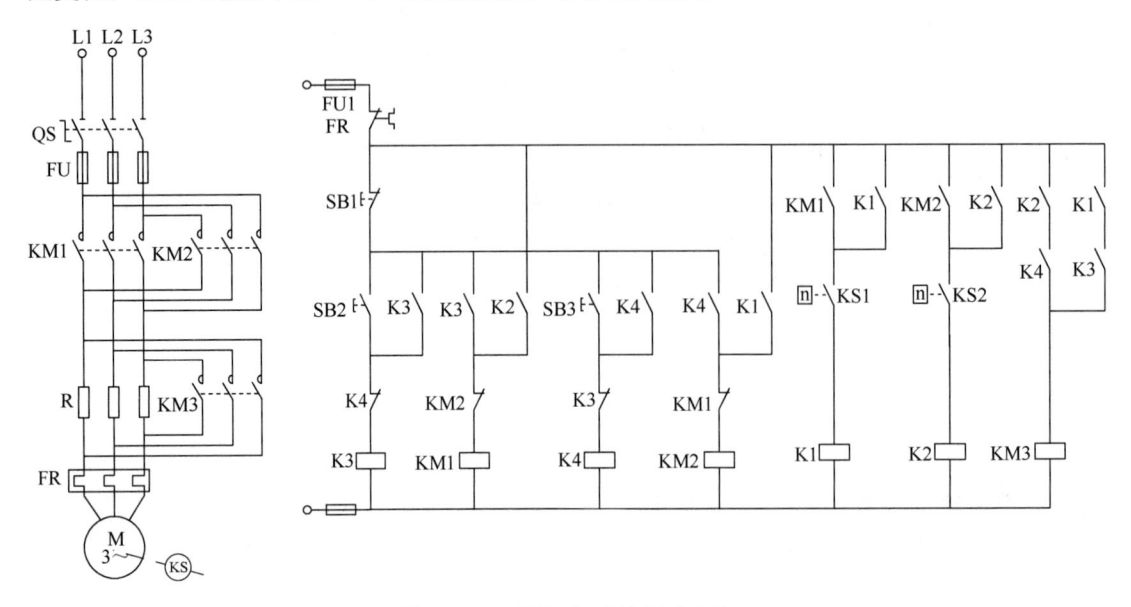

图 3-6-3 可逆运行反接制动电路

三、能耗制动电路

能耗制动就是把在运动过程中储存在转子中的机械能转变为电能，又消耗在转子电阻上的一种制动方式。将正在运行的电动机从交流电源上切除，向定子绕组通入直流电流，便在空间产生静止的磁场，此时电动机转子因惯性继续运转，切割磁感应线，产生感应电动势和转子电流，转子电流与静止磁场相互作用，产生制动力矩，使电动机迅速减速停转。能耗制动电路如图 3-6-4 所示。

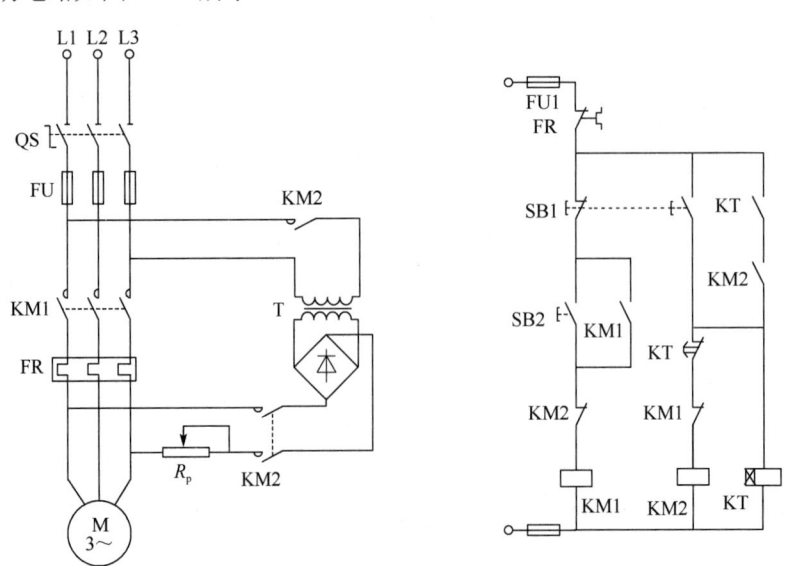

图 3-6-4 能耗制动电路

启动过程：合上刀开关 QS，按下控制按钮 SB2，接触器 KM1 线圈得电，KM1 的辅助常开触点闭合自锁，接触器 KM1 的主触点闭合，电动机在全压状态下启动运行。

停止过程：按下 SB1，SB1 的常闭触点先断开，KM1 线圈失电，KM1 的主触点断开使电动机与电源断开，KM1 的常开触点复位失去自锁；SB1 的常开触点闭合，KM2、KT 线圈得电，KM2 的辅助常开触点闭合和 KT 的瞬动常开触点闭合构成自锁，KM2 的辅助常闭触点断开互锁，KM2 主触点闭合，电动机开始能耗制动，电动机转速迅速下降；时间继电器 KT 定时（电动机转速从额定转速降至接近 0 时所需的时间）达到后，KT 延时常闭触点断开，KM2、KT 线圈失电，KM2 主触点断开，切断直流电源，制动结束，KT 触点复位，为下次启动做准备。

按速度原则控制的可逆运行能耗制动电路，如果需要，请自学。

四、检测及故障诊断

1．不通电检测

（1）按电气原理图或电气安装接线图从电源端出发，逐一核对接线及接线端子处是否正确，有无漏接、错接。检查导线接线端子是否符合要求，压接是否牢固。

（2）用万用表检查电路的通断情况。检查时，应选用倍率适当的欧姆挡，并校零，以防短路故障发生。

检查控制回路时（断开电源），可将万用表表笔分别搭在控制回路的两端子上，此时读数应为"∞"。

机械制动电路，按下启动按钮 SB2，万用表测量的阻值为 KM 线圈阻值；压下 KM 衔铁，万用表测量的阻值为 KM 线圈阻值。

单向反接制动电路，按下启动按钮 SB2，万用表测量的阻值为 KM1 线圈阻值；压下 KM1 衔铁，万用表测量的阻值为 KM1 线圈阻值；按下停止按钮 SB1 或压下 KM2 衔铁，万用表测量的阻值为"∞"。

可逆运行反接制动电路，按下启动按钮 SB2，万用表测量的阻值为中间继电器 K3 线圈阻值；按下启动按钮 SB3，万用表测量的阻值为中间继电器 K4 线圈阻值；压下中间继电器 K3 衔铁，万用表测量的阻值为接触器 KM1 和中间继电器 K3 线圈并联阻值；压下中间继电器 K4 衔铁，万用表测量的阻值为接触器 KM2 和中间继电器 K4 线圈并联阻值；压下中间继电器 K2 衔铁，万用表测量的阻值为 KM1 线圈阻值；压下中间继电器 K1 衔铁，万用表测量的阻值为 KM2 线圈阻值。

能耗制动电路，按下启动按钮 SB2，万用表测量的阻值为 KM1 线圈阻值；压下 KM1 衔铁，万用表测量的阻值为 KM1 线圈阻值；按下停止按钮 SB1，万用表测量的阻值为接触器 KM2 和时间继电器 KT 线圈并联阻值；压下 KM2 衔铁，万用表测量的阻值为"∞"。

检查主电路时，分别压下接触器 KM1、KM2 的衔铁，同时压下 KM1 和 KM3、KM2 和 KM3，测量电源端（L1、L2、L3）到电动机接线端子（U、V、W）上每相电路的阻值，检查是否存在开路现象。

（3）利用绝缘电阻表测量电路的绝缘电阻，阻值应不小于 0.5MΩ。

2. 通电试验

按照操作标准流程按下相应按钮，观察电器动作情况，判定电路是否实现控制要求。

3. 故障诊断

在操作过程中，若出现不正常现象，则应立即断开电源，分析故障原因，仔细检查电路（用万用表），在实训教师同意下才能上电试车运行调试。

思考与练习

1. 三相异步电动机常用的制动方式有哪几种？制动系统称为电气制动的有哪些？
2. 什么是按时间原则控制？什么是按速度原则控制？
3. 在电动机采用电源反接制动的控制电路中，应采用什么原则控制？为什么？

任务7　三相异步电动机调速控制电路的安装、接线与调试

能力目标

（1）掌握调速控制电路的实现方法。
（2）识读分析三相异步电动机调速控制电路的工作原理。
（3）掌握安装、接线、调试调速控制电路的能力及其操作技能。

使用器材、工具、设备

（1）器材：根据实际需求准备刀开关1个、控制按钮2个、电阻3个、滑动变阻器1个、熔断器5个、接触器3个、时间继电器1个、热继电器1个、三相异步电动机1台、安装网孔板1块和导线若干等。
（2）工具：常用电工工具1套（螺丝刀、镊子、钢丝钳、尖嘴钳、验电笔等）。
（3）设备：万用表、绝缘电阻表。

任务要求及实施

一、任务要求

根据三相异步电动机调速控制电路的电气原理图，分析调速控制电路的工作原理，以电气原理图绘制电气安装接线图，按工艺要求完成电路连接，并能对电路进行检查和故障排除。

二、任务实施

1. 识读电气原理图

分析三相异步电动机调速控制电路的电气原理图。明确电路中所用的元器件及其作用；熟悉调速控制电路的工作原理、实现方法和作用。

2. 检测电气元件

按照电气原理图配齐所需元器件,并检测其好坏。

在断电状态下,用万用表或目视检查各元器件触点的通断情况是否良好;检查熔断器的熔体是否完好;检查按钮中的螺钉是否完好,螺纹是否失效;检查接触器的线圈额定电压与电源电压是否匹配;检查转换开关通断是否正常;检查时间继电器的瞬时动作、延时动作触点是否能正常动作及线圈与电源电压是否匹配。

3. 安装与接线

(1) 绘制电气元件布置图和电气安装接线图。根据电气原理图绘制电动机调速控制电路的元器件布置图和电气安装接线图,以整齐、均匀、间距合理地布置和安装元器件,便于后期元器件更换及维修,但紧固各元器件时应用力均匀。尤其是紧固熔断器、接触器等易碎元器件,应压紧元器件,紧固对角螺钉,使其不动再适度旋紧。

(2) 接线。安装步骤及工艺要求与项目二任务 2 中相同。

(3) 检查布线。根据电气安装接线图检查控制板布线是否正确。

(4) 安装电动机。根据电气安装接线图安装电动机。

(5) 安装接线注意事项。

① 按钮内部的接线不要接错,用力不可过猛,以防螺钉打滑。

② 主电路接线,一定要接对电动机出线端。

③ 通电测试前,应反复检测电动机的接线正确性,并测量相间绝缘、相对地的绝缘性能是否达标。

④ 电动机外壳必须可靠接 PE(保护接地)线。

4. 检测与故障排除

按照知识点中提到的检测及故障诊断方法进行。

5. 填写记录表

填写如表 3-7-1 和表 3-7-2 所示的记录表。

表 3-7-1 △-YY 控制电路检测记录

	不通电测试					
	主电路			控制回路(回路阻值)		
操作步骤	合上 QS,压下 KM1 衔铁	合上 QS,压下 KM2 衔铁	合上 QS,压下 KM3 衔铁	按下 SA 置于低速	按下 SA 置于高速	按下 SA 置于高速,压下 KM2 衔铁
阻值	L1-U1	L1-U2	U1-V1			
	L2-V1	L2-V2	V1-W1			
	L3-W1	L3-W2	W1-U1			
	通电测试					
操作步骤	合上 QS	SA 置于低速		SA 置于高速		电动机处于运行状态,按下热继电器复位按钮
电动机动作或接触器吸合情况						

表 3-7-2 Y-YY 控制电路检测记录

不通电测试						
主电路				控制回路（回路阻值）		
操作步骤	合上 QS，压下 KM1 衔铁	合上 QS，压下 KM2 衔铁	合上 QS，压下 KM3 衔铁	按下 SB2 置于低速	按下 KM1 衔铁	压下 KM2 衔铁
阻值	L1-U1 L2-V1 L3-W1	L1-U2 L2-V2 L3-W2	U1-V1 V1-W1 W1-U1			
通电测试						
操作步骤	合上 QS		按下 SB2	按下 SB1	电动机处于运行状态，按下热继电器复位按钮	
电动机动作或接触器吸合情况						

考核标准及评价

从知识与技能、学习态度与团队意识和工作与职业操守三方面进行综合考核，具体的评价标准如表 3-7-3 所示。

表 3-7-3 考核评价表

考核内容	考核方式	评价标准与得分				
		标准	分值	互评	教师评分	得分
知识与技能（70 分）	教师评价+互评	元器件安装正确紧固、布置合理	5 分			
		接线按工艺要求正确	5 分			
		所选线色正确	5 分			
		布线工艺合理、美观，无损伤导线绝缘层	5 分			
		接线紧固电气接触良好	10 分			
		能不通电检测电路	20 分			
		能通电检测电路	20 分			
学习态度与团队意识（15 分）	教师评价	学习积极性高、有自主学习能力	3 分			
		有分析和解决问题的能力	3 分			
		能组织和协调小组活动过程	3 分			
		有团队协作精神、能顾全大局	3 分			
		有合作精神、热心帮助小组其他成员	3 分			
工作与职业操守（15 分）	教师评价+互评	有安全操作、文明生产的职业意识	3 分			
		诚实守信、实事求是、有创新精神	3 分			
		遵守纪律、规范操作	3 分			
		有节能环保和产品质量意识	3 分			
		能够不断反思、优化和完善	3 分			

知识要点

实际生产中的机械设备常有多种速度输出的要求，如钢铁行业的轧钢机、鼓风机，机床行业的车床、机械加工中心等，都要求三相异步电动机可调速。转速方式主要以变极调速、变转差率调速、变频调速来实现。其中，变极调速仅适用于三相笼型异步电动机，变转差率调速通常适用于三相绕线式异步电动机。变频调速复杂、造价较高，一般采用控制电路对其实现高低速的启动及运行中的高低速转换，是现代电力传动的一个主要发展方向。

一、多速异步电动机调速控制电路

三相笼型异步电动机的变极调速通过接触器触点来改变电动机绕组的接线方式，以获得不同的极对数来实现调速目的。变极调速一般有双速、三速、四速之分。其中，双速异步电动机定子装有一套绕组，而三速、四速异步电动机则装有两套绕组。

1. 双速异步电动机定子绕组的连接

双速异步电动机的形式有△-YY 和 Y-YY 两种，能使三相笼型异步电动机的极数减少一半。

图 3-7-1（a）所示为变速前电动机三相绕组的前端 U1、V1、W1 首尾相连后与三相电源相连，构成△形连接；变速时利用接触器触点把 U1、V1、W1 从电源处断开，并连接在一起构成 YY 形连接的中点，各相绕组的中间抽头 U2、V2、W2 与三相电源相连，从而达到通过改变电动机的极对数实现变速的目的，如图 3-7-1（b）所示。

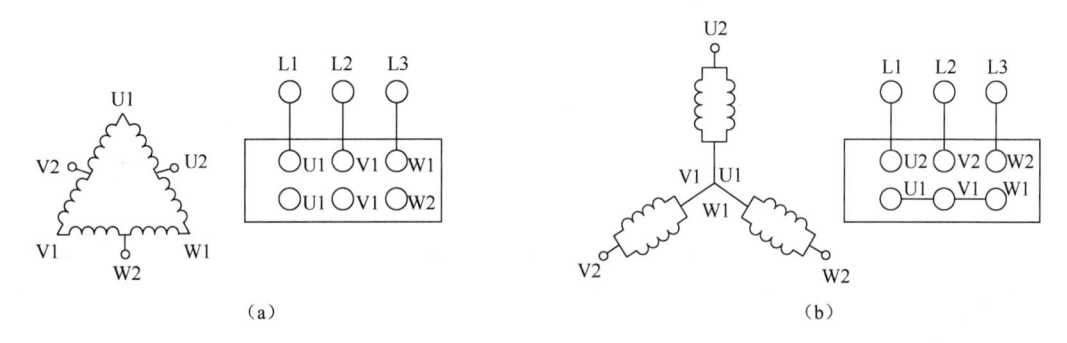

图 3-7-1 双速异步电动机△-YY 变极调速三相绕组接线图

图 3-7-2（a）所示为三相笼型异步电动机变速前三相定子绕组的接线方式，其中 U1、V1、W1 为定子绕组首端，U2、V2、W2 为定子绕组尾端，U3、V3、W3 为定子绕组中间抽头。变极前为 Y 形连接，变极后三相定子利用接触器触点将绕组首尾相连构成 YY 形连接［见图 3-7-2（b）］，将三相定子绕组的中间抽头与电源相连。Y-YY 变极调速在变极前后电动机的转向相反，因此，若要使变极前后转向一致，应调换电源相序。

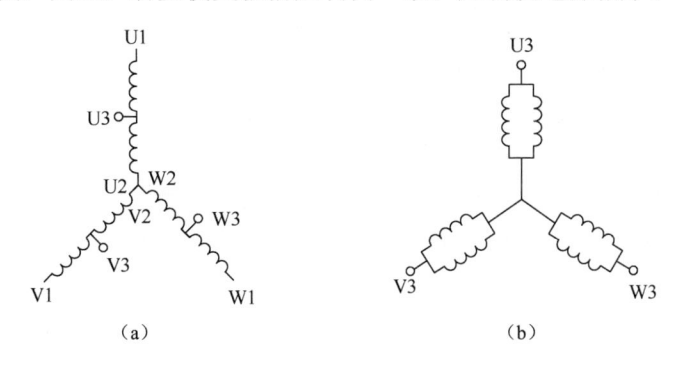

图 3-7-2 双速电动机 Y-YY 变极调速三相绕组接线图

2．双速异步电动机变极调试的自动控制

图 3-7-3 所示为双速异步电动机变极调速控制电路，KM1 为电动机△形连接接触器，KM2、KM3 是电动机 YY 形连接接触器，SA 置于左端为低速启动控制，SA 置于右端为高速启动控制，利用开关 SA 进行高低速转换。

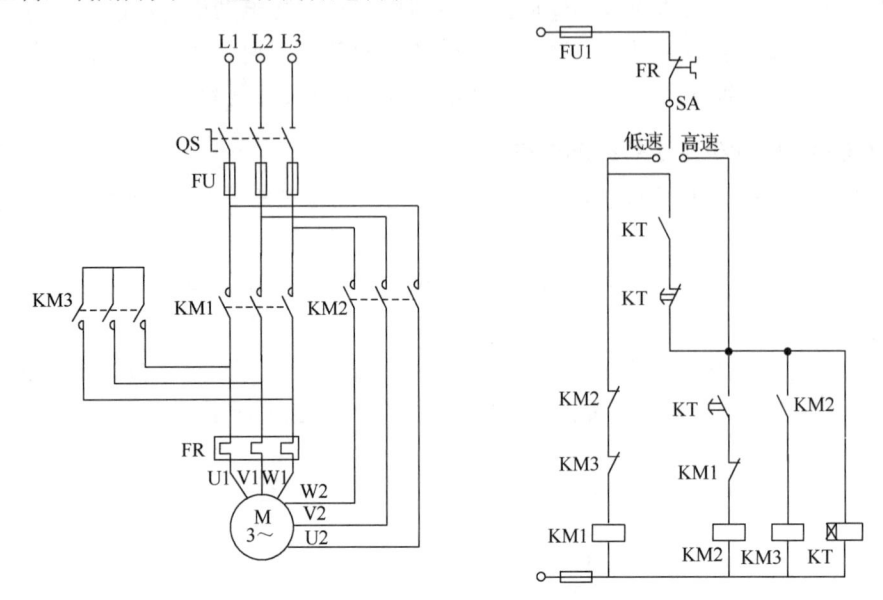

图 3-7-3 双速异步电动机变极调速控制电路

当合上刀开关 QS，将 SA 置于低速位置时，接触器 KM1 线圈通电，KM1 主触点闭合，将定子绕组的接线端 U1、V1、W1 接到三相电源上，而此时由于 KM2、KM3 主触点不闭合，电动机定子绕组按△形连接，电动机低速运行。

当合上刀开关 QS，将 SA 置于高速位置时，KT 线圈通电，KT 瞬动常开触点闭合，KM1 线圈通电，KM1 主触点闭合，电动机接成△形连接做低速启动。KT 计时达到设定时间时，KT 延时常闭触点断开，KM1 线圈失电，KM1 主触点断开，切断△形连接运行，KM1 辅助常闭触点复位，KT 延时常开触点闭合，KM2 线圈得电，KM2 主触点闭合将 U1、V1、W1 连在一起，同时 KM2 辅助常开触点闭合，KM3 线圈得电，KM3 的主触点闭合使电动机以 YY 形连接高速运行。

图 3-7-4 所示为双速异步电动机 Y-YY 自动加速控制电路，KM1 为电动机 Y 形连接接触器，KM2、KM3 为电动机 YY 形连接接触器。

合上刀开关 QS，按下控制按钮 SB2，接触器 KM1 线圈得电，KM1 的辅助常开触点闭合自锁，使 KT 线圈通电，接触器 KM1 的主触点闭合，电动机接成 Y 形连接启动；KT 瞬动常开触点闭合自锁，KT 延时常闭触点断开切断电动机 Y 形连接运行，KT 延时常开触点闭合，KM2、KM3 线圈得电，KM2 辅助常开触点闭合自锁，KM2、KM3 主触点闭合，电动机构成 YY 形连接进入高速运行。

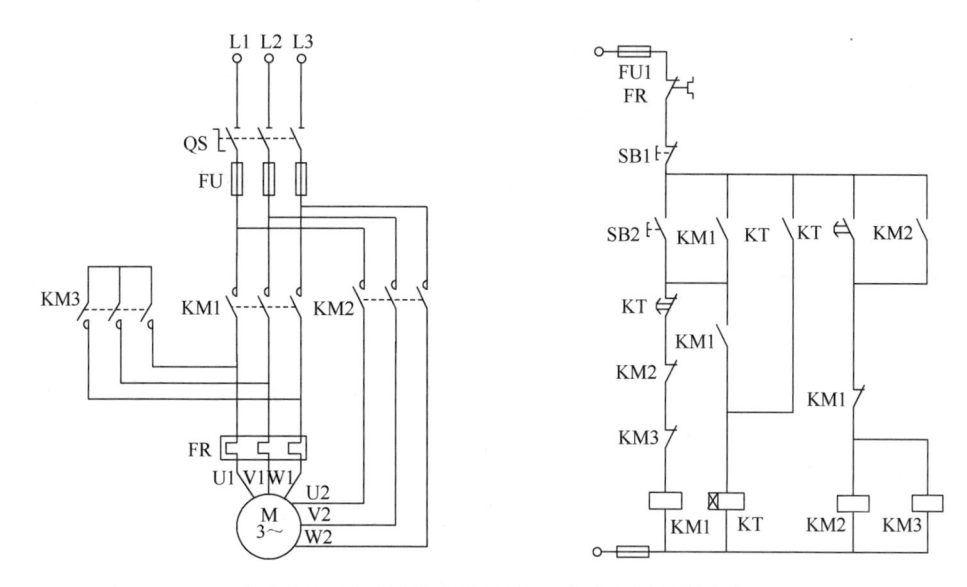

图 3-7-4　双速异步电动机 Y-YY 自动加速控制电路

二、变频器调速控制电路

变频器的功能就是将电网电压提供的恒压恒频交流电变换为变压变频的交流电，通过平滑改变异步电动机的供电频率 f 来调节三相异步电动机的同步转速 n_0，从而实现三相异步电动机的无级调速。这种调速方法由于调节同步转速 n_0，故可以由高速到低速保持有限的转差率，效率高、调速范围大、精度高，是交流电动机一种比较理想的调速方式。具体使用请自学变频器说明书。

三、检测及故障诊断

1．不通电检测

（1）按电气原理图或电气安装接线图从电源端出发，逐一核对接线及接线端子处是否正确，有无漏接、错接。检查导线接线端子是否符合要求，压接是否牢固。

（2）用万用表检查电路的通断情况。检查时，应选用倍率适当的欧姆挡，并校零，以防短路故障发生。

检查控制回路时（断开电源），可将万用表表笔分别搭在控制回路的两端子上，此时读数应为"∞"。

双速异步电动机变极调速控制电路。SA 置于低速挡，测量读数为接触器 KM1 线圈的阻值；SA 置于高速挡，测量读数为时间继电器 KT 线圈的阻值，按下 KM2 衔铁，测量读数为接触器 KM3 和时间继电器 KT 线圈的并联阻值。

双速异步电动机 Y-YY 自动加速控制电路。按下启动按钮 SB2，测量读数为接触器 KM1 线圈的阻值；外力压下接触器 KM1 的衔铁，测量读数为接触器 KM1 和时间继电器 KT 线圈的并联阻值；压下 KM2 的衔铁，万用表测量 KM2 和 KM3 线圈的并联阻值。

低速运行主电路检测，压下接触器 KM1 衔铁，利用万用表的欧姆挡测量熔断器下端相与相间的阻值，其值分别为电动机 U1~V1、U1~W1、V1~W1 相绕组的阻值。松开 KM1 衔铁，万用表的读数应为零。

高速运行主电路检测，压下接触器 KM2 衔铁，利用万用表的欧姆挡测量熔断器下端相与相间的阻值，其值分别为电动机 U2～V2、U2～W2、V2～W2 相绕组的阻值。松开 KM2 衔铁，万用表的读数应为零。

（3）利用绝缘电阻表测量电路的绝缘电阻，阻值应不小于 0.5MΩ。

2．通电试验

按照操作标准流程，按下相应按钮，观察电器动作情况，判定电路是否实现控制要求。

3．故障诊断

在操作过程中，若出现不正常现象，则应立即断开电源，分析故障原因，仔细检查电路（用万用表），在实训教师同意下才能上电试车运行调试。

思考与练习

1. 三相异步电动机可采用哪些方式实现调速控制？
2. 三相笼型异步电动机通常采用的调速方式是什么？

任务8 直流电动机启动、制动控制电路的安装、接线与调试

能力目标

（1）掌握直流电动机启动、制动控制电路的实现方法。
（2）识读分析直流电动机启动、制动控制电路的工作原理。
（3）掌握安装、接线、调试直流电动机启动、制动控制电路的能力及其操作技能。

使用器材、工具、设备

（1）器材：根据实际需求准备电气控制相关元件。
（2）工具：常用电工工具 1 套（螺丝刀、镊子、钢丝钳、尖嘴钳、验电笔等）。
（3）设备：万用表。

任务要求及实施

一、任务要求

根据直流电动机启动、制动控制电路的电气原理图，分析启动、制动控制电路的工作原理，以电气原理图绘制电气安装接线图，按工艺要求完成电路连接，并能对电路进行检查和故障排除。

二、任务实施

1．识读电气原理图

分析直流电动机启动、制动控制电路的电气原理图，明确电路中所用的元器件及其作用，熟悉电路的工作原理、实现方法和作用。

2．检测元器件

按照电气原理图配齐所需元器件，并检测其好坏。

在不通电的情况下，用万用表或目视检查各元器件触点的通断情况是否良好；检查各元器件的外观和功能是否完好；检查接线螺钉是否完好及螺纹是否失效；检查线圈额定电压与电源电压是否相符。

3．安装与接线

（1）绘制电气元件布置图和电气安装接线图。根据电气原理图绘制电气元件布置图和电气安装接线图，以整齐、均匀、间距合理地布置和安装元器件，便于后期元器件更换及维修，但紧固各元器件时应用力均匀。尤其是熔断器、接触器等易碎元器件，应压紧元器件，紧固对角螺钉，使其不动再适度旋紧。

（2）接线。安装步骤及工艺要求与项目二任务 2 中相同。

（3）检查布线。根据电气安装接线图检查控制板布线是否正确。

（4）安装电动机。根据电气安装接线图安装电动机。

（5）安装接线注意事项。

① 正确选用各电气元件。

② 接线用力不可过猛，以防螺钉打滑。

③ 通电测试前，反复检测电路接线的正确性，不能接错。

4．检测与故障排除

按照知识点中提到的检测及故障诊断方法进行。

5．填写记录表

填写如表 3-8-1 和表 3-8-2 所示的记录表。

表 3-8-1 降压启动控制电路检测记录

不通电测试				
主电路输入两端电阻				
操作步骤	切断电源，压下 KM 衔铁	切断电源，压下 KM 衔铁，分别单独压下 KM1、KM2、KM3 衔铁	切断电源，压下 KM 衔铁，压下 KM1、KM2 衔铁（压下 KM2、KM3 衔铁或压下 KM1、KM3 衔铁）	切断电源，压下 KM 衔铁，压下 KM1、KM2、KM3 衔铁
阻值				
控制回路输入两端电阻				
操作步骤	按下 SB2 或压下 KM 衔铁	按下 SB2 或压下 KM 衔铁			
		按下 SB3 或压下 KM1 衔铁	按下 SB4 或压下 KM2 衔铁	按下 SB5 或压下 KM3 衔铁	同时按下 SB3、SB4、SB5 或压下 KM1、KM2、KM3 衔铁
阻值					
通电测试					
操作步骤	按下 SB2	按下 SB3	按下 SB4	按下 SB5	按下 SB1
电动机动作情况					

表 3-8-2 能耗制动控制电路（见图 8-4）检测记录

不通电测试			
主电路（输入两端电阻）		控制回路	
操作步骤	切断电源，压下 KM 衔铁	按下 SB2	压下 KM 衔铁
阻值			
通电测试			
操作步骤	按下 SB2		按下 SB1
电动机动作或接触器吸合情况			

考核标准及评价

从知识与技能、学习态度与团队意识和工作与职业操守三方面进行综合考核，具体的评价标准如表 3-8-3 所示。

表 3-8-3 考核评价表

考核内容	考核方式	评价标准与得分				
		标准	分值	互评	教师评分	得分
知识与技能（70 分）	教师评价+互评	元器件安装正确紧固、布置合理	5 分			
		接线按工艺要求正确	5 分			
		所选线色正确	5 分			
		布线工艺合理、美观，无损伤导线绝缘层	5 分			
		接线紧固电气接触良好	10 分			
		能不通电检测电路	20 分			
		能通电检测电路	20 分			
学习态度与团队意识（15 分）	教师评价	学习积极性高、有自主学习能力	3 分			
		有分析和解决问题的能力	3 分			
		能组织和协调小组活动过程	3 分			
		有团队协作精神、能顾全大局	3 分			
		有合作精神、热心帮助小组其他成员	3 分			
工作与职业操守（15 分）	教师评价+互评	有安全操作、文明生产的职业意识	3 分			
		诚实守信、实事求是、有创新精神	3 分			
		遵守纪律、规范操作	3 分			
		有节能环保和产品质量意识	3 分			
		能够不断反思、优化和完善	3 分			

知识要点

对于工作比较紧张，接电次数在每小时 1000 次左右的生产机械，常采用直流电动机驱动。直流电动机驱动机械时，生产机械对其有启动、制动等性能要求。

一、直流电动机的启动

直流电动机启动控制的要求与交流电动机类似，即在保证足够大的启动转矩下，尽可能减小启动电流。通常以时间为变化参量分级启动，启动级数不宜超过三级。他励、并励直流电动机在启动控制时必须在施加电枢电压前接上额定的励磁电压，至少是同时，一是保证在启动过程中产生足够大的反电动势，以减小启动电流；二是保证产生足够大的启动转矩，加速启动过程；三是避免由于励磁磁通为零而产生"飞车"事故。

1. 直接启动

不采取任何限流措施，电枢组直接与电源相接的启动方法称为直接启动（或全压启动）。由于电枢电感一般很小，驱动系统的机械惯性较大，因此，启动瞬间电动机转速 n 通常为 0，电枢电动势 E_a 为 0，确定电流为 $I_{st}=(U-E_a)/R_a$，电枢电阻通常很小，启动电流常为额定电流的 10～20 倍，超出额定电流这么多的启动电流会在换向器上产生火花而损坏换向器，启动转矩正比于启动电流，所以直接启动时启动转矩也很大，电动机的转轴在直接启动时会受到较大的机械冲击而造成机械性损伤。因此，直接启动只允许用于小容量的直流电动机。

2. 电枢回路串电阻启动

为限制启动电流，一般将电阻串联在电枢回路中，用来降低其启动电流，把用来启动电动机的电阻称为启动电阻器（又称为启动器）。启动器实际上是一个多级电阻，启动时将启动电阻全部串入，当转速上升时，将其电阻逐个切除，直到电动机转速上升到稳定值，启动过程结束。串联三级启动电阻的启动过程如图 3-8-1 所示。

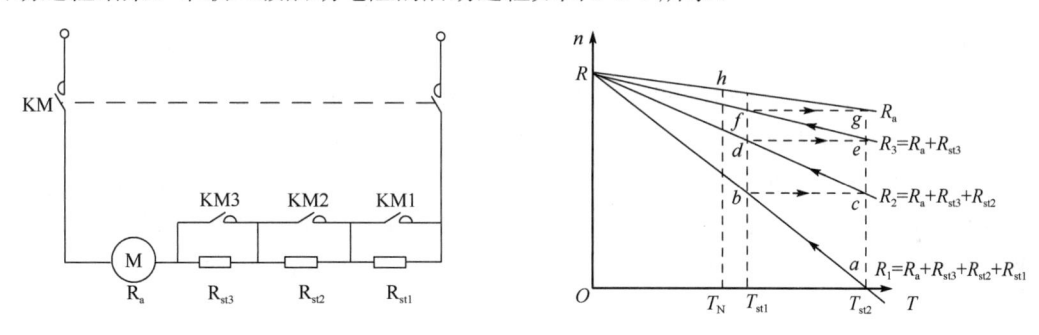

图 3-8-1 串联三级启动电阻的启动过程

KM 为接通电源用的接触器主触点，KM1、KM2、KM3 为启动过程中切除启动电阻的 3 个接触器的主触点，R_1 为电枢电路总电阻，启动时使励磁绕组有额定电流流入。将接触器 KM 主触点闭合，接通电枢电源，此时接触器 KM1、KM2、KM3 断开，启动电阻全部串入电枢。设电枢电压为 U，则启动电流 $I_{st}=U/R_1$，由 I_{st} 产生启动转矩 T_{st1}。在 T_{st1} 的作用下，电动机开始升速，随着 n 的上升，电枢电动势 E_a 相应增大，电枢电流 I_a 减小。当 I_a 减小到 I_2 时，KM1 主触点闭合，切换电阻 R_{st1}，电枢电流增大到 I_1，转速继续上升，I_a 又开始减小，待 I_a 又减小到 I_2 时，KM2 主触点闭合，切断电阻 R_{st2}，电枢电流增大到 I_1。转速继续上升，I_a 又开始减小，待 I_a 又减小到 I_2 时，KM3 主触点闭合，切断电阻 R_{st3}，此时三级启动电阻全部切除，直流电动机的转速沿着固有机械特性继续上升，直至上升到额定转速，启动过程结束。串电阻启动电气原理图如图 3-8-2 所示。

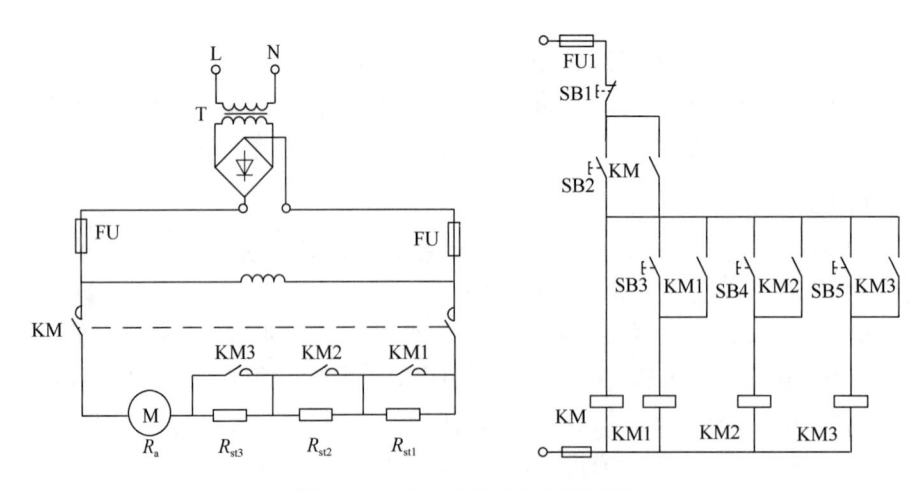

图 3-8-2 串电阻启动电气原理图

二、直流电动机的制动

实际生产中有许多生产机械需要快速停车或在高速运行下迅速转为低速运行，这就要求电动机进行制动，制动就是将电动机的电磁转矩方向调整为与旋转方向相反。由于电磁制动的制动转矩大，且制动强度比较容易控制，在一般的电力拖动系统中多采用这种方法，或者与机械制动配合使用。直流电动机的电磁制动分为三种：能耗制动、反接制动和回馈制动。

1. 能耗制动

图 3-8-3 所示为能耗制动接线图和机械特性曲线，开关处在 1 位置为电动状态，开关处在 2 位置为电动机被切断电源，并接到一个制动电阻 R_z 上，即能耗制动状态。在电力拖动系统的惯性作用下，电动机继续运行，转速 n 的方向来不及改变，励磁仍然保持不变。在电动势的作用下，电动机变为发电机状态，把旋转系统所储存的动能变为电能，消耗在制动电阻和电枢内阻中，故称为能耗制动。由于此时电动机的电压 $U=0$，所以电枢电流为

$$I_a = \frac{U - E_a}{R} = -\frac{E_a}{R_a + R_z}$$

电枢电流与电动机运行状态的电枢电流方向相反，由此产生的电磁转矩也与电动机运行状态的电磁转矩方向相反，变为制动转矩，使电动机很快减速直至停转。

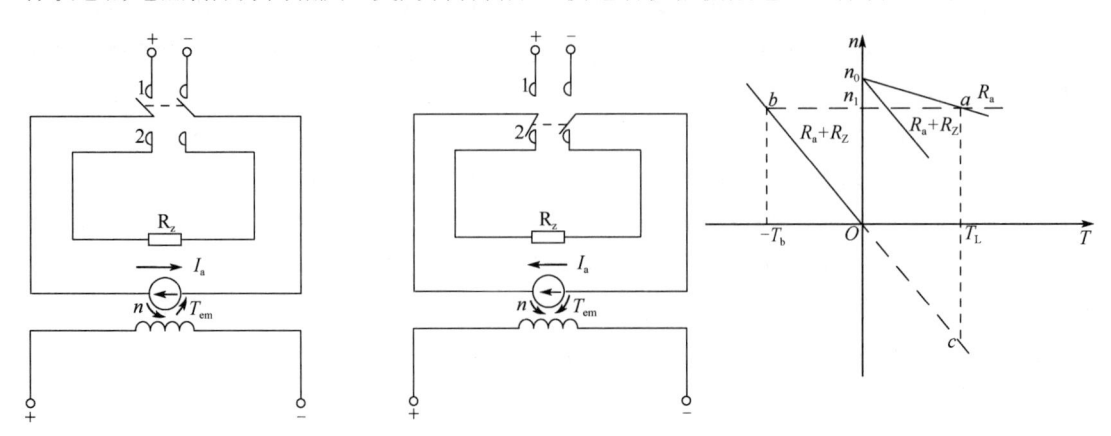

图 3-8-3 能耗制动接线图和机械特性曲线

在能耗制动时，因为 $U=0$，$n_0=0$，所以电动机的机械特性方程为

$$n = -\frac{R_a + R_z}{C_e C_T \Phi^2} T_{em}$$

式中，C_e、C_T 均为与电动机结构有关的常数；Φ 为磁通量。由图 3-8-3 可知，能耗制动的机械特性曲线过坐标原点，位于第 II 象限。若原电动机拖动反抗性恒转矩负载运行在电动状态的 a 点，当进行能耗制动时，在制动切换瞬间，由于转速 n 不能突变，电动机的工作点从 a 点跳变至 b 点，此时电磁转矩反向，与负载转矩同向。在它们的共同作用下，电动机沿曲线减速，随着 $n\downarrow \rightarrow I_a\downarrow \rightarrow$ 制动电磁转矩 $T_{em}\downarrow$，直至工作点变为原点，$n=0$，$I_a=0$，$T_{em}=0$，电动机迅速停转。能耗制动控制电气原理图如图 3-8-4 所示。

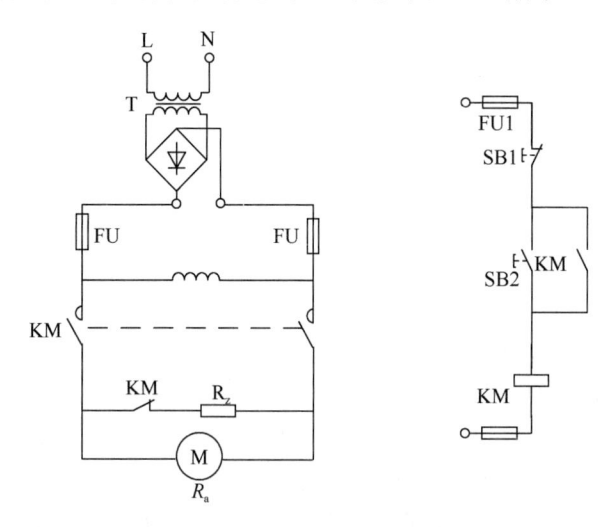

图 3-8-4 能耗制动控制电气原理图

能耗制动的优点：制动减速较平稳可靠、控制电路简单；当转速减至零时，制动转矩也减小到零，便于实现准确停止。缺点：制动转矩随转速下降成正比减小，影响制动效果。能耗制动适用于不可逆运行、制动减速要求较平稳的情况。

2．反接制动

在正反转频繁，要求快速停车的生产设备中，常采用反接制动。所谓反接制动，就是在电动机制动时，电枢电压反接在电枢两端，使其与反接电动势同向，在电枢中就会立即产生很大的反向电流与相反的制动转矩，从而使电动机迅速停转。通常反接制动的时间是由速度继电器来控制的。反接制动分为电源反接制动和倒拉反接制动。

（1）电源反接制动。电源反接制动是将电源反接，同时回路中串联制动电阻 R_z，其接线图和机械特性曲线如图 3-8-5 所示。当开关位于 1 位置时，电动机以电动状态运行。当开关位于 2 位置时，加到电枢绕组两端的电源电压极性和电动状态相反，电动势方向不变，外加电压与电动势方向相同，其电枢电流为

$$I_a = \frac{-U - E_a}{R} = -\frac{U + E_a}{R_a + R_z}$$

电磁转矩方向随 I_a 改变，起制动作用，使电动机转速迅速下降。由于这时电枢电路的

电压 $U+E_a\approx 2U$，因此在反接电源的同时必须在电枢回路中串联制动电阻 R_z，以限制过大的制动电流。电阻 R_z 的阻值一般约等于启动电阻的两倍。

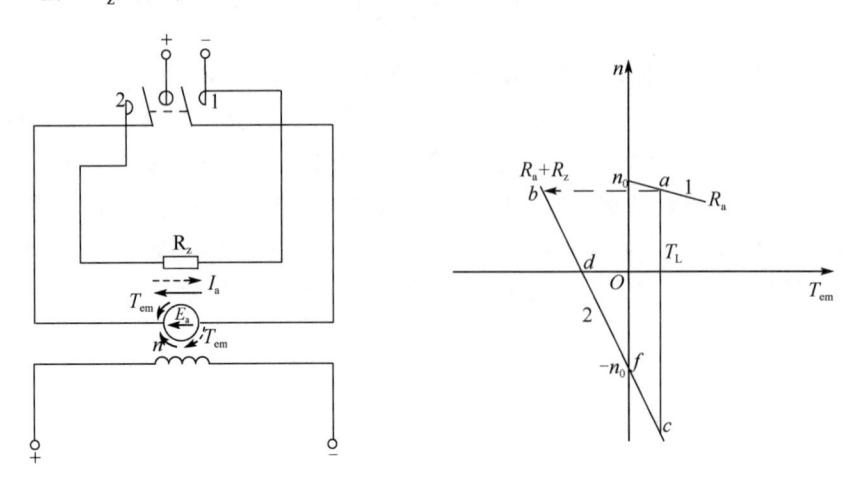

图 3-8-5 电源反接制动接线图和机械特性曲线

电源反接制动的机械特性方程为

$$n = -n_0 - \frac{R_a + R_z}{C_e C_T \Phi^2} T_{em}$$

从图 3-8-5 可知，在制动前，电动机运行在机械特性曲线 1 的 a 点上，在串联电阻 R_z 并将电源反接的瞬间，电动机工作点变为机械特性曲线 2 的 b 点，电磁转矩变为制动转矩，使工作点沿机械特性曲线 2 开始减速。当转速降至零时，如果是反抗性负载，当电磁转矩小于负载转矩，即 $T_{em}<T_L$ 时，电动机停止不动；当电磁转矩大于负载转矩，即 $T_{em}>T_L$ 时，在反向电磁转矩的作用下，电动机将由反向启动进入反向电动运行状态，如图 3-8-5 中的 df 段所示。如果是位能负载，当 T_L 大于电力拖动系统空载的摩擦转矩时，不管电动机在 $n=0$ 时电磁转矩有多大，电动机都反转。要避免电动机反转，必须在 $n=0$ 的瞬间及时切断电源，并使机械抱闸动作，保证电动机准确停转。

（2）倒拉反接制动。倒拉反接制动通常用于起重机下放较重物体时，是为了防止物体下放速度过快而出现事故所使用的一种制动方法。其接线图和机械特性曲线如图 3-8-6 所示。在图 3-8-6（a）中，电动机在提升负载，沿逆时针方向旋转，稳定运行于图 3-8-6（c）的 a 点上。如果在电枢电路中串联大电阻 R_z，则电枢电流减小，电动机工作点变为机械特性曲线的 b 点。这时 $T_{em} \leqslant T_L$，电动机的转速下降。转速与转矩的变化沿着该曲线箭头所示的方向。当转速降至零时，若仍有 $T_{em} \leqslant T_L$，则在负载位能转矩的作用下，将电动机倒拉反转，其旋转方向变为下放重物的方向，如图 3-8-6（b）所示。此时，电动势方向与电源电压方向相同，电枢电流为

$$I_a = \frac{U-(-E_a)}{R} = \frac{U+E_a}{R_a+R_z}$$

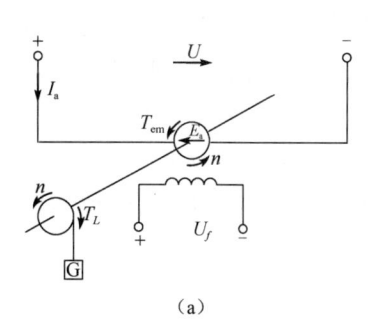

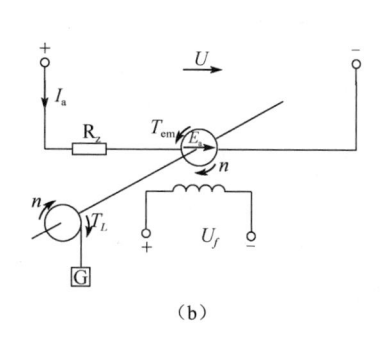

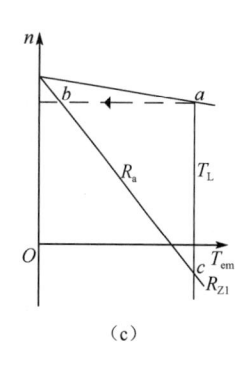

图 3-8-6 倒拉反接制动接线图和机械特性曲线

因为 I_a 方向不变，所以电磁转矩 T_{em} 方向也不变。但因旋转方向已改变，所以电磁转矩变成了阻碍反向运动的制动转矩。如果略去 T_0，当 $T_{em}=T_L$ 时，就制止了重物下放速度的继续增大，可稳定运行于图 3-8-6（c）的 c 点上。

倒拉反接制动的机械特性方程为

$$n = n_0 - \frac{R_a + R_z}{C_e C_T \Phi^2} T_{em}$$

反接制动的优点：制动转矩较恒定、制动较强烈、效果好。缺点：需要从电网中吸收大量电能；当电源反接制动转速为零时，如果不及时切断电源，会自行反向加速。电源反接制动适用于要求迅速反转、较强烈制动的场合；倒拉反接制动应用于起重机以较慢的稳定转速下放重物的情况。

3．回馈制动

在电动状态下运行的电动机，在某种条件下（如起重机下放重物或电动机拖动的机车下坡时）会出现运行转速 n 高于理想空载转速 n_0 的情况，这时电动机将处于回馈制动状态，其接线图和机械特性曲线如图 3-8-7 所示。在图 3-8-7（a）中标出了电动机电流和转矩的方向，这时机械特性和电源反接制动机械特性相同，位能负载转矩仍为正值。在电动机电磁转矩和位能负载转矩的作用下，电动机沿机械特性曲线 2 在 d 点反向启动并加速，如图 3-8-7（c）所示。当转速达到某一数值时，电动机工作点变为机械特性曲线 2 上的 f' 点，可将串联在电枢上的外电阻切除，使电动机工作点由 f' 点变为机械特性曲线 3 上的 f 点，并继续反向加速。当运行转速超过理想空载转速时，电动机工作点进入第Ⅳ象限的回馈制动状态。

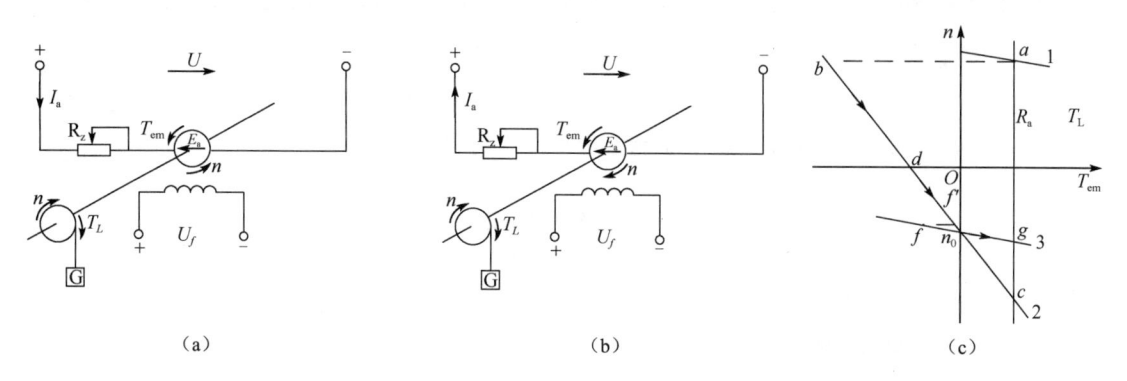

图 3-8-7 回馈制动接线图和机械特性曲线

当 $|-n|>|-n_0|$，$E_a>U$ 时，电动机的 I_a 与 E_a 方向相同。电磁转矩随 I_a 改变方向，变为制动转矩。于是电动机变为发电机状态，把系统的动能变为电能，反馈回电网。此时，稳定在 g 点上运转，以 n_g 转速稳定下放重物。从机械特性曲线中可以看到，如果在电枢电路中保留外接电阻，则电动机将稳定在较高转速的 c 点上。为了防止转速过高，减小电阻损耗，在回馈制动时，不宜接入制动电阻。若下放为正方向，则机械特性曲线旋转180°，成为正向的回馈制动，机械特性曲线则在第Ⅱ象限。

回馈制动的机械特性方程为

$$n = -n_0 - \frac{R_a + R_z}{C_e C_T \Phi^2} T_{em}$$

回馈制动的优点：不需要改接电路即可从电动状态自行转化到制动状态，电能可反馈回电网，简单、可靠、经济。缺点：制动只能出现在 $n>n_0$ 时，应用范围较小。回馈制动适用于位能负载的稳定速度下放的情况。

三、检测及故障诊断

1．不通电检测

（1）按电气原理图或电气安装接线图从电源端出发，逐一核对接线及接线端子处是否正确，有无漏接、错接。检查导线接线端子是否符合要求，压接是否牢固。

（2）用万用表检查电路的通断情况。检查时，应选用倍率适当的欧姆挡，并校零，以防短路故障发生。

检查控制回路时（断开电源），可将万用表表笔分别搭在控制回路的两端子上，此时读数应为"∞"。

串电阻启动控制电路。按下启动按钮 SB2 或压下 KM 衔铁，万用表测量的阻值为 KM 线圈阻值；同时按下 SB2（或压下 KM 衔铁）和 SB3（或压下 KM1 衔铁），万用表测量的阻值为接触器 KM 和 KM1 线圈并联阻值；同时按下 SB2（或压下 KM 衔铁）和 SB4（或压下 KM2 衔铁），万用表测量的阻值为接触器 KM 和 KM2 线圈并联阻值；同时按下 SB2（或压下 KM 衔铁）和 SB5（或压下 KM3 衔铁），万用表测量的阻值为接触器 KM 和 KM3 线圈并联阻值。

能耗制动控制电路。按下 SB2 或压下 KM 衔铁，万用表测量的阻值为 KM 线圈阻值。

2．通电试验

按照操作标准流程按下相应按钮，观察电器动作情况，判定电路是否实现控制要求。

3．故障诊断

在操作过程中，若出现不正常现象，则应立即断开电源，分析故障原因，仔细检查电路（用万用表），在实训教师同意下才能上电试车运行调试。

思考与练习

1．直流电动机中换向器的作用是什么？
2．电动状态与制动状态的主要区别是什么？
3．直流电动机为什么不能直接启动？如果直接启动会引起什么后果？
4．直流电动机有几种启动方法？比较它们的优缺点。

项目四

典型机床电气电路的故障检修

项目描述

电气控制设备种类繁多，拖动控制方法各异，控制电路的形式也差异巨大。本项目以典型机床电气电路和起重机电气电路的故障检修为实践载体，培养学生能根据常用的典型电气故障现象，分析其故障原因，能在电气原理图中确定故障范围，能利用仪表检查故障点，并对其进行排除。

思维导图

典型机床电气电路的故障检修
- 任务1：车床电气电路的故障检修
- 任务2：铣床电气电路的故障检修
- 任务3：钻床电气电路的故障检修
- 任务4：磨床电气电路的故障检修
- 任务5：镗床电气电路的故障检修
- 任务6：桥式起重机电气电路的故障检修

任务 1　车床电气电路的故障检修

🔍 能力目标

(1) 了解车床的主要结构和运动形式，熟悉车床的操作过程。
(2) 熟悉 CA6140 型卧式车床的电气控制特点。
(3) 掌握 CA6140 型卧式车床电气电路的工作原理、故障的分析方法。
(4) 采用正确的检修步骤，排除 CA6140 型卧式车床电气电路故障。

🔍 使用器材、工具、设备

(1) 器材：CA6140 型卧式车床或 CA6140 型卧式车床电气控制模拟装置。
(2) 工具：常用电工工具（螺丝刀、剥线钳、尖嘴钳等）、拆装工具等。
(3) 设备：万用表、兆欧表、钳形电流表等。

🔍 任务要求及实施

一、任务要求

根据故障现象，排除 CA6140 型卧式车床电气电路的故障。

二、任务实施

1. CA6140 型卧式车床电气电路的故障分析与处理

(1) 熟悉 CA6140 型卧式车床或 CA6140 型卧式车床电气控制模拟装置，了解装置的基本操作，明确各种电器的作用。掌握 CA6140 型卧式车床的电气控制原理。

(2) 查看装置背面各电气元件上的接线是否牢固，各熔断器是否安装良好，故障设置单元中的微型开关是否处于向上位置（向上为正常状态，向下为故障状态），并完成负载和控制变压器的接线。

(3) 独立安装好接地线，设备下方垫好绝缘垫，将各开关置于分断位置。

(4) 在实训教师的监督下，接上三相电源。合上 QF1，电源指示灯亮。

(5) 按下 SB3，快速移动电动机 M3 工作；按下 QS2，冷却电动机 M2 工作，相应指示灯亮；按下 SB2，主轴电动机 M1 正转，相应指示灯亮，按下 SB1，主轴电动机 M1 停转。

(6) 在掌握了车床的基本操作后，按照电气原理图由实训教师在 CA6140 型卧式车床主电路或控制回路中任意设置 2~3 个电气故障点。由学生自己诊断电路，分析处理故障，并在电气原理图中标出故障点。

(7) 设置故障点时，应注意做到隐蔽，一般不宜设置在单独支路或单一回路中。故障现象尽可能不要相互掩盖。尽量不设置容易造成人身或设备事故的故障点。

2. 实操要求

(1) 学生应根据故障现象，先在电气原理图中正确标出最小故障范围的线段，然后采用正确的检查和排除故障方法，并在定额时间内排除故障。

（2）排除故障时，必须修复故障点，不得采用更换电气元件、借用触点及改动电路的方法。

（3）检修时，严禁扩大故障范围或产生新的故障，不得损坏电气元件。

3．操作注意事项

（1）设备操作应在实训教师指导下操作，做到安全第一。设备通电后，严禁在电器侧随意扳动电气元件。进行故障排除训练时，尽量采用不带电检修。若带电检修，则必须有实训教师在现场监护。

（2）必须安装好各电动机、支架接地线、设备下方垫好绝缘橡胶垫，厚度不小于8mm，操作前要仔细查看各接线端，有无松动或脱落，以免通电后发生意外或损坏电器。

（3）在操作中若发出异常响声，则应立即断电，查明故障原因。故障噪声主要来自电动机缺相运行，接触器、继电器吸合不正常等。

（4）若发现熔芯熔断，则应在找出故障后，更换同规格熔芯。

（5）在维修设备时，不要随便互换线端处号码管。

（6）操作时用力不要过大，速度不宜过快；操作频率不宜过于频繁。

（7）实训结束后，应拔出电源插头，将各开关置于分断位置。

4．检测与故障排除

按照知识点中提到的检测及故障诊断方法进行。

考核标准及评价

从知识与技能、学习态度与团队意识和工作与职业操守三方面进行综合考核，具体的评价标准如表4-1-1所示。

表4-1-1 考核评价表

考核内容	考核方式	评价标准与得分				
		标准	分值	互评	教师评分	得分
知识与技能（70分）	教师评价+互评	能正确识读车床电气原理图	20分			
		能正确使用工具检测	20分			
		能检测故障点并对其进行维修	30分			
学习态度与团队意识（15分）	教师评价	学习积极性高、有自主学习能力	3分			
		有分析和解决问题的能力	3分			
		能组织和协调小组活动过程	3分			
		有团队协作精神、能顾全大局	3分			
		有合作精神、热心帮助小组其他成员	3分			
工作与职业操守（15分）	教师评价+互评	有安全操作、文明生产的职业意识	3分			
		诚实守信、实事求是、有创新精神	3分			
		遵守纪律、规范操作	3分			
		有节能环保和产品质量意识	3分			
		能够不断反思、优化和完善	3分			

知识要点

一、电气故障检修的基本方法

1. 电气故障检修的一般步骤

（1）观察和调查故障现象。故障现象是电气故障检修的基本依据，是电气故障检修的起点。因而要对故障现象进行仔细观察、分析，找出故障现象中最主要、最典型的方面，搞清故障发生的时间、地点、环境等。

（2）分析故障原因。根据故障现象分析故障原因是电气故障检修的关键，经过分析，初步确定故障范围、缩小故障部位。分析的能力建立在对电气设备构造、原理、性能充分理解的基础上。要求理论与实际相结合。

（3）确定故障点。确定故障点是电气故障检修的最终目的和结果，如短路点、损坏的电气元件等，也可理解成确定某些运行参数的变异，如电压波动、三相不平衡等。确定故障点往往采用下面将要介绍的多种方法和手段。

2. 电气故障检修的一般方法

（1）电气故障调查。通过"问、看、听、摸、闻"来发现异常情况，从而找出故障电路和故障部位。

① 问。向现场操作人员了解故障发生前后的情况。例如，故障发生前是否过载、频繁启动和停止，故障发生时是否有异常响声和振动，有没有冒烟、冒火等现象。

② 看。仔细察看各电气元件的外观变化情况。例如，看触点是否烧熔、氧化，熔断器熔体熔断指示器是否跳出，导线和线圈是否烧焦，热继电器整定值是否合适，整定电流是否符合要求等。

③ 听。主要听相关电器在故障发生前后的声音是否不同。例如，电动机启动时"嗡嗡"响而不转，接触器线圈得电后噪声很大等。

④ 摸。故障发生后，断开电源，用手触摸或轻轻推拉导线及电器的某些部位，以察觉异常变化。例如，摸电动机、自耦变压器和电磁线圈表面感觉温度是否过高，轻拉导线看连接是否松动，轻推电器活动机构看移动是否灵活等。

⑤ 闻：故障出现后，断开电源，靠近电动机、自耦变压器、继电器、接触器、绝缘导线等处，闻是否有焦味。若有焦味，则表明电器绝缘层已被烧坏，主要原因是过载、短路或三相电流严重不平衡等。

（2）状态分析法。故障发生时，根据电气设备所处的状态进行分析的方法，称为状态分析法。电气设备的运行过程可以分解成若干连续的阶段，这些阶段也可称为状态。任何电气设备都处在一定的状态下工作，如电动机的工作过程可以分解成启动、运转、正转、反转、高速、低速、制动、停止等工作状态。电气故障总是发生于某一状态，而在这一状态中，各电气元件又处于什么状态，这是分析故障的重要依据。例如，电动机启动时，哪些元件工作，哪些触点闭合等。因而检修电动机启动故障时只需注意这些元件的工作状态，状态划分得越细，对电气故障检修越有利。

（3）测量法。用电气测量仪表测试参数，通过与正常的数值对比，确定故障部位和故障原因。

① 测量电压法。用万用表交流 500V 挡测量电源、主电路电压，以及各接触器和继电器线圈、各控制回路两端的电压。若发现所测电压与额定电压不相符（超过 10%），则为故障可疑处。

② 测量电流法。用钳形电流表或交流电流表测量主电路及有关控制回路的工作电流。若所测电流与设计电流不相符（超过 10%），则为故障可疑处。

③ 测量电阻法。断开电源，用万用表欧姆挡测量有关部位的阻值。若所测阻值与要求的阻值相差较大，则该部位极有可能是故障点。一般来讲，触点接通时，阻值趋近于 0，断开时阻值为∞；导线连接牢靠时，连接处的接触阻值也趋近于 0，连接处松脱时，阻值为∞；各种绕组（或线圈）的直流阻值较小，往往只有几欧姆至几千欧姆，而断开后的阻值为∞。

④ 测量绝缘电阻法：断开电源，用兆欧表测量电气元件和电路对地及相间绝缘阻值。电器绝缘层的绝缘阻值规定不得小于 0.5MΩ。绝缘阻值过小，是造成相线与地、相线与相线、相线与中性线之间漏电和短路的主要原因。若发现这种情况，则应认真检查。

3．电气故障检修技巧

（1）熟悉电路原理，确定检修方案。当一台设备的电气控制系统发生故障时，不要急于动手拆卸，首先要了解该电气设备产生故障的现象、经过、范围、原因，熟悉该电气设备及电气控制系统的工作原理，分析各个具体电路，弄清电路中各级之间的相互联系，以及信号在电路中的来龙去脉，结合实际经验，经过周密思考，确定一个科学的检修方案。

（2）先机械，后电路。电气设备都以电气、机械原理为基础，特别是机电一体化的设备，机械和电子在功能上有机配合，是一个整体的两个部分。机械部件出现故障，往往会影响电气控制系统，许多电气元件的功能就不起作用。因此不要被表面现象迷惑。电气控制系统出现故障并不一定是电气部分存在问题，有可能是机械部件出现故障造成的。因此先检修机械部件的故障，再排除电气部分的故障，往往会收到事半功倍的效果。

（3）先简单，后复杂。检修故障要先用最简单易行、自己最拿手的方法去处理，再用复杂、精确的方法。排除故障时，先排除直观、显而易见、简单常见的故障，后排除难度较高、没有处理过的故障。

（4）先检修"通病"，后攻"疑难杂症"。电气设备经常容易产生相同类型的故障就是通病。由于通病比较常见，积累的经验较丰富，因此可快速排除，这样可以集中精力和时间排除比较少见、难度高、古怪的疑难杂症，简化步骤，缩小范围，提高检修速度。

（5）先外部调试，后内部处理。外部是指暴露在电气设备外壳或密封件外部的各种开关、按钮、插口及指示灯；内部是指在电气设备外壳或密封件内部的印制电路板、电气元件及各种连接导线。先外部调试，后内部处理，就是在不拆卸电气设备的情况下，利用电气设备面板上的开关、旋钮、按钮等调试、检查，缩小故障范围。首先排除外部的故障，再检修内部的故障，尽量避免不必要的拆卸。

（6）先不通电测试，后通电测试。首先在不通电的情况下，对电气设备进行检修；然后在通电的情况下，对电气设备进行检修。对发生许多故障的电气设备进行检修时，不能立即通电，否则会人为扩大故障范围，烧毁更多的电气元件，造成不应有的损失。因此，在通电前，先进行电阻测量，采取必要的措施后，再通电检修。

（7）先公用电路，后专用电路。任何电气控制系统的公用电路出现故障，其能量、信息就无法传送、分配到各具体专用电路，专用电路的功能、性能就不起作用。例如，一台电气设备的电源出现故障，整个系统就无法正常运转，向各种专用电路传递能量、信息就不可能实现。因此遵循先公用电路，后专用电路的顺序，就能快速、准确地排除电气设备的故障。

（8）总结经验，提高效率。电气设备出现的故障五花八门、千奇百怪。任何一台有故障的电气设备检修完，都应该把故障现象、原因、检修经过、技巧、心得记录在专用笔记本上，学习掌握各种新型电气设备的理论知识、熟悉其工作原理，积累维修经验，将自己的经验上升为理论。在理论指导下，具体故障具体分析，才能准确、迅速地排除故障。只有这样才能把自己培养成为电气故障检修的"行家里手"。

二、车床的主要结构和运动形式

1. 主要结构

CA6140型卧式车床是一种应用极为广泛的金属切削通用机床，能够车削外圆、内圆端面螺纹、螺杆及车削定型表面，也可以用于钻头、铰刀、镗刀等加工。CA6140型卧式车床的外形与型号如图4-1-1所示。

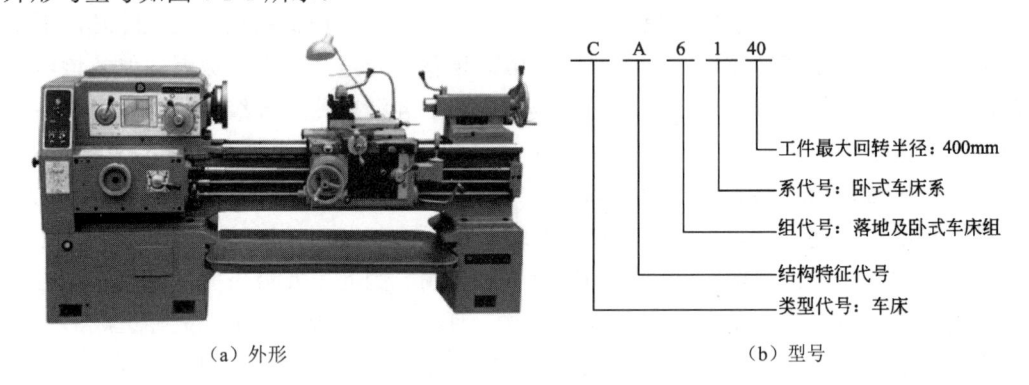

(a) 外形　　　　　　　　　　(b) 型号

图 4-1-1　CA6140型卧式车床的外形与型号

型号说明：
- C——类型代号：车床
- A——结构特征代号
- 6——组代号：落地及卧式车床组
- 1——系代号：卧式车床系
- 40——工件最大回转半径：400mm

CA6140型卧式车床的结构示意图如图4-1-2所示，主要由床身、主轴箱、进给箱、溜板箱、刀架、丝杠、光杠、尾座等部分组成。

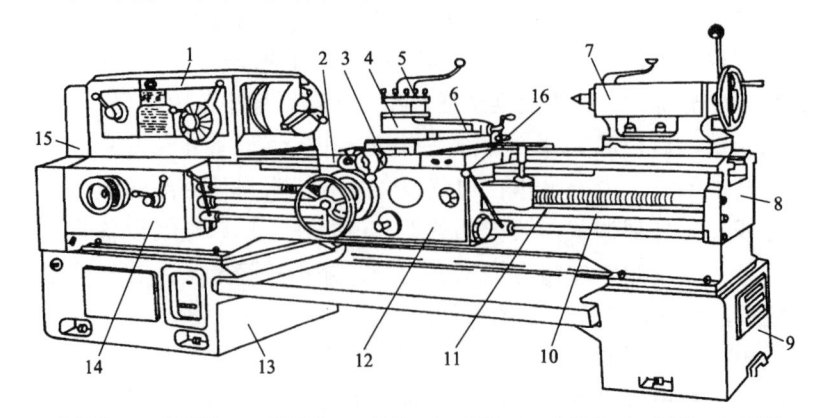

1—主轴箱；2—纵溜板；3—横溜板；4—转盘；5—刀架；6—小溜板；7—尾座；8—床身；9—右床座；10—光杠；11—丝杠；12—溜板箱；13—左床座；14—进给箱；15—挂轮架；16—操纵手柄

图 4-1-2　CA6140型卧式车床的结构示意图

2. 运动形式

车床的运动形式分为切削运动、进给运动、辅助运动。车床的切削运动包括工件旋转的主运动和刀具的直线进给运动。根据工件的材料性质、车刀材料及几何形头、工件直径、加工方式及冷却条件的不同，要求主轴有不同的切削速度。车床的进给运动是刀架带动刀具的直线运动。溜板箱把丝杆或光杆的转动传递给刀架，变换溜板箱外的手柄位置，经刀架使车床做纵向或横向进给。车床的辅助运动为车床上除切削运动外的其他一切必需的运动，如尾架的纵向移动，工件的夹紧与放松等。

三、车床的电力拖动特点及控制要求

CA6140 型卧式车床是一种中型车床，除了主轴电动机 M1 和冷却泵电动机 M2，还设置了刀架快速移动电动机 M3。控制要求如下。

（1）主轴电动机一般选用三相笼型异步电动机，为满足调速要求，采用机械变速。

（2）为车削螺纹，主轴要求正反转。采用机械方法来实现。

（3）采用齿轮箱进行机械有级调速。主轴电动机采用直接启动，为实现快速停转，一般采用机械制动。

（4）设有冷却泵电动机且要求冷却泵电动机应在主轴电动机启动后方可选择启动与否；当主轴电动机停转时，冷却泵电动机应立即停转。

（5）为实现溜板箱的快速移动，由单独的快速移动电动机拖动，采用点动控制。

四、CA6140 型卧式车床电气电路分析

CA6140 型卧式车床的电气控制原理图如图 4-1-3 所示。

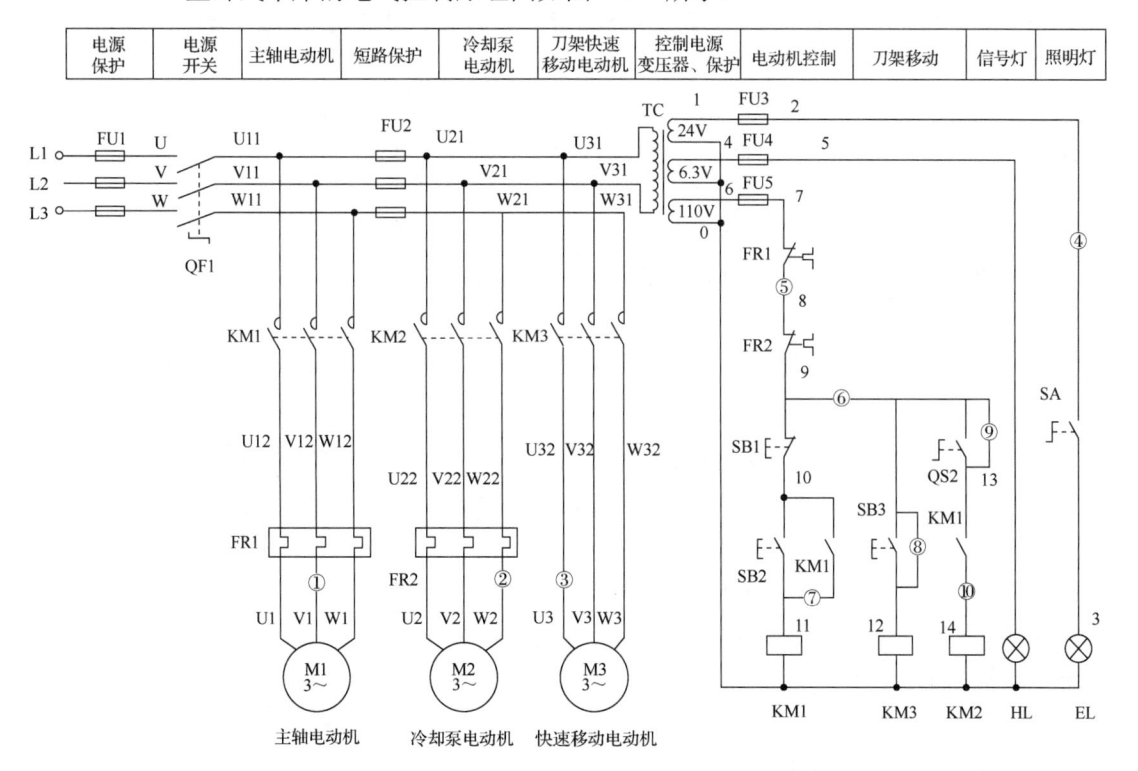

图 4-1-3 CA6140 型卧式车床的电气控制原理图

(1) 主电路分析。QF1 为电源开关，FU1 为主轴电动机 M1 的短路保护用熔断器，FR1 为其过载保护用热继电器。由接触器 KM1 的主触点控制主轴电动机 M1。KM2 为接通冷却泵电动机 M2 的接触器，FR2 为 M2 过载保护用热继电器。KM3 为接通刀架快速移动电动机 M3 的接触器，由于 M3 点动短时运转，故不设置热继电器。

(2) 控制回路分析。控制回路的电源由控制变压器 TC 的二次侧输出 110V 电压提供。

① 主轴电动机 M1 的控制。当按下启动按钮 SB2 时，接触器 KM1 线圈通电，KM1 主触点闭合，KM1 自锁触点闭合，M1 启动运转。KM1 常开辅助触点闭合，为 KM2 得电做准备。按下停止按钮 SB1 即可停转。主轴电动机的正反控制采用多片摩擦离合器来实现。

② 冷却泵电动机 M2 的控制。主轴电动机 M1 与冷却泵电动机 M2 之间实现顺序控制。只有当 M1 启动运转后，合上旋钮开关 QS2，KM2 才会得电，其主触点闭合使 M2 运转。

③ 刀架快速移动电动机 M3 的控制。刀架快速移动的电路为点动控制，刀架移动方向的改变，是由进给操作手柄配合机械装置来实现的。如果需要快速移动，按下按钮 SB3 即可。

(3) 照明、信号电路分析。照明灯 EL 和信号灯 HL 的电源分别由控制变压器 TC 二次侧输出 24V 和 6.3V 电压提供。开关 SA 为照明开关。熔断器 FU3 和 FU4 分别作为 HL 和 EL 的短路保护。

五、CA6140 型卧式车床电气电路典型故障分析与检测

1. 按下主轴启动按钮，主轴电动机 M1 不能启动，KM1 不吸合

从故障现象中可以判断出问题可能存在于主轴电动机 M1、主电路电源、控制回路 110V 电源及与 KM1 相关的电路上。可从以下几个方面进行分析检查。

(1) 首先检查主电路和控制回路的熔断器 FU1、FU2、FU5 是否熔断，若熔断，则更换熔断器的熔体。

(2) 若未发现熔断器熔断，则检查热继电器 FR1、FR2 的触点或接线是否良好，或者热继电器是否动作过。如果热继电器动作过，则应找出动作的原因。

(3) 若热继电器未动作，则检查停止按钮 SB1、启动按钮 SB2 的触点或接线是否良好。

(4) 检查接触器 KM1 的线圈或接线是否良好。

(5) 检查主电路中接触器 KM1 的主触点或接线是否良好。

(6) 若控回路、主电路都完好，但主轴电动机 M1 仍然不能启动，则故障必然发生在电源及电动机上，如电动机断线、电源电压过低都会造成主轴电动机 M1 不能启动，KM1 不吸合。

2. 按下启动按钮 SB2，主轴电动机 M1 转动很慢，并发出"嗡嗡"声

从故障现象中可以判断出这种状态为缺相运行或跑单相，问题可能存在于主轴电动机 M1、主电路电源及 KM1 的主触点上。例如，三相开关中任意一相触点接触不良，三相熔断器任意一相熔断，接触器 KM1 有一对主触点接触不良，电动机定子绕组任意一相接线断开、接头氧化、有油污或压紧螺母未拧紧，都会造成缺相运行。遇到这种故障时，应立即切断电动机的电源，否则电动机要烧毁。可从以下几个方面进行分析检查。

(1) 首先检查总电源是否正常。

(2) 检查主电路的熔断器 FU1 和 FU2 是否熔断，若熔断，则更换熔断器的熔体。

(3）若未发现熔断器熔断，则检查接触器 KM1 的主触点或接线是否良好。

（4）检查电动机定子绕组是否正常。通常采用万用表欧姆挡检查相间直流电阻是否平衡来判断。

3．按下启动按钮 SB2，主轴电动机 M1 能启动，但不能自锁

从故障现象中可以判断出主轴电动机 M1、主电路电源、控制回路 110V 电源是正常的。可从以下几个方面进行分析检查。

（1）首先检查接触器 KM1 辅助常开（自锁）触点是否正常。

（2）检查接触器 KM1 辅助常开触点接线是否松动。

（3）检查控制回路的接线是否错误。

4．按下停止按钮 SB1，主轴电动机 M1 不能停转

从故障现象中可以判断出主轴电动机 M1、主电路电源、控制回路 110V 电源是正常的。可从以下几个方面进行分析检查。

（1）首先检查接触器 KM1 主触点是否正常。如果主触点熔焊，只有切断电源开关才能使电动机停转。排除这种故障只能更换接触器。

（2）检查停止按钮 SB1 触点或接线是否良好。

思考与练习

1．判断题（正确的在括号内打"√"，错误的打"×"）

（1）CA6140 型卧式车床只能削外圆，不能加工内圆端面。（　　）

（2）CA6140 型卧式车床的主轴电动机 M1 正反转运行时，采用电气方法来实现。（　　）

（3）CA6140 型卧式车床的主轴、冷却泵、刀架快速移动分别由两台电动机拖动。（　　）

2．选择题（将正确答案的字母填入括号）

（1）CA6140 型卧式车床中控制回路的电源由变压器 TC 的二次侧输出，其电压为（　　）。

A．380V　　　　　　B．220V　　　　　　C．127V　　　　　　D．110V

（2）CA6140 型卧式车床是最为常见的金属切削设备，其机床电源开关在机床（　　）。

A．右侧　　　　　　B．正前方　　　　　C．左前方　　　　　D．左侧

3．简答题

（1）CA6140 型卧式车床主轴电动机的电气控制特点是什么？

（2）当按下主轴启动按钮时，主轴电动机 M1 不能启动，请尝试分析其原因。

任务 2　铣床电气电路的故障检修

能力目标

（1）了解铣床的主要结构和运动形式，熟悉铣床的操作过程。

（2）熟悉 X62W 型万能铣床的电气控制特点。

（3）掌握 X62W 型万能铣床电气电路的工作原理、故障的分析方法。

（4）采用正确的检修步骤，排除 X62W 型万能铣床电气电路故障。

使用器材、工具、设备

（1）器材：X62W 型万能铣床或 X62W 型万能铣床电气控制模拟装置。
（2）工具：常用电工工具（螺丝刀、剥线钳、尖嘴钳等）、拆装工具等。
（3）设备：万用表、兆欧表、钳形电流表等。

任务要求及实施

一、任务要求

X62W 型万能铣床电气故障检修。

二、任务实施

根据故障现象，排除 X62W 型万能铣床电气电路的故障。

1. 任务实施步骤

（1）熟悉 X62W 型万能铣床或 X62W 型万能铣床电气控制模拟装置，了解装置的基本操作，明确各种电器的作用。掌握 X62W 型万能铣床电气控制原理。

（2）查看装置背面各电气元件上的接线是否牢固，各熔断器是否安装良好，故障设置单元中的微型开关是否处于向上位置（向上为正常状态，向下为故障状态），并完成负载和控制变压器的接线。

（3）独立安装好接地线，在设备下方垫好绝缘垫，将各开关置于分断位置。

（4）在实训教师的监督下，接上三相电源。合上 QF，电源指示灯亮。

（5）合上 SA1，观察冷却泵电动机 M3 工作；转动开关 SA4，照明灯 EL 亮。

（6）将转动开关 SA5 置于"正转"或"反转"，按下按钮 SB3 或 SB4，KM1 吸合并联锁，主轴电动机 M1 启动运行；按下 SB1 或 SB2，KM1 断电释放，KM2 得电，主轴电动机 M1 停转。

（7）启动主轴电动机 M1 后，将转动开关 SA3 置于"工作台进给"，分别按下行程开关 SQ1~SQ4 观察进给电动机 M2 的动作情况，是否实现纵向（左、右）移动、横向（前、后）移动、垂直（上、下）移动。

（8）将转动开关 SA3 置于"圆工作台进给"，观察进给电动机 M2 的动作情况。

（9）按下按钮 SB5 或 SB6，观察 KM5 是否动作。

（10）在掌握了 X62W 型万能铣床的基本操作之后，按照电气原理图由实训教师在主电路或控制回路中任意设置 2~3 个电气故障点。由学生自己诊断电路，分析处理故障，并在电气原理图中标出故障点。

（11）设置故障点时，应注意做到隐蔽，一般不宜设置在单独支路或单一回路中。故障现象尽可能不要相互掩盖。尽量不设置容易造成人身或设备事故的故障点。

2. 实操要求

（1）学生应根据故障现象，先在电气原理图中正确标出最小故障范围的线段，然后采用正确的检查和排除故障方法，并在定额时间内排除故障。

（2）排除故障时，必须修复故障点，不得采用更换电气元件、借用触点及改动电路的方法。

（3）检修时，严禁扩大故障范围或产生新的故障，不得损坏电气元件。

3．操作注意事项

（1）设备操作应在实训教师指导下进行，做到安全第一。设备通电后，严禁在电器侧随意扳动电气元件。进行故障排除训练时，尽量不带电检修。若带电检修，则必须有实训教师在现场监护。

（2）必须安装好各电动机、支架接地线，在设备下方垫好绝缘橡胶垫，厚度不小于8mm，操作前要仔细查看各接线端有无松动或脱落，以免通电后发生意外或损坏电器。

（3）在操作中若发出异常响声，则应立即断电，查明故障原因。故障噪声主要来自电动机缺相运行，接触器、继电器吸合不正常等。

（4）在维修设备时不要随便互换线端处号码管。

（5）操作时用力不要过大，速度不宜过快；操作频率不宜过于频繁。

（6）实训结束后，应拔出电源插头，将各开关置于分断位置。

4．检测与故障排除

按照知识点中提到的检测及故障诊断方法进行。

考核标准及评价

从知识与技能、学习态度与团队意识和工作与职业操守三方面进行综合考核，具体的评价标准如表4-2-1所示。

表4-2-1 考核评价表

考核内容	考核方式	评价标准与得分				
		标准	分值	互评	教师评分	得分
知识与技能（70分）	教师评价+互评	能正确识读X62W型万能铣床的电气原理图	20分			
		能正确使用检测工具检测	20分			
		能检测故障点	30分			
学习态度与团队意识（15分）	教师评价	学习积极性高、有自主学习能力	3分			
		有分析和解决问题的能力	3分			
		能组织和协调小组活动过程	3分			
		有团队协作精神、能顾全大局	3分			
		有合作精神、热心帮助小组其他成员	3分			
工作与职业操守（15分）	教师评价+互评	有安全操作、文明生产的职业意识	3分			
		诚实守信、实事求是、有创新精神	3分			
		遵守纪律、规范操作	3分			
		有节能环保和产品质量意识	3分			
		能够不断反思、优化和完善	3分			

> 知识要点

一、X62W 型万能铣床的主要结构和运动形式

1．主要结构

X62W 型万能铣床是一种通用的多用途机床，可用来加工平面、斜面、沟槽；装上分度头后，可以铣切直齿轮和螺旋面；加装圆工作台后，可以铣切凸轮和弧形槽。X62W 型万能铣床的外形与型号如图 4-2-1 所示。

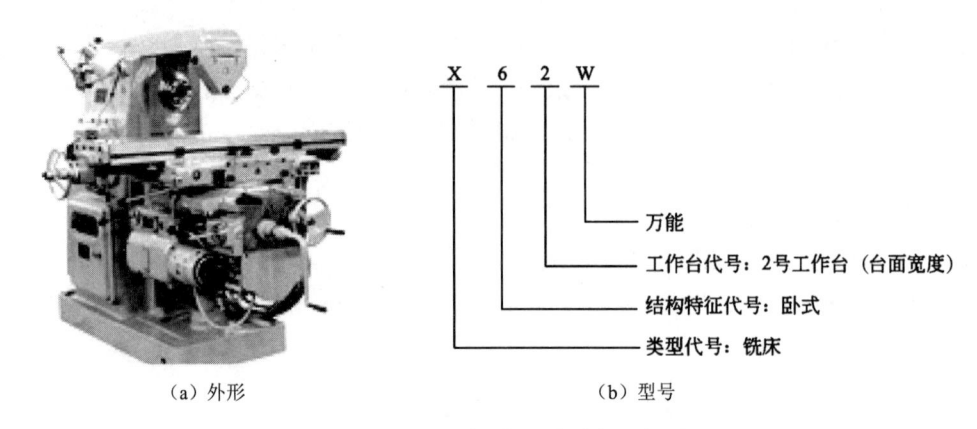

（a）外形　　　　　　　　（b）型号

图 4-2-1　X62W 型万能铣床的外形与型号

X62W 型万能铣床的结构示意图如图 4-2-2 所示，主要由床身、主轴、刀架、悬梁、工作台、回转盘、横溜板和升降台等部分组成。

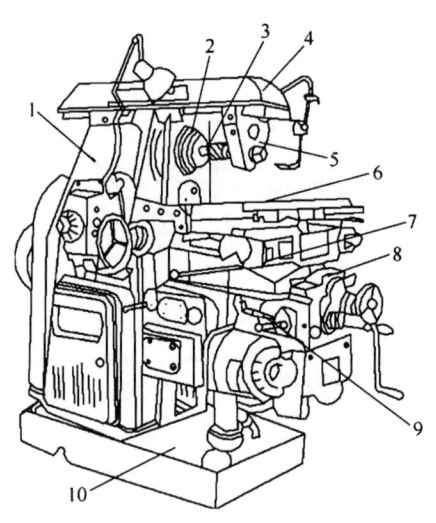

1—床身；2—主轴；3—刀架；4—悬梁；5—刀杆挂脚；6—工作台；
7—回转盘；8—横溜板；9—升降台；10—底座

图 4-2-2　X62W 型万能铣床的结构示意图

2．运动形式

X62W 型万能铣床的运动形式有主轴转动、进给运动、辅助运动。主轴转动是由主轴电动机通过弹性联轴器来驱动传动机构的，当机构中的一个双联滑动齿轮块啮合时，主轴即可旋转；工作台面的移动是由进给电动机驱动的，它通过机械机构使工作台进行三种形式、六个方向的移动，即工作台面能直接在溜板上部可转动部分的导轨上纵向（左右）移动、借助横溜板横向（前后）移动、借助升降台垂直（上下）移动。

二、X62W 型万能铣床的电力拖动特点及控制要求

（1）机床要求有三台电动机，分别称为主轴电动机、进给电动机和冷却泵电动机。

（2）由于加工时有顺铣和逆铣两种，所以要求主轴电动机能正反转，以及在变速时能瞬时冲动，以利于齿轮的啮合，还要求能制动停车和实现两地控制。

（3）工作台的三种运动形式、六个方向的移动是依靠机械的方法来达到的，对于进给电动机要求能正反转，并且要求纵向、横向、垂直三种运动形式之间应有联锁，以确保操作安全。同时要求工作台进给变速时，电动机也能瞬时冲动、快速进给及两地控制等。

（4）冷却泵电动机只要求正转。

（5）进给电动机与主轴电动机需要联锁控制，即主轴工作后才能进行进给。

三、X62W 型万能铣床电气电路分析

X62W 型万能铣床的电气控制原理图如图 4-2-3 所示。该原理图由主电路、控制回路和照明电路三部分组成。

1．主电路分析

主电路中有三台电动机：M1 是主轴电动机、M2 是进给电动机、M3 是冷却泵电动机。

（1）主轴电动机 M1 通过换相开关 SA5 与接触器 KM1 配合，能进行正反转控制，而与接触器 KM2、制动电阻 R 及速度继电器的配合，能实现串电阻瞬时冲动和正反转反接制动，并能通过机械进行变速。

（2）进给电动机 M2 能进行正反转控制，通过接触器 KM3、KM4 与行程开关 SQ1～SQ4 配合，能实现进给变速时的瞬时冲动、六个方向的常速进给和快速进给控制。

（3）冷却泵电动机 M3 只能正转。

（4）熔断器 FU1 作为机床总短路保护，也兼 M1 的短路保护；FU2 作为 M2、M3 及控制变压器 TC 的短路保护；热继电器 FR1、FR2、FR3 分别作为 M1、M2、M3 的过载保护。

2．控制回路分析

（1）主轴电动机的控制。

① SB1、SB3 与 SB2、SB4 是分别装在机床两边的停止（制动）和启动按钮，实现两地控制，方便操作。主轴电动机的控制回路如图 4-2-4 所示。

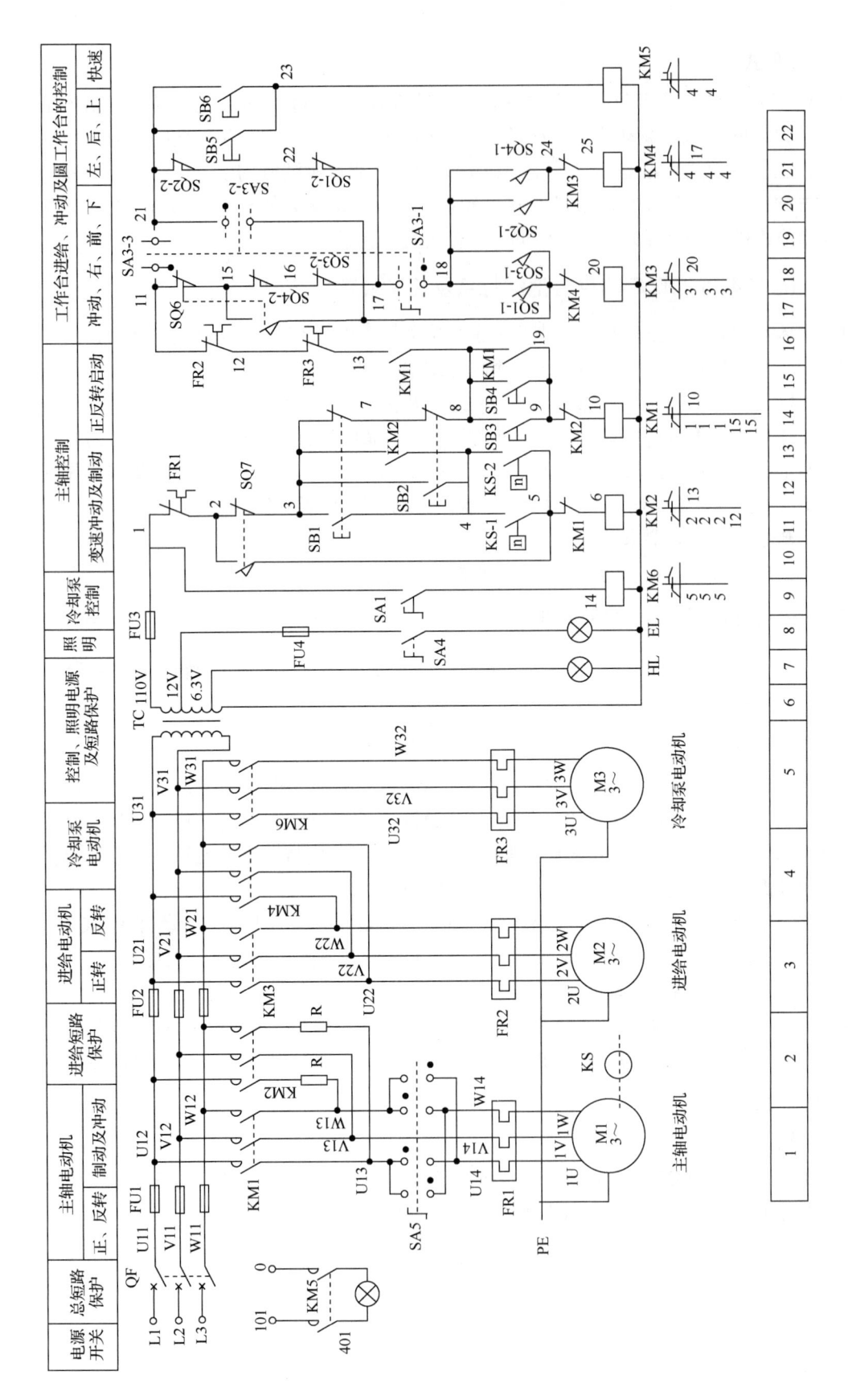

图 4-2-3 X62W 型万能铣床的电气控制原理图

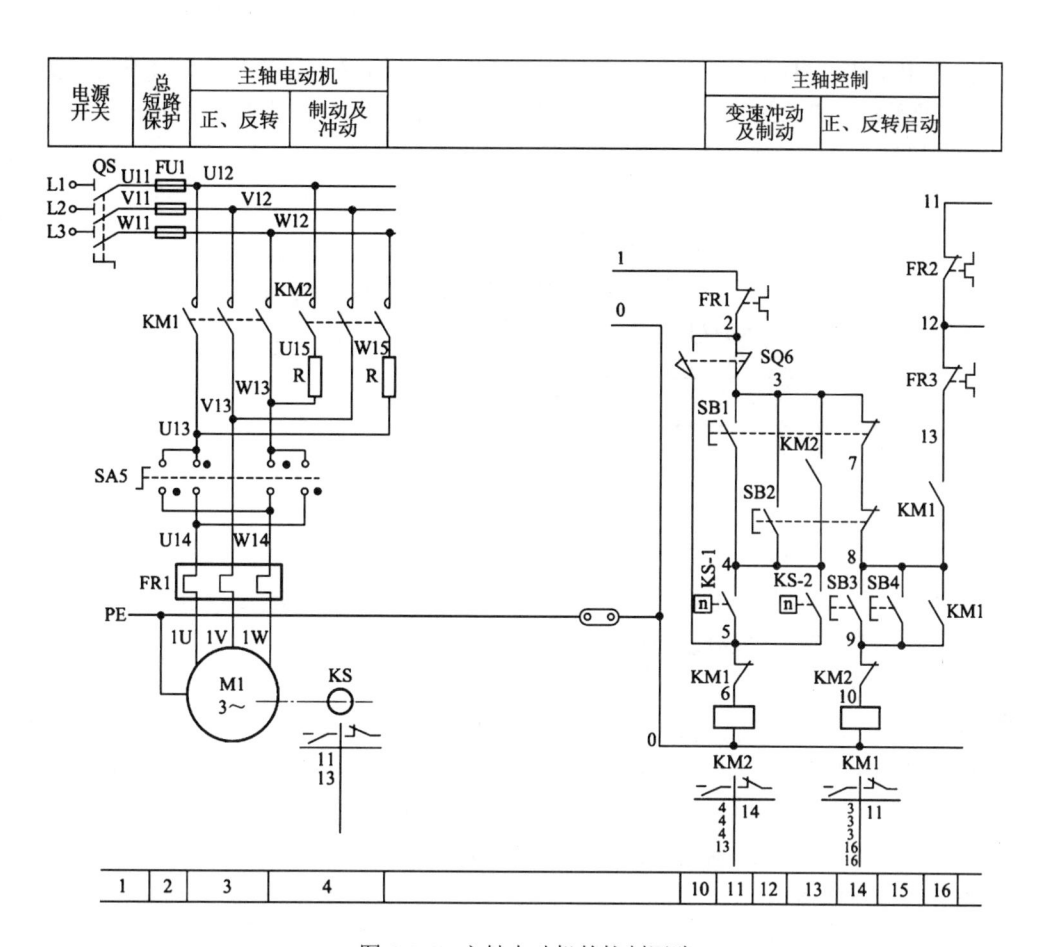

电源开关	总短路保护	主轴电动机			主轴控制	
		正、反转	制动及冲动		变速冲动及制动	正、反转启动

图 4-2-4 主轴电动机的控制回路

② KM1 是 M1 启动接触器，KM2 是反接制动和主轴变速冲动接触器。

③ SQ6 是与主轴变速手柄联动的瞬时动作行程开关。

④ 需要启动 M1 时，要先将 SA5 扳到主轴电动机所需的旋转方向，然后按启动按钮 SB3 或 SB4 来启动。

⑤ M1 启动后，速度继电器 KS 的一对常开触点闭合，为 M1 的制动做好准备。

⑥ 停止时，按停止按钮 SB1 或 SB2 切断 KM1 电路，接通 KM2 电路，改变 M1 的电源相序进行串电阻反接制动。当 M1 的转速低于 120r/min 时，速度继电器 KS 的一对常开触点恢复断开，切断 KM2 电路，M1 停转，制动结束。

根据以上分析可写出 M1 启动运行（按 SB3 或 SB4）时控制回路的通路：1-2-3-7-8-9-10-KM1 线圈-回到零位；主轴停止与反接制动（按 SB1 或 SB2）时的通路：1-2-3-4-5-6-KM2 线圈-回到零位。

⑦ M1 变速时的瞬动（冲动）控制，是利用变速手柄与冲动行程开关 SQ6 通过机械上联动机构进行的。

主轴变速冲动控制示意图如图 4-2-5 所示。变速时，先压下变速手柄，然后拉到前面，当快要落到第二道槽时，转动变速盘，选择需要的转速。此时凸轮压下弹簧杆，使冲动行程开关 SQ7 的常闭触点先断开，切断 KM1 电路，M1 断电；同时 SQ7 的常开触点后闭合，

KM2线圈得电动作，M1被反接制动。当手柄拉到第二道槽时，SQ7不受凸轮控制而复位，M1停转。把手柄从第二道槽推回原始位置时，凸轮又瞬时压动行程开关SQ6，使M1反向瞬时冲动，以利于变速后的齿轮啮合。

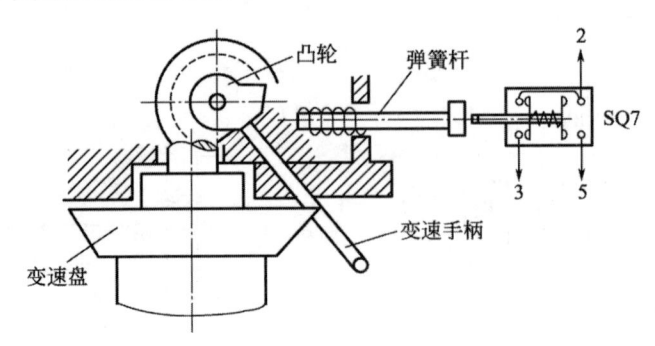

图 4-2-5　主轴变速冲动控制示意图

但要注意，不论是启动还是停止，都应以较快的速度把手柄推回原始位置，以免通电时间过长，导致M1转速过高而打坏齿轮。

（2）工作台进给电动机的控制。工作台的纵向、横向和垂直运动都由进给电动机M2驱动，接触器KM3和KM4控制M2的正反转，用于改变进给运动方向。控制回路采用与纵向运动机械操作手柄联动的行程开关SQ1、SQ2和横向及垂直运动机械操作手柄联动的行程开关SQ3、SQ4，组成复合联锁控制，即在选择三种运动形式的六个方向移动时，只能进行其中一个方向的移动，以确保操作安全，当这两个机械操作手柄都在中间位置时，各行程开关都处于未压的原始状态。

由电气控制原理图可知，M2在M1启动后才能进行工作。在机床接通电源后，断开控制圆工作台的组合开关SA3，使触点SA3-1（17-18）和SA3-3（12-21）闭合，而SA3-2（19-21）断开。启动M1，这时接触器KM1吸合，使KM1（9-12）闭合，就可进行工作台的进给控制。

① 工作台纵向（左右）运动的控制。工作台的纵向运动是由M2驱动，由纵向操纵手柄来控制的。此手柄是复式的，一个安装在工作台底座的顶面中央部位，另一个安装在工作台底座的左下方。手柄有三个：向左、向右、零位。当手柄扳到向右或向左运动方向时，手柄的联动机构压下行程开关SQ1或SQ2，使接触器KM3或KM4动作，控制M2正、反转。工作台左右运动的行程，可通过调整安装在工作台两端的撞块位置来实现。当工作台纵向运动到极限位置时，撞块撞击纵向操纵手柄，使它回到零位，M2停转，工作台停止运动，从而实现纵向终端保护。

工作台向左运动：在M1启动后，将纵向操作手柄扳到向左位置，一方面机械接通纵向进给离合器，同时在电气上压下SQ2，使SQ2-2断开，SQ2-1闭合，而其他控制进给运动的行程开关都处于原始位置，此时KM4吸合，M2反转，工作台向左进给运动。其控制回路的通路为12-15-16-17-18-24-25-KM4线圈-0点。

工作台向右运动：当纵向操纵手柄扳至向右位置时，机械上仍然接通纵向进给离合器，但却压下了行程开关SQ1，使SQ1-2断开，SQ1-1闭合，此时KM3吸合，M2正转，工作台向右进给运动，其通路为12-15-16-17-18-19-20-KM3线圈-0点。

② 工作台垂直（上下）和横向（前后）运动的控制。工作台的垂直和横向运动由垂直和横向进给手柄操纵，此手柄也是复式的，有两个完全相同的手柄分别装在工作台左侧的前、后方。手柄的联动机械一方面压下行程开关 SQ3 或 SQ4，另一方面接通垂直或横向进给离合器。操纵手柄有五个位置（上、下、前、后、中间），这五个位置是联锁的，工作台上下和前后的终端保护是利用装在床身导轨旁与工作台座上的撞铁，将操纵十字手柄撞到中间位置，使 M2 断电停转。

工作台向前（或向下）运动的控制：将十字操纵手柄扳到向前（或向下）位置，机械上接通横向（或垂直）进给离合器，同时压下 SQ3，使 SQ3-2 断开，SQ3-1 闭合，此时 KM3 吸合，M2 正转，工作台向前（或向下）运动。其通路为 12-21-22-17-18-19-20-KM3 线圈-0 点。

工作台向后（或向上）运动的控制：将十字操纵手柄扳到向后（或向上）位置，机械上接通横向（或垂直）进给离合器，同时压下 SQ4，使 SQ4-2 断开，SQ4-1 闭合，此时 KM4 吸合，M2 反转，工作台向后（或向上）运动。其通路为 12-21-22-17-18-24-25-KM4 线圈-0 点。

③ 进给电动机变速时的瞬动（冲动）控制。变速时，为使齿轮易于啮合，进给变速与主轴变速一样，设有变速冲动环节。当需要进行进给变速时，应将转速盘的蘑菇形手轮向外拉出，并转动转速盘，把所需进给量的标尺数字对准箭头，把蘑菇形手轮用力向外拉到极限位置，并随即推向原始位置，在操纵手轮的同时，其连杆机构二次瞬时压下行程开关 SQ5，使 KM3 瞬时吸合，M2 正转。其通路为 12-21-22-17-16-15-19-20-KM3 线圈-0 点。由于进给变速冲动控制的通路要经过 SQ1～SQ4 四个行程开关的常闭触点，因此只有当进给运动的操作手柄都在中间（停止）位置时，才能实现进给变速冲动控制，以保证操作时的安全。同时，与主轴变速时的冲动控制一样，电动机的通电时间不能太长，防止转速过高，在变速时打坏齿轮。

④ 工作台的快速进给控制。为提高劳动生产率，要求铣床在不做铣切加工时，工作台能快速移动。工作台快速进给也是由 M2 来驱动的，在纵向、横向和垂直三种运动形式、六个方向上都可以实现快速进给控制。

启动 M1 后，将进给操纵手柄扳到所需位置，工作台按照选定的速度和方向做常速进给运动时，按下快速进给按钮 SB5（或 SB6），使接触器 KM5 通电吸合，接通牵引电磁铁 YA，电磁铁 YA 通过杠杆使摩擦离合器闭合，减少中间传动装置，使工作台按运动方向做快速进给运动。当松开快速进给按钮时，电磁铁 YA 断电，摩擦离合器断开，快速进给运动停止，工作台仍按原常速进给时的速度继续运动。

（3）圆工作台运动的控制。铣床如需铣切螺旋槽、弧形槽等曲线时，可在工作台上安装圆工作台及其传动机械，圆工作台的回转运动也是由 M2 传动机构驱动的。

圆工作台工作时，应先将进给操作手柄都扳到中间（停止）位置，然后将圆工作台组合开关 SA3 扳到圆工作台接通位置。此时 SA3-1 断开，SA3-3 断开，SA3-2 闭合。准备就绪后，按下主轴启动按钮 SB3 或 SB4，接触器 KM1 与 KM3 相继吸合。M1 与 M2 相继启动运行，而 M2 仅以正转方向带动圆工作台做定向回转运动。其通路为 12-15-16-17-22-21-19-20-KM3 线圈-0 点。

由上述内容可知，圆工作台与工作台进给有互锁，即当圆工作台工作时，不允许工作台在纵向、横向、垂直方向上有任何运动。若误操作而扳动进给运动操纵手柄（压下 SQ1～SQ4 中任一个），则 M2 停转。

四、X62W 型万能铣床电气电路典型故障分析与检测

1. 主轴停车时无制动

从故障现象中可以判断出主轴电动机 M1、主电路电源、控制回路 110V 电源是正常的，故障可能出现在以下几个方面。

（1）SB1 或 SB2 的触点或接线是否良好。

（2）速度继电器 KS-1 或 KS-2 的触点或接线是否良好。

（3）接触器 KM1 的辅助触点或接线是否良好。

（4）接触器 KM2 的线圈或接线是否良好。

（5）主电路中接触器 KM2 的主触点或接线是否良好。

（6）机械部分是否堵塞。

主轴无制动时，按下停止按钮 SB1 或 SB2 后，首先检查反接制动接触器 KM2 是否吸合。若 KM2 不吸合，则故障原因一定在控制回路，检查时可先操作主轴变速瞬动手柄，若有瞬动，则故障范围缩小到速度继电器和按钮支路上。若 KM2 吸合，则故障原因较复杂一些，其故障原因之一是，在主电路的 KM2、R 制动支路中，至少有缺相的故障存在；故障原因之二是，速度继电器的常开触点过早断开，但在检查时，只要仔细观察故障现象，这两种故障原因是能够区分的，前者的故障现象是完全没有制动作用，而后者则是制动效果不明显。

由以上分析可知，主轴停车时无制动的故障原因较多是速度继电器 KS 发生故障。若 KS 常开触点不能正常闭合，其原因有推动触点的胶木摆杆断裂；KS 轴伸端圆销扭弯、磨损或弹性连接元件损坏；螺丝销钉松动或打滑；等等。若 KS 常开触点过早断开，其原因有 KS 动触点的反力弹簧调节过紧、KS 的永久磁铁转子的磁性衰减等。

应该说明，机床电气的故障不是千篇一律的，所以在维修中，不可生搬硬套，应该采用理论与实践相结合的方法灵活处理。

反接制动电路中存在缺相的故障时，没有制动作用。

2. 按下停止按钮，主轴电动机不停转

接触器 KM1 主触点熔焊、反接制动时两相运行、SB3 或 SB4 在启动 M1 后绝缘被击穿，这三种故障原因，在故障现象上是能够加以区别的：若按下停止按钮后，KM1 不释放，则可断定故障是由熔焊引起的；若按下停止按钮后，接触器的动作顺序正确，即 KM1 能释放，KM2 能吸合，同时伴有"嗡嗡"声或转速过低，则可断定是制动时主电路有缺相故障；若制动时接触器动作顺序正确，电动机也能进行反接制动，但放开停止按钮后，电动机再次自启动，则可断定故障是由启动按钮绝缘击穿引起的。

3. 主轴工作正常，工作台各方向不能进给

主轴工作正常，工作台各方向不能进给，说明故障出现在公共点上，即点 8～11 的电路上。

（1）接触器 KM1 的辅助触点（8～13）或其接线是否良好。

（2）FR2、FR3 的触点或其接线是否良好。

（3）SA3 的触点或其接线是否良好。

(4) 接触器 KM3、KM4 的线圈、主触点及其接线是否良好。

(5) 进给电动机 M2 是否良好。

4．工作台不能做向上进给运动

由于铣床电气电路与机械系统的配合密切和工作台向上进给运动的控制处于多回路电路之中，因此，不宜采用逐步检查的方法。在检查时，可先依次进行快速进给、进给变速冲动或圆工作台向前进给，向左进给及向后进给控制，来逐步缩小故障范围（一般可从中间环节的控制开始），然后逐个检查故障范围内的电气元件、触点、导线及接点，来查出故障点。在实际检查时，还必须考虑机械磨损或移位使操纵失灵等因素，若发现此类故障原因，应与机修钳工互相配合进行修理。

假设故障点在图 4-2-3 工作台的进给控制上，行程开关 SQ4-1 由于安装螺钉松动而移动位置，造成操纵手柄虽然到位，但触点 SQ4-1（18-24）仍不能闭合的情况。在检查时，若进行进给变速冲动控制正常后，也就说明向上进给回路中，通路 12-21-22-17 是完好的，通过向左进给控制正常，又能排除通路 17-18 和 24-25-0 存在故障的可能性。这样可将故障范围缩小到 18-SQ4-1-24。经过仔细检查或测量，很快就能找出故障点。

5．工作台不能做纵向进给运动

应先检查横向或垂直进给是否正常，如果正常，则说明进给电动机 M2、主电路、接触器 KM3、KM4 及纵向进给相关的公共支路都正常，此时应重点检查行程开关 SQ5（12-15）、SQ4-2 及 SQ3-2，即通路 12-15-16-17，因为只要三对常闭触点中有一对不能闭合或有一根线头脱落，就会使纵向不能进给。然后检查进给变速冲动是否正常，如果正常，则说明故障范围已缩小到 SQ5（12-15）及 SQ1-1、SQ2-1 上，但一般 SQ1-1、SQ2-1 两对常开触点同时发生故障的可能性很小，而 SQ5（12-15）由于进给变速时，常因用力过猛而容易损坏，所以可先检查 SQ5（12-15）触点，直至找到故障点并予以排除。

思考与练习

1．判断题（正确的在括号内打"√"，错误的打"×"）

（1）X62W 型万能铣床的进给运动是指工作台在六个方向上的移动，即工作台纵向（左右）移动、横向（前后）移动、垂直（上下）移动。（　　）

（2）在 X62W 型万能铣床的控制电路中，进给电动机不一定在主轴电动机启动后才能进行工作。（　　）

（3）在图 4-2-3 中，YC 的名称是电磁离合器，其主要用途是停车制动和换刀。（　　）

（4）卧式万能铣床中铣刀水平位置放置，立式万能铣床中铣刀垂直位置放置。（　　）

2．简答题

（1）X62W 型万能铣床的工作台有几个方向的进给？各方向的进给控制是如何实现的？采用了哪些保护？

（2）为防止刀具和机床损坏，对主轴旋转和进给运动在顺序上有何要求？

（3）X62W 型万能铣床的主轴有哪些电气控制要求？

任务3　钻床电气电路的故障检修

能力目标

（1）了解 Z3050 型摇臂钻床的主要结构和运动形式，熟悉钻床的操作过程。
（2）熟悉 Z3050 型摇臂钻床的电气控制特点。
（3）掌握 Z3050 型摇臂钻床电气电路的工作原理、故障的分析方法。
（4）采用正确的检修步骤，排除 Z3050 型摇臂钻床电气电路故障。

使用器材、工具、设备

（1）器材：Z3050 型摇臂钻床或 Z3050 型摇臂钻床电气控制模拟装置。
（2）工具：常用电工工具（螺丝刀、剥线钳、尖嘴钳等）、拆装工具等。
（3）设备：万用表、兆欧表、钳形电流表等。

任务要求及实施

一、任务要求

根据故障现象，排除 Z3050 型摇臂钻床电气电路故障。

二、任务实施

1. Z3050 型摇臂钻床电气电路的故障分析与处理

（1）熟悉 Z3050 型摇臂钻床电气控制模拟装置，了解装置的基本操作，明确各种电器的作用。掌握 Z3050 型摇臂钻床电气控制原理。

（2）查看装置背面各电气元件上的接线是否牢固，各熔断器是否安装良好，故障设置单元中的微型开关是否处于向上位置（向上为正常状态，向下为故障状态），并完成负载和控制变压器的接线。

（3）独立安装好接地线，在设备下方垫好绝缘垫，将各开关置于分断位置。

（4）在实训教师的监督下，接上三相电源。合上 QF，电源指示灯亮。

（5）合上空气开关 QF2，冷却泵电动机 M4 工作；转动开关 SA，照明灯亮。

（6）按下按钮 SB2，KM1 吸合并联锁，M1 启动运行；按下 SB1，KM1 断电释放，M1 停转。

（7）按下 SB3，液压泵电动机 M3 首先正转，放松摇臂，然后摇臂升降电动机 M2 正转，带动摇臂上升。当上升至要求高度后，松开 SB3，M2 停转，同时 M3 反转，夹紧摇臂，完成摇臂上升控制过程。

（8）按下 SB4，M3 首先正转，放松摇臂，然后 M2 反转，带动摇臂下降。当下降至要求高度后，松开 SB4，M2 停转，同时 M3 反转，夹紧摇臂，完成摇臂下降控制过程。

（9）按下 SB5，KM4 通电闭合，M3 正转，立柱和主轴箱放松；按下 SB6，KM5 通电闭合，M3 反转，立柱和主轴箱夹紧。

（10）在掌握了 Z3050 型摇臂钻床的基本操作之后，按照图 4-2-3，由实训教师在主电路或控制回路中任意设置 2～3 个电气故障点。学生自己诊断电路，分析处理故障，并在电气原理图中标出故障点。

(11) 设置故障点时,应注意做到隐蔽,一般不宜设置在单独支路或单一回路中。故障现象尽可能不要相互掩盖。尽量不设置容易造成人身或设备事故的故障点。

2. 实操要求

(1) 学生应根据故障现象,先在电气原理图中正确标出最小故障范围的线段,然后采用正确的检查和排除故障方法,并在定额时间内排除故障。

(2) 排除故障时,必须修复故障点,不得采用更换电气元件、借用触点及改动电路的方法。

(3) 检修时,严禁扩大故障范围或产生新的故障,不得损坏电气元件。

3. 操作注意事项

(1) 设备操作应在实训教师指导下进行,做到安全第一。设备通电后,严禁在电器侧随意扳动电气元件。进行故障排除训练时,尽量不带电检修。若带电检修,则必须有实训教师在现场监护。

(2) 必须安装好各电动机、支架接地线,在设备下方垫好绝缘橡胶垫,厚度不小于8mm,操作前要仔细查看各接线端有无松动或脱落,以免通电后发生意外或损坏电器。

(3) 在操作中若发出异常响声,则应立即断电,查明故障原因。故障噪声主要来自电动机缺相运行,接触器、继电器吸合不正常等。

(4) 在维修设备时不要随便互换线端处号码管。

(5) 操作时用力不要过大,速度不宜过快;操作频率不宜过于频繁。

(6) 实训结束后,应拔出电源插头,将各开关置于分断位置。

4. 检测与故障排除

按照知识点中提到的检测及故障诊断方法进行。

考核标准及评价

从知识与技能、学习态度与团队意识和工作与职业操守三方面进行综合考核,具体的评价标准如表 4-3-1 所示。

表 4-3-1 考核评价表

考核内容	考核方式	评价标准与得分				
		标准	分值	互评	教师评分	得分
知识与技能 (70分)	教师评价+互评	能正确识读钻床电气原理图	20分			
		能正确使用检测工具检测	20分			
		能检测故障点	30分			
学习态度与团队意识(15分)	教师评价	学习积极性高、有自主学习能力	3分			
		有分析和解决问题的能力	3分			
		能组织和协调小组活动过程	3分			
		有团队协作精神、能顾全大局	3分			
		有合作精神、热心帮助小组其他成员	3分			

续表

考核内容	考核方式	评价标准与得分			
		标准	分值	互评	教师评分	得分
工作与职业操守（15分）	教师评价+互评	有安全操作、文明生产的职业意识	3分			
		诚实守信、实事求是、有创新精神	3分			
		遵守纪律、规范操作	3分			
		有节能环保和产品质量意识	3分			
		能够不断反思、优化和完善	3分			

知识要点

一、Z3050型摇臂钻床的主要结构和运动形式

1. 主要结构

Z3050型摇臂钻床是一种立式摇臂机床，主要用于对大型零件钻孔、扩孔、铰孔、镗孔和螺纹等。图4-3-1所示为Z3050型摇臂钻床的外形与型号。

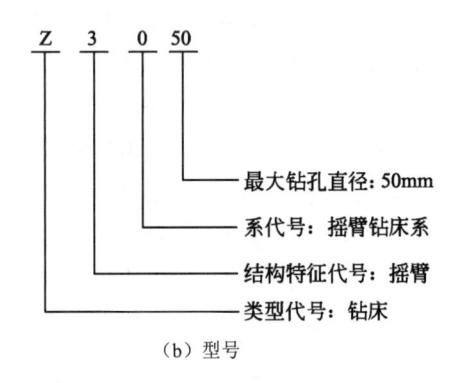

Z3 0 50
- 最大钻孔直径：50mm
- 系代号：摇臂钻床系
- 结构特征代号：摇臂
- 类型代号：钻床

（a）外形　　（b）型号

图4-3-1　Z3050型摇臂钻床的外形与型号

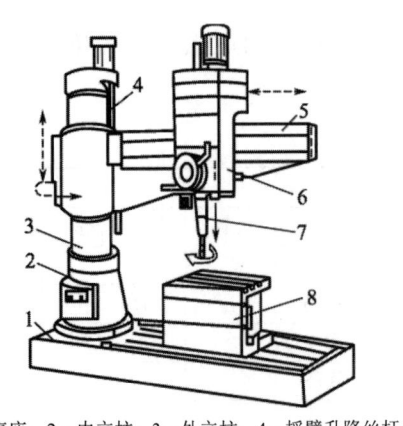

1—底座；2—内立柱；3—外立柱；4—摇臂升降丝杆；
5—摇臂；6—主轴箱；7—主轴；8—工作台

图4-3-2　Z3050型摇臂钻床的结构示意图

Z3050型摇臂钻床的结构示意图如图4-3-2所示，主要由底座、内立柱、外立柱、摇臂、主轴箱、工作台等组成。内立柱固定在底座上，其外面套着空心的外立柱，外立柱可绕着内立柱回转一周，摇臂一端的套筒部分与外立柱滑动配合，借助摇臂升降丝杆，摇臂可沿着外立柱上下移动，但二者不能相对移动，所以摇臂将与外立柱一起相对内立柱回转。主轴箱是一个复合的部件，具有主轴及主轴旋转部件和主轴进给的全部变速与操纵机构。主轴箱可沿着摇臂上的水平导轨径向移动。当进行加工时，可利用特殊的夹紧机构将外立柱紧固在内立柱上，摇臂紧固在外立柱上，主轴箱紧固在摇臂导轨上，进行钻削加工。

2．运动形式

Z3050 型摇臂钻床的运动形式有主运动、进给运动、辅助运动。主运动是主轴的旋转；进给运动是主轴的轴向进给；除主运动与进给运动以外，还有外立柱、摇臂和主轴箱的辅助运动，它们都有夹紧装置和固定位置。摇臂的升降及夹紧与放松由一台异步电动机拖动，摇臂的回转和主轴箱的径向移动采用手动方式，立柱的夹紧与放松由一台异步电动机拖动一台齿轮泵供给夹紧装置所用的压力油来实现，同时通过电气联锁实现主轴箱的夹紧与放松。摇臂钻床的主轴旋转和摇臂升降不允许同时进行，以保证安全生产。

二、Z3050 型摇臂钻床的电力拖动特点及控制要求

（1）由于摇臂钻床的运动部件较多，为简化传动装置，使用多电动机拖动，主轴电动机承担钻削及进给任务，摇臂升降及其夹紧与放松、立柱夹紧与放松和冷却泵各用一台电动机拖动。

（2）为适应多种加工方式的要求，主轴及进给应在较大范围内调速。但这些调速都是机械调速，用手柄操作变速箱调速，对电动机无任何调速要求。从结构上看，主轴变速机构与进给变速机构应该放在一个变速箱内，而且两种运动由一台电动机拖动是合理的。

（3）加工螺纹时要求主轴能正反转。摇臂钻床的正反转一般用机械方法实现，电动机只需单方向旋转。

（4）摇臂升降由单独电动机拖动，要求能实现正反转。

（5）摇臂的夹紧与放松及立柱的夹紧与放松由一台异步电动机配合液压装置来完成，要求电动机能正反转。摇臂的回转和主轴箱的径向移动在中小型摇臂钻床上都采用手动方式。

（6）钻削加工时，为对刀具及工件进行冷却，需要一台冷却泵电动机拖动冷却泵输送冷却液。

三、Z3050 型摇臂钻床电气电路分析

Z3050 型摇臂钻床的电气控制原理图如图 4-3-3 所示，共有四台电动机，除冷却泵电动机采用开关直接启动以外，其余三台异步电动机均采用接触器直接启动。

1．主电路分析

M1 是主轴电动机，由交流接触器 KM1 控制，只要求单方向旋转，主轴的正反转由机械手柄操作。M1 装在主轴箱顶部，带动主轴及进给传动系统，热继电器 FR1 是过载保护电器，短路保护电器是总电源开关中的电磁脱扣装置。

M2 是摇臂升降电动机，装在主轴顶部，用接触器 KM2 和 KM3 控制其正反转。因为该电动机短时间工作，故不设过载保护电器。

M3 是液压泵电动机，可以做正反转。正反转的启动与停止由接触器 KM4 和 KM5 控制。热继电器 FR2 是 M3 的过载保护电器。该电动机的主要作用是供给夹紧装置压力油，实现摇臂和立柱的夹紧与放松。

M4 是冷却泵电动机，功率小，不设过载保护电器，用空气开关 QF2 控制启动与停止。

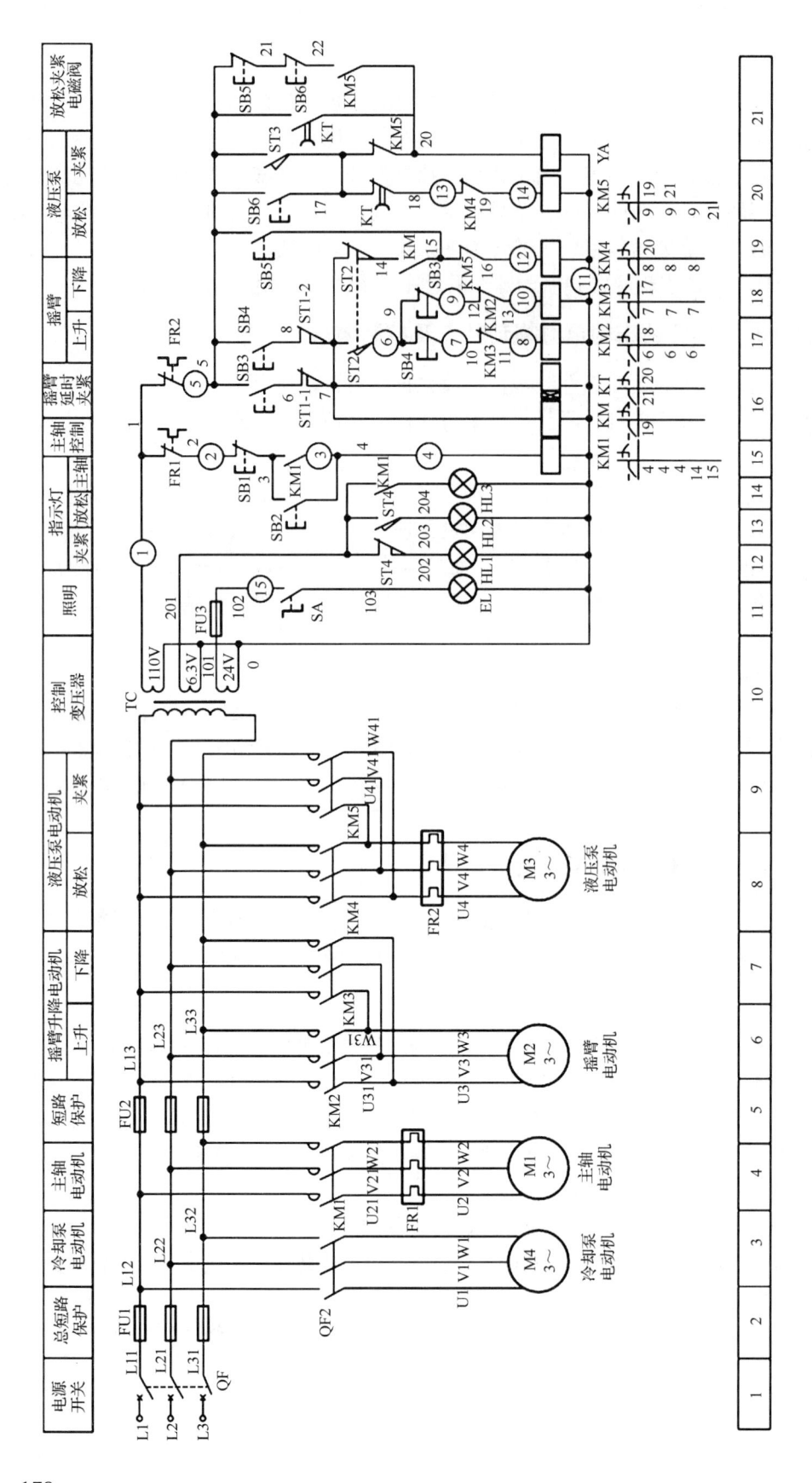

图 4-3-3 Z3050型摇臂钻床的电气控制原理图

2．控制回路分析

（1）主轴电动机 M1 的控制。合上 QF1，按下启动按钮 SB2，KM1 吸合并联锁，M1 启动运行，指示灯 HL3 亮。按下 SB1，KM1 断电释放，M1 停转，HL3 灭。

（2）摇臂升降电动机 M2 和液压泵电动机 M3 的控制。按下摇臂下降（或上升）按钮 SB4（或 SB3），时间继电器 KT 和接触器 KM 吸合，KM 的常开触点闭合。因为 KT 是断电延时，故延时断开的常开触点闭合，使电磁铁 YA 和接触器 KM4 同时闭合，M3 运行，供给压力油。压力油经通阀进入摇臂，松开油腔，推动活塞和菱形块，使摇臂松开。同时，活塞通过弹簧片使 ST3 闭合，并压下位置开关 ST2，使 KM4 释放，此时 KM3（或 KM2）吸合，M3 停转，M2 运行，带动摇臂下降（或上升）。

当摇臂下降（或上升）到所需位置时，松开 SB4（或 SB3），KM3（或 KM2）、KM 和 KT 断电释放，M2 停转，摇臂停止升降。由于 KT 为断电延时，经过 1~3s 延时后，17 号线至 18 号线 KT 触点闭合，KM5 得电吸合，M3 反转，液压泵反向供给压力油，使摇臂夹紧，同时通过机械装置断开 ST3，KM5 和 YA 都释放，液压泵停止旋转。图 4-3-3 中 ST1-1 和 ST1-2 为摇臂升降行程的限位控制。

（3）立柱和主轴箱的放松与夹紧控制。按下放松按钮 SB5（或夹紧按钮 SB6），接触器 KM4（或 KM5）吸合，M3 运行，供给压力油，使立柱和主轴箱分别放松（或夹紧）。

（4）照明电路。由照明变压器 TC 降压后，经 SA 供电给照明灯 EL，在照明变压器副边设有熔断器 FU3 作为短路保护电器。

四、Z3050 型摇臂钻床典型故障分析

1．摇臂不能上升，但能下降

从故障现象中可以判断出摇臂升降电动机 M2、主电路电源、控制回路 110V 电源是正常的。故障可能出现在以下几个方面。

（1）检查上升启动按钮 SB3 触点或接线是否良好。

（2）检查行程开关 ST1-1 触点或接线是否良好。

（3）检查行程开关 ST2 触点或接线是否良好。

（4）检查按钮 SB4 常闭触点或接线是否良好。

（5）检查接触器 KM3 的辅助触点或接线是否良好。

（6）检查接触器 KM2 的线圈或接线是否良好。

（7）检查主电路中接触器 KM2 的主触点或接线是否良好。

（8）检查液压、机械部分，特别是油路是否堵塞。

2．液压泵电动机 M3 只能放松，不能夹紧

从故障现象中可以判断出液压泵电动机 M3、主电路电源、控制回路 110V 电源是正常的。故障可能出现在以下几个方面。

（1）夹紧按钮 SB6 触点或接线是否良好。

（2）时间继电器 KT 触点或接线是否良好。

（3）接触器 KM4 的辅助触点或接线是否良好。

（4）接触器 KM5 的线圈或接线是否良好。

（5）主电路中接触器 KM5 的主触点或接线是否良好。
（6）检查液压、机械部分，特别是油路是否堵塞。

3．摇臂不能上升也不能下降

摇臂要上升或下降，必须将摇臂与立柱松开，方能实现。所以，可从以下几个方面进行检查。

（1）检查放松按钮 SB5 触点或接线是否良好。
（2）检查接触器 KM5 的辅助触点或接线是否良好。
（3）检查接触器 KM4 的线圈或接线是否良好。
（4）检查时间继电器 KT 触点（5~20）或接线是否良好。
（5）检查电磁阀 YA 的线圈或接线是否良好。
（6）检查热继电器 FR2 的触点或接线是否良好。
（7）检查摇臂升降电动机 M2 的线圈或接线是否良好。
（8）检查主电路电源、控制回路 110V 电源是否正常。
（9）检查液压、机械部分，特别是油路是否堵塞。

4．主轴电动机 M1 不能启动

从故障现象中可以判断出问题可能存在于主轴电动机 M1、主电路电源、控制回路 110V 电源及与 KM1 相关的电路上，可从以下几个方面进行分析检查。

（1）检查主电路和控制回路的熔断器 FU1、FU2 是否熔断，若熔断，则更换熔断器的熔体。
（2）若未发现熔断器熔断，则检查热继电器 FR1 的触点或接线是否良好，或者热继电器是否动作过。如果热继电器动作过，则应找出动作的原因。
（3）若热继电器未动作，则检查停止按钮 SB1、启动按钮 SB2 的触点或接线是否良好。
（4）检查接触器 KM1 的线圈或接线是否良好。
（5）检查主电路中接触器 KM1 的主触点或接线是否良好。
（6）若控制回路、主电路都完好，但 M1 仍然不能启动，则故障必然发生在电源及电动机上，如电动机断线、电源电压过低，都会造成主轴电动机 M1 不能启动，KM1 不吸合。

思考与练习

1．判断题（正确的在括号内打"√"，错误的打"×"）

（1）Z3050 型摇臂钻床的液压泵电动机起夹紧与放松作用，二者需要采用双重联锁。（　）
（2）Z3040 型摇臂钻床摇臂的升降是点动控制。（　）
（3）如果电路发生断路，则应首先检查主电路和控制回路的熔断器是否熔断，若熔断，则更换熔断器的熔体。（　）
（4）Z3050 型摇臂钻床是一种立式摇臂机床，主要用于对大型零件钻孔、扩孔、铰孔、镗孔和螺纹等。（　）
（5）在 Z3050 型摇臂钻床中，摇臂的夹紧与放松及立柱的夹紧与放松由两台异步电动机配合液压装置来完成。（　）

2．选择题（将正确答案的字母填入括号）

（1）Z3050 型摇臂钻床上共有（　　）电动机。

A．1台　　　　　　　　B．2台　　　　　　　　C．3台　　　　　　　　D．4台

（2）Z3050 型摇臂钻床的摇臂与（　　）滑动配合。

A．内立柱　　　　　　B．外立柱　　　　　　C．摇臂升降丝杠　　　　D．滑杆

（3）Z3050 型摇臂钻床设备的最大钻孔直径为（　　）。

A．40mm　　　　　　B．50mm　　　　　　C．60mm　　　　　　D．80mm

3．简答题

（1）在 Z3050 型摇臂钻床电气电路中，断电延时型时间继电器 KT 的作用是什么？

（2）如果摇臂不能上升也不能下降，请分析造成这种情况的原因。

任务4　磨床电气电路的故障检修

能力目标

（1）了解磨床的主要结构和运动形式，熟悉磨床的操作过程。

（2）熟悉 M7120 型平面磨床的电力拖动特点。

（3）掌握 M7120 型平面磨床电气电路的工作原理、故障的分析方法。

（4）采用正确的检修步骤，排除 M7120 型平面磨床电气电路故障。

使用器材、工具、设备

（1）器材：M7120 型平面磨床或 M7120 型平面磨床电气控制模拟装置。

（2）工具：常用电工工具（螺丝刀、剥线钳、尖嘴钳等）、拆装工具等。

（3）设备：万用表、兆欧表、钳形电流表等。

任务要求及实施

一、任务要求

根据故障现象，排除 M7120 型平面磨床电气电路故障。

二、任务实施

1．M7120 型平面磨床电气电路的故障分析与处理

（1）熟悉 M7120 型平面磨床电气控制模拟装置，了解装置的基本操作，明确各种电器的作用。掌握 M7120 型平面磨床电气控制原理。

（2）查看装置背面各电气元件上的接线是否牢固，各熔断器是否安装良好，故障设置单元中的微型开关是否处于向上位置（向上为正常状态，向下为故障状态），并完成负载和控制变压器的接线。

（3）独立安装好接地线，在设备下方垫好绝缘垫，将各开关置于分断位置。

（4）在实训教师的监督下，接上三相电源。合上 QF1，电源指示灯亮。

（5）将转换开关 Q 扳到"充磁"位置，"充磁"指示灯亮；按下 SB4，砂轮电动机 M2

和冷却泵电动机 M3 运行；按下 SB2，液压泵电动机 M1 运行；按下 SB3，液压泵电动机 M1 停转；按下 SB5，砂轮电动机 M2 和冷却泵电动机 M3 同时停转。

（6）将转换开关 Q 扳到"退磁"位置，"退磁"指示灯亮；再次操作砂轮电动机 M2、冷却泵电动机 M3、液压泵电动机 M1 启停控制按钮，观察动作情况。

（7）分别按下 SB6、SB7，观察砂轮升降电动机 M4 的动作情况。

（8）合上转换开关 SA，观察照明灯 EL 是否亮。

（9）在掌握了 M7120 型平面磨床的基本操作之后，由实训教师在主电路或控制回路中任意设置 2～3 个电气故障点。学生自己诊断电路，分析处理故障，并在电气原理图中标出故障点。

（10）设置故障点时，应注意做到隐蔽，一般不宜设置在单独支路或单一回路中。故障现象尽可能不要相互掩盖。尽量不设置容易造成人身或设备事故的故障点。

2．实操要求

（1）学生应根据故障现象，先在电气原理图中正确标出最小故障范围的线段，然后采用正确的检查和排除故障方法，并在定额时间内排除故障。

（2）排除故障时，必须修复故障点，不得采用更换电气元件、借用触点及改动电路的方法。

（3）检修时，严禁扩大故障范围或产生新的故障，不得损坏电气元件。

3．操作注意事项

（1）设备操作应在实训教师指导下操作，做到安全第一。设备通电后，严禁在电器侧随意扳动电气元件。进行故障排除训练时，尽量不带电检修。若带电检修，则必须有实训教师在现场监护。

（2）必须安装好各电动机、支架接地线，在设备下方垫好绝缘橡胶垫，厚度不小于 8mm，操作前要仔细查看各接线端有无松动或脱落，以免通电后发生意外或损坏电器。

（3）在操作中若发出异常响声，则应立即断电，查明故障原因。故障噪声主要来自电动机缺相运行，接触器、继电器吸合不正常等。

（4）若发现熔芯熔断，则应在找出故障后，更换同规格熔芯。

（5）在维修设备时不要随便互换线端处号码管。

（6）操作时用力不要过大，速度不宜过快；操作频率不宜过于频繁。

（7）实训结束后，应拔出电源插头，将各开关置于分断位置。

（8）做好实训记录。

4．检测与故障排除

按照知识点中提到的检测及故障诊断方法进行。

考核标准及评价

从知识与技能、学习态度与团队意识和工作与职业操守三方面进行综合考核，具体的评价标准如表 4-4-1 所示。

表 4-4-1 考核评价表

考核内容	考核方式	评价标准与得分				
		标准	分值	互评	教师评分	得分
知识与技能（70分）	教师评价+互评	能正确识读磨床电气原理图	20分			
		能正确使用检测工具检测	20分			
		能检测故障点	30分			
学习态度与团队意识（15分）	教师评价	学习积极性高、有自主学习能力	3分			
		有分析和解决问题的能力	3分			
		能组织和协调小组活动过程	3分			
		有团队协作精神、能顾全大局	3分			
		有合作精神、热心帮助小组其他成员	3分			
工作与职业操守（15分）	教师评价+互评	有安全操作、文明生产的职业意识	3分			
		诚实守信、实事求是、有创新精神	3分			
		遵守纪律、规范操作	3分			
		有节能环保和产品质量意识	3分			
		能够不断反思、优化和完善	3分			

知识要点

一、M7120型平面磨床的主要结构和运动形式

1. 主要结构

平面磨床是用砂轮进行磨削加工各种零件平面的一种机床，M7120型平面磨床是平面磨床中使用较为普遍的一种机床，该磨床操作方便，磨削精度高，适用于磨削精密零件和各种工具。M7120型平面磨床的外形与型号如图4-4-1所示。

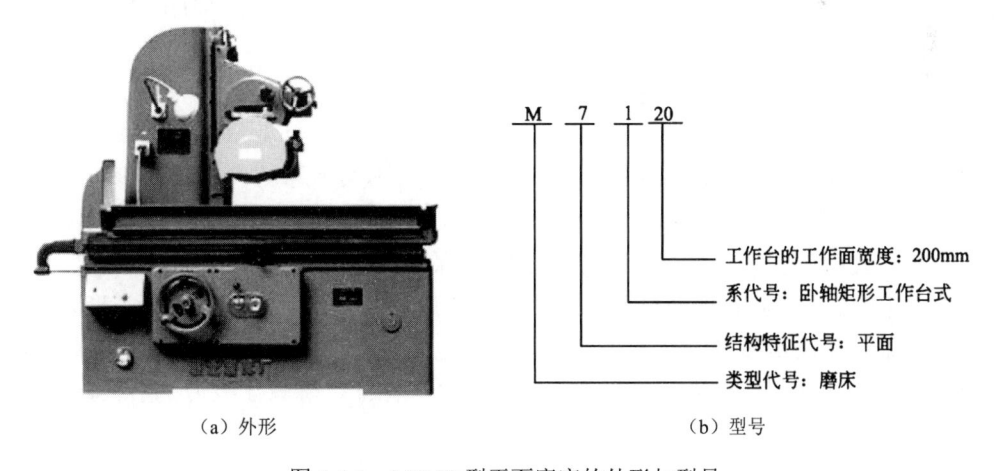

（a）外形　　（b）型号

图4-4-1　M7120型平面磨床的外形与型号

M7120型平面磨床的结构示意图如图4-4-2所示，主要由床身、工作台、电磁吸盘、砂轮箱（又称为磨头）、滑座和立柱等部分组成。

2. 运动形式

磨床的运动形式有主运动、进给运动、辅助运动。主运动是指砂轮的旋转运动；进给

运动有垂直进给（滑座在立柱上的上下运动）、横向进给（砂轮箱在滑座上的水平运动）、纵向进给（工作台沿床身的往复运动）。工作时，砂轮做旋转运动，并沿其轴向做定期的横向进给运动。工件固定在工作台上，工作台做直线往复运动。矩形工作台每完成一个纵向行程，砂轮就做横向进给运动，当加工整个平面时，砂轮做垂直进给运动，以此完成整个平面的加工。

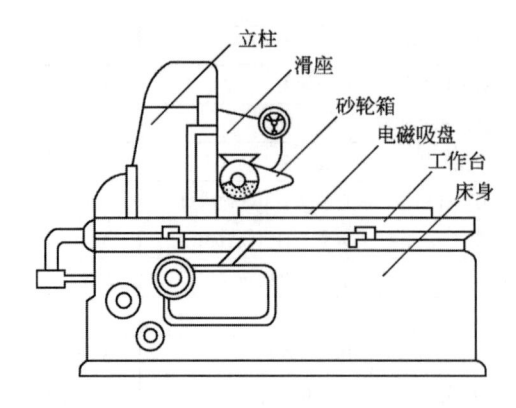

图 4-4-2　M7120 型平面磨床的结构示意图

二、M7120 型平面磨床的电力拖动特点及控制要求

磨床的砂轮主轴一般并不需要较大的调速范围，所以采用笼型异步电动机拖动。为缩小体积、结构简单及提高机床精度、减少中间传动，采用装入式异步电动机直接拖动砂轮，这样电动机的转轴就是砂轮轴。还有砂轮升降电动机，用于在磨削过程中调整砂轮和工件之间的位置。

平面磨床是一种精密机床，为保证加工精度采用液压传动。采用一台液压泵电动机，通过液压装置实现工作台的往复运动和砂轮横向的连续与断续进给。为在磨削加工时对工件进行冷却，需要采用冷却液，由冷却泵电动机拖动。为提高生产率及加工精度，磨床中广泛采用多电动机拖动，使磨床有最简单的机械传动系统。

基于上述拖动特点，对其控制有如下要求。

（1）砂轮电动机、液压泵电动机和冷却泵电动机都只要求单方向旋转。

（2）冷却泵电动机随砂轮电动机运行而运行，但不需要冷却泵电动机时，可单独断开。

（3）具有完善的保护环节。有各电路的短路保护、电动机的过载保护、零压保护、电磁吸盘的欠电流保护、电磁吸盘断开时产生高电压而危及电路中其他电气设备的保护等。

（4）保证在使用电磁吸盘正常工作时和不用电磁吸盘在调整机床工作时，都能开动机床各电动机。但在使用电磁吸盘的工作状态时，必须保证电磁吸盘吸力足够大，才能开动机床各电动机。

（5）具有电磁吸盘吸持工件、松开工件，并使工件去磁的控制环节。

（6）必要的照明与指示信号。

三、M7120 型平面磨床电气电路分析

M7120 型平面磨床的电气控制原理图如图 4-4-3 所示，分为主电路、控制回路、电磁工作台控制回路及照明与指示灯电路四部分。

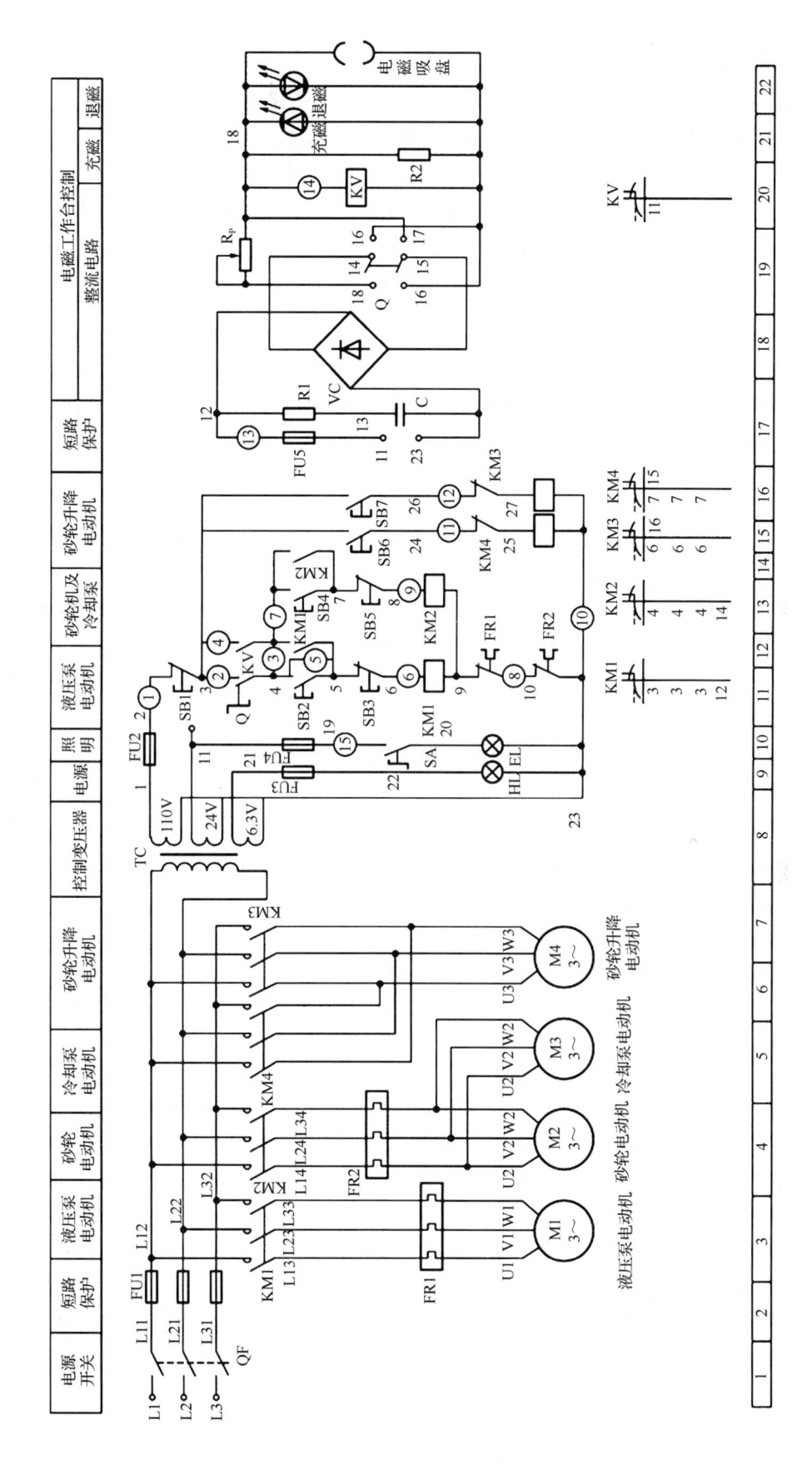

图 4-4-3 M7120 型平面磨床的电气控制原理图

1．主电路分析

电源由总开关 QF 引入，为机床开动做准备。整个电气电路由熔断器 FU1 作为短路保护电器。主电路中共有四台电动机。其中，M1 是液压泵电动机，实现工作台的往复运动；M2 是砂轮电动机，带动砂轮转动来完成磨削加工；M3 是冷却泵电动机；它们只要求单向旋转。冷却泵电动机 M3 只有在砂轮电动机 M2 运行后才能运行。M4 是砂轮升降电动机，用于在磨削过程中调整砂轮和工件之间的位置。

M1、M2、M3 是长期工作的，所以都装有过载保护电器。

2．控制回路分析

（1）液压泵电动机 M1 的控制。合上总开关 QF 后，整流变压器一个副边输出 24V 交流电压，经桥式整流器 VC 整流后得到直流电压，使电压继电器 KV 得电动作，其常开触点闭合，为启动电动机做好准备。如果 KV 不能可靠动作，则各电动机均无法运行。因为平面磨床的工件靠直流电磁吸盘的吸力将工件吸牢在工作台上，所以只有具备可靠的直流电压后，才允许启动砂轮和液压系统，以保证安全。

当 KV 吸合后，按下启动按钮 SB2，接触器 KM1 通电吸合并自锁，M1 启动自动往复运行。按下停止按钮 SB3，接触器 KM1 线圈断电释放，M1 断电停转。

（2）砂轮电动机 M2 及冷却泵电动机 M3 的控制。当 KV 吸合后，按下启动按钮 SB4，接触器 KM2 通电吸合并自锁，M2 启动运行。因为 M3 与 M2 联动控制，所以 M3 与 M2 同时启动运行。若按下停止按钮 SB5，则接触器 KM2 线圈断电释放，M2 与 M3 同时断电停转。

两台电动机的热断电器 FR2 的常闭触点都串联在 KM2 中，只要有一台电动机过载，就使 KM2 断电。

（3）砂轮升降电动机 M4 的控制。M4 只有在调整工件和砂轮之间位置时才使用，所以采用点动控制。按下点动按钮 SB6，接触器 KM3 线圈得电吸合，M4 正转，砂轮上升。到达所需位置后，松开 SB6，KM3 线圈断电释放，M4 停转，砂轮停止上升。

按下点动按钮 SB7，接触器 KM4 线圈得电吸合，M4 反转，砂轮下降。到达所需位置后，松开 SB7，KM4 线圈断电释放，M4 停转，砂轮停止下降。

为了防止 M4 的正反转电路同时接通，必须在对方电路中串联接触器 KM3 和 KM4 的常闭触点进行联锁控制。

（4）电磁吸盘控制回路分析。电磁吸盘用于吸住工件，以便进行磨削，优点是比机械夹紧迅速，操作快速简便，不损伤工件，一次能吸多个小工件，在磨削过程中工件发热可自由伸缩、不会变形等；缺点是只能吸住导磁性材料如钢铁等的工件，对非导磁性材料如铝和铜的工件没有吸力。电磁吸盘的线圈通的是直流电，不能用交流电，因为交流电会使工件振动和铁心发热。

电磁吸盘控制回路包括整流装置、控制装置和保护装置三个部分。整流装置由控制变压器 TC 和桥式整流器 VC 组成，提供直流电压。

转换开关 Q 是用来给电磁吸盘接上正反向工作电压的，有"充磁""放松""退磁"三个位置。当磨削加工时，转换开关 Q 扳到"充磁"位置，Q（14-16）、Q（15-17）接通，电磁吸盘线圈电流方向从下到上。这时，Q（3-4）断开，由 KV 的触点（3-4）保持 KM1 和

KM2 的线圈通电。若电磁吸盘线圈断电或电流太小吸不住工件，则电压继电器 KV 释放，其常开触点（3-4）也断开，各电动机因控制回路断电而停转。否则，工件会因吸不牢而被高速旋转的砂轮撞击飞出，可能造成事故。工件加工完毕后，因有剩磁而需要进行退磁，故需要将 Q 扳到"退磁"位置，这时 Q（15-16）、Q（14-18）、Q（3-4）接通。电磁吸盘线圈通过反方向（从上到下）的较小（串联了 RP）电流进行退磁。退磁结束后，将 Q 扳到"放松"位置（Q 所有触点均断开），就能取下工件。

如果不需要电磁吸盘，将工件夹在工作台上，则可将转换开关 Q 扳到"退磁"位置，这时 Q 在控制回路中的触点（3-4）接通，各电动机就可以正常启动。电磁吸盘控制回路的保护装置如下。

① 欠电压保护，由 KV 实现。
② 电磁吸盘线圈的过电压保护，由并联在线圈两端的放电电阻 R2 实现。
③ 短路保护，由 FU5 实现。
④ 整流装置的过电压保护，由 12、23 号线间的 R1、C 来实现。
⑤ 照明电路由照明变压器 TC 降压后，经 SA 供电给照明灯 EL，在照明变压器副边设有熔断器 FU4 作为短路保护电器。

HL 为指示灯，其工作电压为 6.3V，由变压器 TC 供给，HL 亮时，表示控制回路的电源正常；不亮时，表示电源有故障。

四、M7120 型平面磨床典型故障分析与检测

1. 砂轮只能上升，不能下降

从故障现象中可以判断出砂轮升降电动机 M4、主电路电源、控制回路 110V 电源是正常的。故障可能出现在以下几个方面。

（1）检查 SB6、SB7 触点或接线是否良好。
（2）检查接触器 KM3 辅助常闭触点或接线是否良好。
（3）检查接触器 KM4 线圈或接线是否良好。
（4）检查接触器 KM4 主触点或接线是否良好。

2. 电磁吸盘无吸力

从故障现象中可以判断出这种故障与主电路电源、控制回路电源、整流电路、电磁吸盘都有关系。可以从以下几个方面进行检查。

（1）检查机床主电路电源、控制回路电源是否正常。
（2）检查熔断器 FU4、FU5 是否熔断。
（3）测量 TC 二次侧电压是否等于 24V。
（4）测量 VC 输入端电压是否等于 24V。
（5）测量 VC 输出端电压是否正常。若输出端电压不正常，则可用电烙铁焊开二极管的一端，用万用表测量二极管的正反向电阻来判断二极管的好坏。万用表的黑表笔接二极管的正极，红表笔接负极，测量出的电阻是正向电阻，表笔对调后测量出的电阻是反向电阻。

（6）检查转换开关 Q 触点或接线是否良好。

（7）检查电磁吸盘线圈或接线是否良好。可用万用表测量电磁吸盘线圈两端的电压，若电磁吸盘线圈两端的电压正常，则说明电磁吸盘线圈断路；若电磁吸盘线圈两端无电压，则说明电磁吸盘线圈短路。

4．电磁吸盘吸力不足

从故障现象中可以判断出这种故障是整流器输出电压较低的缘故。可以从以下几个方面进行检查。

（1）用万用表检查整流变压器的电源电压是否过低。如果电压过低，必然会导致直流输出端电压下降，造成吸力不足。

（2）若电源电压正常，则应检查转换开关 Q 触点或接线是否良好。

（3）若上述检查都正常，则故障点必定在整流电路中。用万用表检查整流器输出电压，若测出电压为正常电压的一半左右，则整流电路中有一个桥臂的二极管断路或接线松脱。断开电源，用电烙铁焊开二极管的一端，用万用表测量二极管的正反向电阻来判断二极管的好坏。

（4）若二极管完好，则必定在整流变压器的次级线圈中出现局部短路，可用手摸变压器，若变压器有过热现象，则更换变压器，电路就能恢复正常。

思考与练习

1．判断题（正确的在括号内打"√"，错误的打"×"）

（1）M7120 型平面磨床的主运动是指砂轮的旋转运动。（   ）

（2）电磁吸盘用于吸住工件，以便进行磨削，优点是夹紧迅速、操作简便、不损伤工件、磨削中工件发热可自由伸缩、不会变形等。（   ）

（3）M7120 型平面磨床是通过液压装置来实现工作台的往复运动和砂轮横向的连续与断续进给的。（   ）

（4）M7120 型平面磨床控制回路电气故障检修时，自动循环磨削加工时不能自动停机，可能是电磁阀 YT 线圈烧坏，应更换线圈。（   ）

（5）在 MGB1420 万能磨床的工件电动机控制回路中，将 SA1 扳在试挡时，直流电动机 M 处于低速点动状态。（   ）

（6）在 MGB1420 万能磨床的自动循环工作电路系统中，通过有关电气元件与油路、机械方面的配合实现磨削手动循环工作。（   ）

2．选择题（将正确答案的字母填入括号）

（1）在 MGB1420 万能磨床的冷却泵电动机控制回路中，接通电源开关 QS1 后，220V 交流控制电压通过开关 SA2 控制接触器（   ），从而控制液压泵、冷却泵电动机。

A．KM1   B．KM2   C．KM3   D．KM4

（2）在 MGB1420 万能磨床晶闸管直流调速系统控制回路的辅助环节中，V19、（   ）组成电流正反馈环节。

A．R26   B．R29   C．R36   D．R38

(3) 在 MGB1420 万能磨床晶闸管直流调速系统控制回路的辅助环节中，R29、R36、（　　）组成电压负反馈电路。

A．R27　　　　　　B．R26　　　　　　C．R37　　　　　　D．R38

(4) MGB1420 万能磨床电动机空载通电调试时，将 SA1 开关转到"开"位置，中间继电器 KA2 接通，并把调速电位器接入电路，慢慢转动 RP1 旋钮，使给定电压信号（　　）。

A．逐渐上升　　　　B．逐渐下降　　　　C．先上升后下降　　D．先下降后上升

(5) 在 MGB1420 万能磨床中，若放电电阻选得过大，则（　　）。

A．晶闸管不易导通　　　　　　　　　B．晶闸管误触发
C．晶闸管导通后不关断　　　　　　　D．晶闸管过热

(6) 在 MGB1420 万能磨床中，充电电阻 R 的大小，是根据晶闸管移相范围的要求及（　　）来决定的。

A．充电电容 C 的大小　　　　　　　 B．晶闸管是否触发
C．晶闸管导通后是否关断　　　　　　D．晶闸管是否过热

3．简答题

(1) 在 M7120 型平面磨床中，为什么采用电磁吸盘来吸住工件？

(2) M7120 型平面磨床电磁吸盘无吸力，请尝试分析其原因。

任务5　镗床电气电路的故障检修

🔍 能力目标

(1) 了解镗床的主要结构和运动形式，熟悉镗床的操作过程。
(2) 熟悉 T68 型卧式镗床的电力拖动特点。
(3) 掌握 T68 型卧式镗床电路的工作原理、故障的分析方法。
(4) 采用正确的检修步骤，排除 T68 型卧式镗床电气电路故障。

🔍 使用器材、工具、设备

(1) 器材：T68 卧式型镗床或 T68 卧式型镗床电气控制模拟装置。
(2) 工具：常用电工工具（螺丝刀、剥线钳、尖嘴钳等）、拆装工具等。
(3) 设备：万用表、兆欧表、钳形电流表等。

🔍 任务要求及实施

一、任务要求

根据故障现象，排除 T68 型卧式镗床电气电路故障。

二、任务实施

1. T68 型镗床电气电路的故障分析与处理步骤

(1) 熟悉 T68 型卧式镗床电气控制模拟装置，了解装置的基本操作，明确各种电器的作用。掌握 T68 型卧式镗床电气控制原理。

(2) 查看装置背面各电气元件上的接线是否牢固，各熔断器是否安装良好，故障设置

单元中的微型开关是否处于向上位置（向上为正常状态，向下为故障状态），并完成负载和控制变压器的接线。

（3）独立安装好接地线，在设备下方垫好绝缘垫，将各开关置分断位置。

（4）在实训教师的监督下，接上三相电源。合上 QF1，电源指示灯亮。

（5）主轴电动机低速正转，按下 SB2，KA1 吸合并自锁，KM3、KM1、KM4 吸合，主轴电动机 M1 按△形连接低速运行。按下 SB1，主轴电动机制动停转。

（6）主轴电动机高速正转，按下 SB2，KA1 吸合并自锁，KM3、KT、KM1、KM4 相继吸合，使 M1 按△形连接低速运行；延时后，KT（13-20）断开，KM4 释放，同时 KT（13-22）闭合，KM5 线圈通电吸合，使 M1 换接成 YY 形连接高速运行。按下 SB1，M1 制动停转。

M1 的反向低速、高速操作可按 SB3，参与的电器有 KA2、KT、KM3、KM2、KM4、KM5，可参照上面步骤进行操作。

（7）M1 正反向点动操作，按下 SB4 可实现 M1 的正向点动，参与的电器有 KM1、KM4；按下 SB5 可实现 M1 的反向点动，参与的电器有 KM2、KM4。

（8）M1 反接制动操作，按下 SB2，M1 正向低速运行，此时 KS（13-18）闭合，KS（13-15）断开。按下按钮 SB1，KA1、KM3 释放，KM1 释放，KM4 释放，将 SB1 按到底，KM4 吸合，KM2 吸合，M1 在串联电阻下反接制动，转速下降至 KS（13-18）断开，KS（13-15）闭合时，KM2 断电释放，制动结束。

按下 SB2，M1 高速正向运行，此时，KA1、KM3、KT、KM1、KM5 吸合，速度继电器 KS（13-18）闭合，KS（13-15）断开。

按下按钮 SB1，KA1、KM3、KT、KM1 释放，而 KM2 吸合，同时 KM5 释放，KM4 吸合，M1 工作于△形连接下，并串联电阻反接制动至停转。

（9）主轴变速与进给变速时的 M1 操作，将 SQ3、SQ5 置于"主轴变速"位置，此时 M1 间隙地启动和制动，获得低速旋转，便于齿轮啮合。电器状态为 KM4 吸合，KM1、KM2 交替吸合。将此开关复位，变速停止。

（10）主轴箱、工作台或主轴的快速移动操作均由快速进给电动机 M2 拖动，M2 只工作于正反转，由行程开关 SQ9、SQ8 完成电气控制。

装置初次试运行时，可能会出现 M1 正反转均不能停止的现象，这是电源相序接反引起的，此时应马上切断电源，调换电源相序。

（11）在掌握了 T68 型卧式镗床的基本操作之后，实训教师在主电路或控制回路中任意设置 2～3 个电气故障点。学生自己诊断电路，分析处理故障，并在电气原理图中标出故障点。

（12）设置故障点时，应注意做到隐蔽，一般不宜设置在单独支路或单一回路中。故障现象尽可能不要相互掩盖。尽量不设置容易造成人身或设备事故的故障点。

2．实操要求

（1）学生应根据故障现象，先在电气原理图中正确标出最小故障范围的线段，然后采用正确的检查和排除故障方法，并在定额时间内排除故障。

（2）排除故障时，必须修复故障点，不得采用更换电气元件、借用触点及改动电路的方法。

（3）检修时，严禁扩大故障范围或产生新的故障，不得损坏电气元件。

3. 操作注意事项

（1）设备操作应在实训教师指导下进行，做到安全第一。设备通电后，严禁在电器侧随意扳动电气元件。进行故障排除训练时，尽量不带电检修。若带电检修，则必须有实训教师在现场监护。

（2）必须安装好各电动机、支架接地线，在设备下方垫好绝缘橡胶垫，厚度不小于8mm，操作前要仔细查看各接线端有无松动或脱落，以免通电后发生意外或损坏电器。

（3）在操作中若发出异常响声，则应立即断电，查明故障原因。故障噪声主要来自电动机缺相运行，接触器、继电器吸合不正常等。

（4）在维修设备时不要随便互换线端处号码管。

（5）操作时用力不要过大，速度不宜过快；操作频率不宜过于频繁。

（6）实训结束后，应拔出电源插头，将各开关置于分断位置。

4. 检测与故障排除

按照知识点中提到的检测及故障诊断方法进行。

考核标准及评价

从知识与技能、学习态度与团队意识和工作与职业操守三方面进行综合考核，具体的评价标准如表4-5-1所示。

表4-5-1 考核评价表

考核内容	考核方式	评价标准与得分				
		标准	分值	互评	教师评分	得分
知识与技能（70分）	教师评价+互评	能正确认识镗床电气原理图	20分			
		能正确使用检测工具检测	20分			
		能检测故障点	30分			
学习态度与团队意识（15分）	教师评价	学习积极性高、有自主学习能力	3分			
		有分析和解决问题的能力	3分			
		能组织和协调小组活动过程	3分			
		有团队协作精神、能顾全大局	3分			
		有合作精神、热心帮助小组其他成员	3分			
工作与职业操守（15分）	教师评价+互评	有安全操作、文明生产的职业意识	3分			
		诚实守信、实事求是、有创新精神	3分			
		遵守纪律、规范操作	3分			
		有节能环保和产品质量意识	3分			
		能够不断反思、优化和完善	3分			

> 知识要点

一、T68 型卧式镗床的主要结构和运动形式

1．主要结构

T68 型卧式镗床是一种通用的多用途金属加工机床，不但能钻孔、镗孔、扩孔，还能铣削平面、端面和内外圆，加工精度高，属于精密加工机床。T68 型卧式镗床的外形与型号如图 4-5-1 所示。

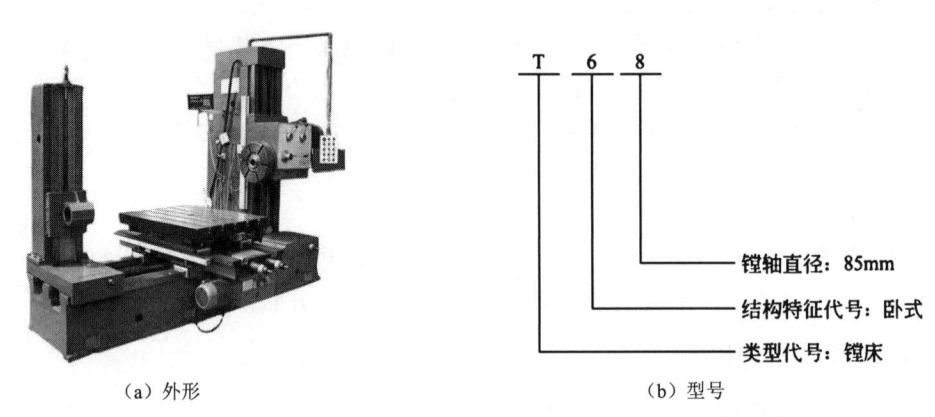

图 4-5-1　T68 型卧式镗床的外形与型号

T68 型卧式镗床的结构示意图如图 4-5-2 所示，主要由床身、前立柱、主轴箱、工作台、后立柱和尾架等部分组成。

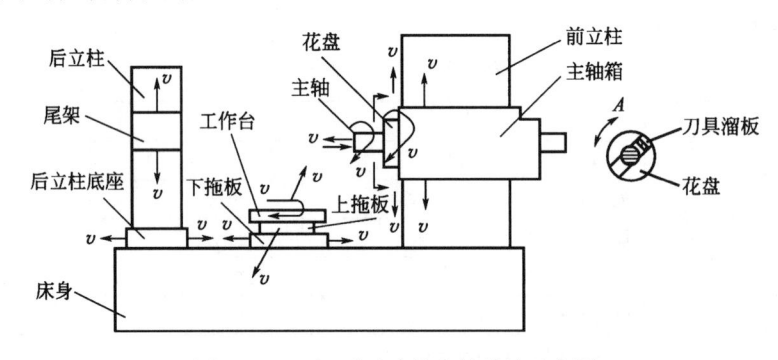

图 4-5-2　T68 型卧式镗床的结构示意图

2．运动形式

T68 型卧式镗床的运动形式有主运动、进给运动、辅助运动。主运动是镗杆（主轴）旋转或平旋盘（花盘）旋转；进给运动是主轴的轴向（进出）移动、主轴箱的垂直（上下）移动、花盘和刀具溜板的径向移动、工作台的纵向（前后）和横向（左右）移动；辅助运动有工作台的旋转、后立柱的水平移动和尾架的垂直移动。主运动和各种常速进给由主轴电动机 M1 驱动，但各部分的快速进给运动由快速进给电动机 M2 驱动。

二、T68 型卧式镗床的电力拖动特点及控制要求

（1）由于镗床主轴调速范围较大，且要求恒功率输出，所以主轴电动机 M1 采用△/YY双速异步电动机。低速时，1U1、1V1、1W1 接三相交流电源，1U2、1V2、1W2 悬空，定子绕组接成△形，每相绕组中的两个线圈串联，形成的磁极对数 $p=2$；高速时，1U1、1V1、1W1 短接，1U2、1V2、1W2 接电源，电动机定子绕组联结成 YY形，每相绕组中的两个线圈并联，磁极对数 $p=1$。高低速的变换由主轴孔盘变速机构内的行程开关 SQ7 控制。

（2）M1 可正反转连续运行，也可点动控制，点动时为低速。主轴要求快速、准确制动，故采用反接制动，控制电器采用速度继电器。为限制 M1 的启动和制动电流，在点动和制动时，定子绕组串联电阻 R。

（3）M1 低速时直接启动。高速运行是由低速启动延时后自动转成高速运行的，以减小启动电流。

（4）在主轴变速和进给变速时，M1 需要缓慢转动，以保证变速齿轮进入良好啮合状态。主轴变速和进给变速均可在运行中进行，变速操作时，M1 做低速断续冲动，变速完成后又恢复运行。主轴变速时，M1 的缓慢转动由行程开关 SQ3 和 SQ5 完成，进给变速时由行程开关 SQ4、SQ5 及速度继电器 KS 共同完成。

三、T68 型镗床电气电路分析

T68 型卧式镗床的电气控制原理图如图 4-5-3 所示，该电路由主轴电动机 M1 和快速进给电动机 M2 两台电动机组成。

1. 主轴电动机 M1 的启动控制分析

（1）主轴电动机 M1 的点动控制分析。M1 的点动有正向点动和反向点动两种，分别由按钮 SB4 和 SB5 控制。按下 SB4，接触器 KM1 线圈通电吸合，KM1 的辅助常开触点（3-13）闭合，使接触器 KM4 线圈通电吸合，三相电源经 KM1 的主触点、电阻 R 和 KM4 的主触点接通 M1 的定子绕组，采用△形连接，使 M1 在低速下正转。松开 SB4，M1 断电停转。反向点动与正向点动控制过程相似，都由按钮 SB5、接触器 KM2、KM4 来实现。

（2）主轴电动机 M1 的正反转控制分析。当要求 M1 正向低速运行时，行程开关 SQ7 的触点（11-12）处于断开状态，主轴变速和进给变速用行程开关 SQ3（4-9）、SQ4（9-10）均为闭合状态。按下 SB2，中间继电器 KA1 线圈通电吸合，它有三对常开触点，KA1 常开触点（4-5）闭合自锁；KA1 常开触点（10-11）闭合，接触器 KM3 线圈通电吸合，KM3 主触点闭合，电阻 R 短接；KA1 常开触点（17-14）和 KM3 辅助常开触点（4-17）闭合，使接触器 KM1 线圈通电吸合，并将 KM1 线圈自锁。KM1 辅助常开触点（3-13）闭合，接通 M1 低速用接触器 KM4 线圈，使其通电吸合。由于接触器 KM1、KM3、KM4 的主触点均闭合，故 M1 在全电压、定子绕组△连接下直接启动，低速运行。

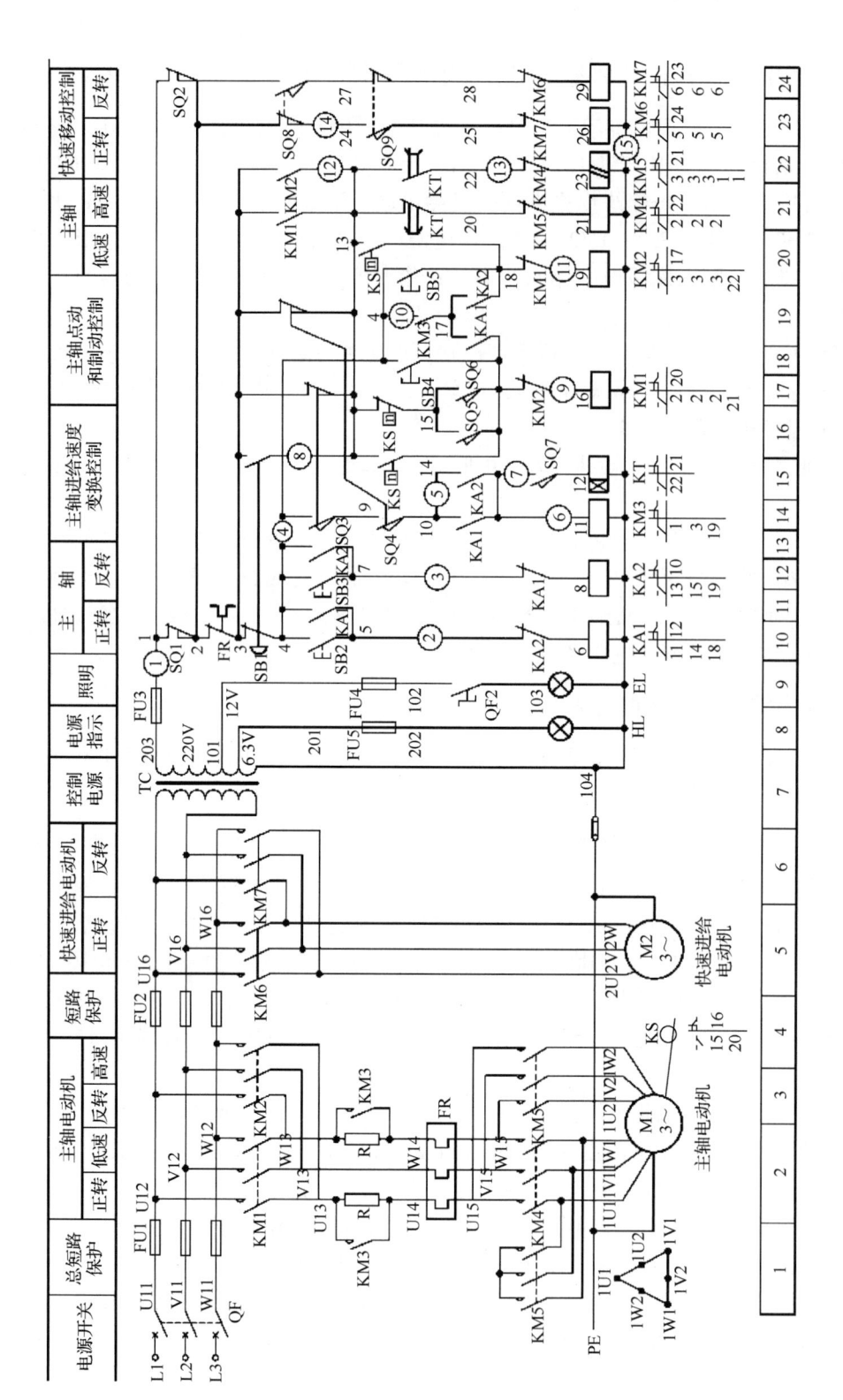

图 4-5-3 T68 型卧式镗床的电气控制原理图

当要求 M1 为高速运行时，行程开关触点 SQ7（11-12）、SQ3（4-9）、SQ4（9-10）均处于闭合状态。按下 SB2 后，KA1、KM3、KM1、KM4 线圈相继通电吸合，使 M1 在低速下直接启动；由于 SQ7（11-12）的闭合，时间继电器 KT（通电延时式）线圈通电吸合，经延时后，KT 的通电延时断开的常闭触点（13-20）断开，KM4 线圈断电，M1 的定子绕组脱离三相电源，而 KT 的通电延时闭合的常开触点（13-22）闭合，使接触器 KM5 线圈通电吸合，KM5 的主触点闭合，将 M1 的定子绕组接成 YY 形后，重新接到三相电源，故从低速启动转为高速运行。

M1 的反向低速或高速的启动运行过程与正向启动运行过程相似，但是反向启动运行所用的电器为按钮 SB3，中间继电器 KA2，接触器 KM3、KM2、KM4、KM5，时间继电器 KT。

(3) 主轴电动机 M1 的反接制动控制分析。当 M1 正转时，速度继电器 KS 正转，常开触点 KS（13-18）闭合，而正转的常闭触点 KS（13-15）断开；当 M1 反转时，KS 反转，常开触点 KS（13-14）闭合，为 M1 正反转停止时的反接制动做准备。按下停止按钮 SB1 后，M1 的电源反接，迅速制动，转速降至速度继电器的复位转速时，其常开触点断开，自动切断三相电源，M1 停转。具体的反接制动过程如下。

① M1 正转时的反接制动。设 M1 为低速正转时，KA1、KM1、KM3、KM4 的线圈通电吸合，KS 的常开触点 KS（13-18）闭合。按下 SB1，SB1 的常闭触点（3-4）先断开，使 KA1、KM3 线圈断电，KA1 的常开触点（17-14）断开，又使 KM1 线圈断电，一方面使 KM1 的主触点断开，M1 脱离三相电源，另一方面使 KM1（3-13）断开，KM4 断电；SB1 的常开触点（3-13）随后闭合，使 KM4 重新吸合，此时 M1 由于惯性转速还很高，KS（13-18）仍闭合，故使 KM2 线圈通电吸合并自锁，KM2 的主触点闭合，使三相电源反接后经电阻 R、KM4 的主触点接到 M1 的定子绕组，进行反接制动。当转速趋近于零时，KS 正转，常开触点 KS（13-18）断开，KM2 线圈断电，反接制动结束。

② M1 反转时的反接制动。反转时的制动过程与正转制动过程相似，但是所用的电器是 KM1、KM4、KS 的反转常开触点 KS（13-14）。

③ M1 工作在高速正转及高速反转时的反接制动。反接制动过程可自行分析。在此仅指明，高速正转时的反接制动所用的电器是 KM2、KM4、KS（13-18）；高速反转时的反接制动所用的电器是 KM1、KM4、KS（13-14）。

(4) 主轴变速或进给变速时 M1 的缓慢转动控制分析。主轴变速或进给变速既可以在停止时进行，又可以在运行中进行。为使变速齿轮更好地啮合，可接通 M1 的缓慢转动控制电路。

当主轴变速时，将变速孔盘拉出，行程开关常开触点 SQ3（4-9）断开，接触器 KM3 线圈断电，主电路中接入电阻 R，KM3 的辅助常开触点（4-17）断开，使 KM1 线圈断电，M1 脱离三相电源。所以，T68 型卧式镗床可以在运行中变速，M1 能自动停转。旋转变速孔盘，选好所需的转速后，将孔盘推入。在此过程中，若滑移齿轮的齿和固定齿轮的齿发生顶撞，则孔盘不能推回原位，行程开关 SQ3、SQ5 的常闭触点 SQ3（3-13）、SQ5（15-14）闭合，接触器 KM1、KM4 线圈通电吸合，M1 经电阻 R 在低速下正向启动，接通瞬时点动电路。当 M1 转动转速达到某一转时，速度继电器 KS 正转常闭触点（13-15）断开，接触器 KM1 线圈断电，而 KS 正转常开触点（13-18）闭合，使 KM2 线圈通电吸合，M1 反接制动。当转速降到 KS 的复位转速后，KS 常闭触点（13-15）闭合，KS 常开触点（13-18）断开，重复上述过程。这种间歇的启动、制动，使 M1 缓慢旋转，以利于齿轮的啮合。若孔盘推回原位，则 SQ3、SQ5 的常闭触点 SQ3（3-13）、SQ5（15-14）断开，切断缓慢转动电路。SQ3 的常开触点（4-9）闭合，使 KM3 线圈通电吸合，其常开触点（4-17）闭合，又使 KM1 线圈通电吸合，M1 在新的转速下重新启动。

进给变速时的缓慢转动控制过程与主轴变速相同，不同的是使用的电器是行程开关 SQ4、SQ6。

2．主轴箱、工作台或主轴的快速移动分析

T68 型卧式镗床各部件的快速移动，由快速手柄操纵快速进给电动机 M2 拖动完成。当快速手柄扳向正向快速位置时，行程开关 SQ9 被压动，接触器 KM6 线圈通电吸合，M2 正转。同理，当快速手柄扳向反向快速位置时，行程开关 SQ8 被压动，KM7 线圈通电吸合，M2 反转。

3．主轴进刀与工作台联锁分析

为防止机床或刀具损坏，主轴箱和工作台的机动进给，在控制回路中必须互联锁，不能同时接通，由行程开关 SQ1、SQ2 实现。同时有两种进给时，SQ1、SQ2 均被压动，切断控制回路的电源，避免机床或刀具损坏。

四、T68 型镗床电气电路典型故障分析与检测

1．主轴电动机 M1 能正向启动，但不能反向启动

从故障现象中可以判断出主轴电动机 M1、主电路电源、控制回路电源是正常的。故障可能出现在以下几个方面。

（1）SB3 的触点或接线是否良好。
（2）中间继电器 KA1 触点或接线是否良好。
（3）中间继电器 KA2 的线圈、触点与接线是否良好。
（4）接触器 KM1 的辅助触点或接线是否良好。
（5）接触器 KM2 的线圈、主触点与接线是否良好。
（6）机械部分是否堵塞。

2．主轴电动机 M1 能低速运行，但不能高速运行

从故障现象中可以判断出 KM1、KM3、KM4 工作正常，主轴电动机 M1、主电路电源、控制回路电源也是正常的。故障可能出现在以下几个方面。

（1）SQ7 的触点或接线是否良好。
（2）时间继电器 KA1 线圈或接线是否良好。
（3）时间继电器 KA1 触点（4-22）或接线是否良好。
（4）接触器 KM4 触点（22-23）或接线是否良好。
（5）接触器 KM5 线圈或接线是否良好。
（6）主电路中接触器 KM5 主触点或接线是否良好。
（7）机械部分是否堵塞。

3. 主轴电动机 M1 不能进行正反转点动、制动及主轴和进给变速冲动控制

产生这种故障的原因往往是在上述各种控制回路的公共回路上出现故障。如果伴随着不能进行低速运行，则故障可能在通路 13-20-21-0 中有断开点；否则，故障可能在主电路的制动电阻 R 及引线上有断开点。若主电路仅断开一相电源，则主轴电动机 M1 还会伴有缺相运行时发出的"嗡嗡"声。

4. 主轴电动机 M1 能正反转点动，但不能正反转

故障可能在通路 4-9-10-11-KM3 线圈-0 中有断开点。

5. 主轴电动机 M1 不能制动

可能原因有：速度继电器损坏，SB1 中的常开触点接触不良，3、13、14、16 号线中有脱落或断开，KM2（14-16）、KM1（18-19）触点不通。

思考与练习

1．判断题（正确的在括号内打"√"，错误的打"×"）

（1）T68 型卧式镗床的主运动是指主轴的轴向移动、主轴箱的垂直移动。（　）

（2）由于 T68 型卧式镗床主轴调速范围较大，且要求恒功率输出，所以主轴电动机采用 Y/YY 双速异步电动机。（　）

（3）T68 型卧式镗床的主轴电动机采用减压启动方法。（　）

（4）T68 型卧式镗床是一种通用的多用途金属加工机床，不但能钻孔、镗孔、扩孔，还能铣削平面、端面和内外圆，加工精度高，属于精密加工机床。（　）

2．简答题

（1）在 T68 型卧式镗床电气电路中，为防止主轴箱和工作台同时进给而出现事故，采取了什么措施？

（2）简述在 T68 型卧式镗床中，主轴电动机低速正转时的启动过程。

（3）T68 型卧式镗床中的 SQ3、SQ4 正常处于什么状态?说明其作用。

（4）在 T68 型卧式镗床中，主轴电动机主电路上的电阻 R 起什么作用？

任务6　桥式起重机电气电路的故障检修

能力目标

（1）了解桥式起重机的主要结构和运动形式。

（2）熟悉桥式起重机电气电路的工作原理。

（3）掌握凸轮控制器、主令控制器的结构及控制原理。

（4）掌握桥式起重机的电气调试方法。

使用器材、工具、设备

（1）器材：桥式起重机或桥式起重机电气控制模拟装置。

（2）工具：常用电工工具（螺丝刀、剥线钳、尖嘴钳等）、拆装工具等。

（3）设备：万用表、兆欧表、钳形电流表等。

任务要求及实施

一、任务要求

根据故障现象，排除桥式起重机电气电路故障。

二、任务实施

1. 桥式起重机电气电路的故障分析与处理

（1）熟悉桥式起重机或桥式起重机电气控制模拟装置，了解装置的基本操作，明确各种电器的作用，掌握桥式起重机电气控制原理。

（2）查看装置背面各电气元件上的接线是否牢固，安装是否良好。

（3）独立安装好接地线，在设备下方垫好绝缘垫。

（4）在实训教师的监督下，接上三相电源。

（5）调节主令器手柄位置，观察起重工作机械的上下、左右、前后运动轨迹，或者小车驱动电动机、大车驱动电动机、起重电动机的转速、转向。

（6）在掌握了起重机的基本操作后，按照电气原理图由实训教师在起重机主电路或控制回路中任意设置 2~3 个电气故障点。学生自己诊断电路，分析处理故障，并在电气原理图中标出故障点。

（7）设置故障点时，应注意做到隐蔽，一般不宜设置在单独支路或单一回路中。故障现象尽可能不要相互掩盖。尽量不设置容易造成人身或设备事故的故障点。

2. 实操要求

（1）学生应根据故障现象，先在电气原理图中正确标出最小故障范围的线段，然后采用正确的检查和排除故障方法，并在定额时间内排除故障。

（2）排除故障时，必须修复故障点，不得采用更换电气元件、借用触点及改动电路的方法。

（3）检修时，严禁扩大故障范围或产生新的故障，不得损坏电气元件。

3. 操作注意事项

（1）设备操作应在实训教师指导下进行，做到安全第一。设备通电后，严禁在电器侧随意扳动电气元件。进行故障排除训练时，尽量不带电检修。若带电检修，则必须有实训教师在现场监护。

（2）必须安装好各电动机、支架接地线，在设备下方垫好绝缘橡胶垫，厚度不小于 8mm，操作前要仔细查看各接线端有无松动或脱落，以免通电后发生意外或损坏电器。

（3）在操作中若发出异常响声，则应立即断电，查明故障原因。故障噪声主要来自电动机缺相运行，接触器、继电器吸合不正常等。

（4）若发现熔芯熔断，则应在找出故障后，更换同规格熔芯。

（5）在维修设备时不要随便互换线端处号码管。

（6）操作时用力不要过大，速度不宜过快；操作频率不宜过于频繁。

（7）实训结束后，应拔出电源插头，将各开关置于分断位置。

4. 检测与故障排除

按照知识点中提到的检测及故障诊断方法进行。

考核标准及评价

从知识与技能、学习态度与团队意识和工作与职业操守三方面进行综合考核，具体的评价标准如表 4-6-1 所示。

表 4-6-1 考核评价表

考核内容	考核方式	评价标准与得分				
		标准	分值	互评	教师评分	得分
知识与技能 （70分）	教师评价+ 互评	能正确识读起重机电气原理图	20分			
		能正确使用检测工具检测	20分			
		能检测故障点并能对其维修	30分			
学习态度与团队 意识（15分）	教师评价	学习积极性高、有自主学习能力	3分			
		有分析和解决问题的能力	3分			
		能组织和协调小组活动过程	3分			
		有团队协作精神、能顾全大局	3分			
		有合作精神、热心帮助小组其他成员	3分			
工作与职业操守 （15分）	教师评价+ 互评	有安全操作、文明生产的职业意识	3分			
		诚实守信、实事求是、有创新精神	3分			
		遵守纪律、规范操作	3分			
		有节能环保和产品质量意识	3分			
		能够不断反思、优化和完善	3分			

知识要点

起重机是用来在短距离内垂直升降和移动重物的机械设备，俗称"天车"，广泛用于工矿企业、港口码头、露天贮料场等场所，主要是为了减轻人工体力劳动，提高工作效率。下面以 20/5t 桥式起重机为例进行介绍。

一、桥式起重机的主要结构和运动形式

1. 主要结构

桥式起重机是桥架在高架轨道上运行的一种桥架型起重机，能沿铺设在两侧高架上的轨道纵向运行，起重小车沿铺设在桥架上的轨道横向运行，构成一个矩形的工作范围，就可以充分利用桥架下面的空间吊运物料，不受地面设备的阻碍。20/5t 桥式起重机的外形如图 4-6-1 所示。

桥式起重机的结构主要由机械、金属和电气三大部分组成。机械部分由主起升机构、副起升机构（15t 以上才有）、小车运行机构和大车运行机构组成，包括电动机、联轴器、传动轴、制动器、减速器、卷筒和车轮等；金属结构主要由桥架（主梁、端梁、栏杆、走台、小车轨道）、驾驶室和小车架组成；电气部分由电气设备和电气电路组成，包括桥吊的动力装置和各机构的启动、调速、换向、制动及停止等控制系统。其结构示意图如图 4-6-2 所示。

图 4-6-1　20/5t 桥式起重机的外形

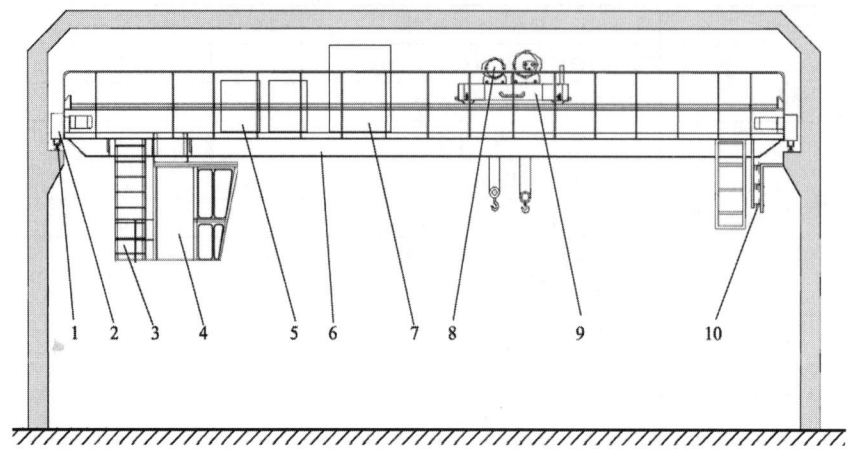

1—导轨；2—端梁；3—登梯；4—驾驶室；5—电阻箱；6—主梁；7—控制柜；8—起重电动机；9—起重小车；10—供电滑触线

图 4-6-2　20/5t 桥式起重机的结构示意图

（1）桥架。桥式起重机的桥架由两根主梁、两根端梁、走台和防护栏杆等构件组成，不仅要承受满载的起重小车的轮压作用，还要通过支承桥架的运行车轮，将满载的起重机全部质量传给厂房内固定跨间支柱上的轨道和建筑结构。桥架的结构形式不仅要求自重轻，还要有足够的强度、刚性和稳定性。

（2）大车运行机构。大车运行机构的作用是驱动桥架上的车轮转动，使起重机沿着轨道做纵向水平运动。

（3）起重小车。起重小车是桥式起重机的一个重要组成部分，包括小车架、起升机构和运行机构三个部分。其构造特点是，所有机构都是由一些独立组装的部件组成的，如电动机、减速器、制动器、卷筒、定滑轮组件及小车车轮组等。小车架是支托和安装起升机构和小车运行机构等部件的机架，通常为焊接结构。

（4）轨道。轨道用于承受起重机车轮的轮压，并引导车轮的运行。所有起重机的轨道都是标准的或特殊的型钢或钢轨。它们既应符合车轮的要求，又应考虑固定的方法。桥式起重机常用的轨道有起重机专用轨、铁路轨和方钢。

（5）驾驶室。桥式起重机的驾驶室分为敞开式、封闭式和保温式。驾驶室必须具有良好的视野。

（6）车轮。车轮又称为走轮，用来支承起重机自重和载荷，并将其传递到轨道上，同时使起重机在轨道上行驶。车轮按轮缘形式可以分为双轮缘、单轮缘和无轮缘。

2．运动形式

（1）大车运动。桥架沿铺设在两侧高架上的轨道纵向运行，采用制动器、减速器和电动机组合成一体的三合一驱动方式，驱动方式为分别驱动，即两边的主动车轮各用一台电动机驱动。

（2）小车运动。起重小车沿铺设在桥架上的轨道横向运行。

（3）起升运动。起升运动由两台异步电动机驱动，电动机通过减速器带动卷筒转动，使钢丝绳绕上卷筒或从卷筒上放下，以升降重物。通常在额定起重量超过10t的普通桥式起重机上装有主、副两套起升机构，副钩的额定起重量一般为主钩的15%～20%。

二、桥式起重机的电气控制特点及要求

20/5t 桥式起重机共用五台绕线式异步电动机拖动，分别是副钩起重电动机 M1、小车移动电动机 M2、大车移动电动机 M3 和 M4、主钩起重电动机 M5。其控制特点如下。

（1）桥式起重机为适应在重载下频繁启动、反转、制动、变速等操作，主、副钩起重电动机应选用绕线式异步电动机，绕线式异步电动机转子回路串联适当电阻可达到最大启动转矩，从而减小启动电流，调节电阻使电动机有一定的调速范围，且用凸轮控制器进行操作。

（2）为适应桥式起重机大车移动，供电方式采用安全滑触线装置硬线供、馈电电路，三相电源从沿着平行于大车导轨方向安装的厂房一侧主滑触线导管，通过受电器的电刷引入，在导管接线处设置三相电源指示灯。移动小车一般采用橡胶软电缆供、馈电电路，使用的软电缆常称为拖缆。在桥架上安装钢缆，并与小车运动方向平行，钢缆从小车上的支架孔内穿过，电缆通过吊环与承力尼龙绳一起吊装在钢缆上。

（3）主、副钩起重电动机要有合理的升降速度，空载、轻载速度快，缩短升降时间，提高效率。重载要求速度慢，转速可降低为额定速度的 50%～60%，启动和制动停止前采用低速，以避免过大的机械冲击，在30%的额定速度附近可分成几个挡位，方便操作。

（4）吊钩下放重物时，是位能性负载力矩，电动机可运行在电动状态（轻载）、倒拉反转状态（重载）或再生发电制动状态。

（5）当桥式起重机运行停止时，分别由各相应运行机构中的电磁制动器进行制动，以免发生事故。

（6）20/5t 桥式起重机必须有限位保护，限位开关包括小车前后极限限位开关、大车左右极限限位开关、主钩上升极限限位开关、副钩上升极限限位开关，以及驾驶室门、舱盖出入口、桥式栏杆出入口的联锁保护限位开关等。

（7）起重机照明电源由380V 电源电压经隔离变压器取得220V 和36V，其中220V 用于桥下照明，36V 用于桥箱控制室内照明和桥架上维修照明，也可作为警铃电源及安全行灯电源。控制室（桥箱）内电风扇和电热取暖设备的电源也用220V 电源。

（8）有完备的零位、短路、接地和过载保护，为适应频繁启动、制动操作，过载保护采用过电流继电器。

三、桥式起重机电动机的电气电路分析

由于起重机是高空设备,所以对于安全性能要求较高。为了能很好地适应调速及在满载下频繁启动,都采用绕线式异步电动机,在转子回路中串联电阻可改善启动性能,以调节启动转矩、减小启动电流。电阻的阻值大小可以控制,从而可以进行速度调节。而对电动机的控制则采用凸轮控制器。因为在断续工作制下,启动频繁,故电动机不使用热继电器,而采用带一定延时的过电流继电器。

1. 主电路分析

桥式起重机的工作原理如图 4-6-3 所示。大车由两台规格相同的电动机 M1 和 M2 拖动,用一台凸轮控制器 Q1 控制,电动机的定子绕组并联在同一电源上;YA1 和 YA2 为交流电磁制动器,行程开关 SQ_R 和 SQ_L 作为大车前后两个方向的终端保护。小车移动机构由一台电动机 M3 拖动,用一台凸轮控制器 Q2 控制,YA3 为交流电磁制动器,行程开关 SQ_{BW} 和 SQ_{FW} 作为小车前后两个方向的终端保护。副钩提升由电动机 M4 拖动,由凸轮控制器 Q3 控制,YA4 为交流电磁制动器,SQ_{U1} 为副钩提升的限位开关。主钩提升由电动机 M5 拖动,由主令控制器 SA 和一台磁力控制屏控制,YA5、YA6 为交流电磁制动器,提升限位开关为 SQ_{U2},下降限位开关为 SQ_{U3}。

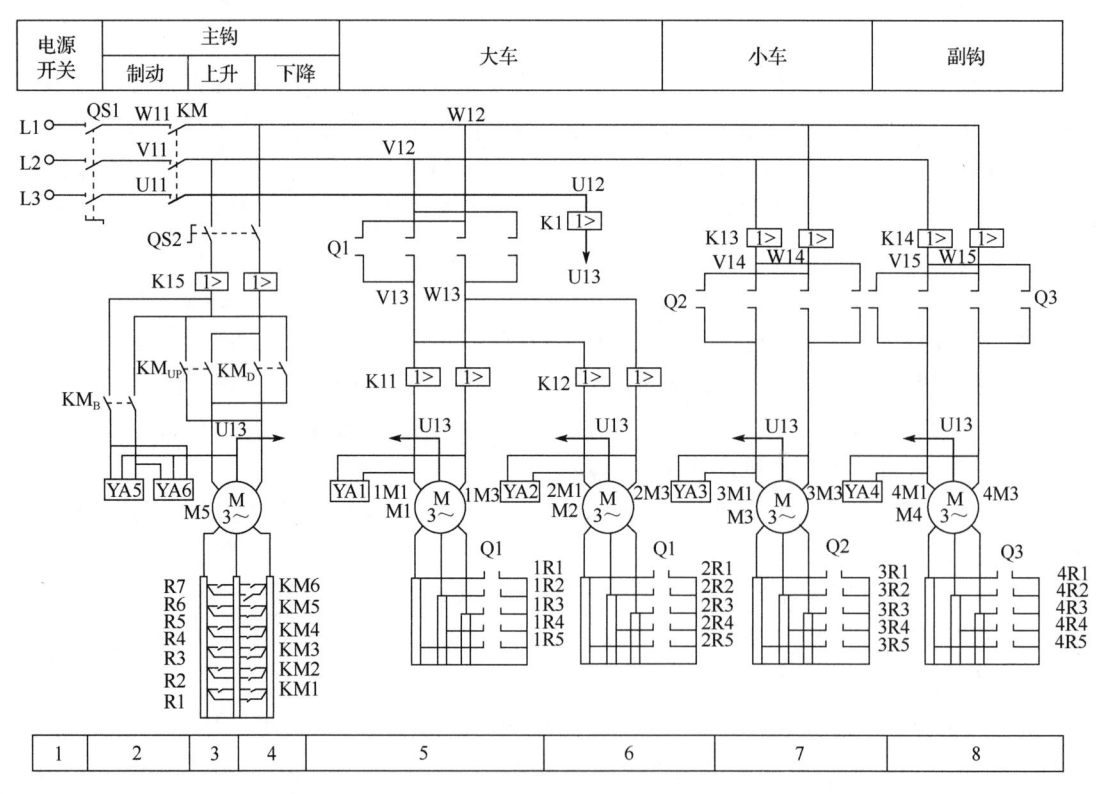

图 4-6-3 桥式起重机的工作原理

总电源由电源隔离开关 QS1 控制,整个起重机电路和各控制电路均用熔断器作为短路保护电器,起重机的导轨应当可靠接零。在起重机上,每台电动机均由各自的过电流断电器作为分路过载保护电器。过电流继电器是双线圈式的,其中任一线圈的电流超过允许值

时，都能使继电器动作，断开常闭触点，切断电动机电源；过电流继电器的整定值一般整定在被保护电动机额定电流的 2.25～2.5 倍。总电流过载保护的过电流继电器 KI 串联在公用线的一相中，它的线圈电流是流过所有电动机定子电流的和，它的整定值不应超过全部电动机额定电流总和的 1.5 倍。

为了保障维修人员的安全，在驾驶室舱口门及横梁栏杆门上分别装有安全行程开关 SQ1、SQ2 和 SQ3，其常开触点与过电流继电器的切断触点串联。若有人由驾驶室舱口或从大车轨道跨入桥架，则安全行程开关将随驾驶室舱口门的开启而断开触点，使主接触器 KM 因线圈断电而释放，切断电源；同时主钩电路的接触器因控制电源断电而全部释放，这样起重机的全部电动机都不能启动运行，从而保证人身安全。起重机还设置了零位联锁，所有控制器的手柄都扳回零位后，按下启动按钮 SB，起重机才能启动运行；联锁的目的是防止电动机在电阻切除的情况下直接启动，否则会产生很大的冲击电流而造成事故。在驾驶室的保护控制盘上还装有一个单刀单投的紧急开关 SA，串联在主接触器 KM 的线圈电路中。正常时是闭合的，当发生紧急情况时，驾驶员可立即拉开此开关，切断电源，防止事故发生。

电源总开关、熔断器、主接触器 KM 及过电流继电器都安装在保护控制盘上；保护控制盘、凸轮控制器及主令控制器均安装在驾驶室内，便于驾驶者操作；电动机转子的串联电阻及磁力控制屏则安装在大车桥架上。

供给起重机使用的三相交流电流（380V）由集电器从滑触线引接到驾驶室的保护控制盘上，从保护控制盘引出两组电源送至凸轮控制器、主令控制器、磁力控制屏及各电动机。另一相称为电源的公用相，直接从保护控制盘接到各电动机的定子绕组接线端上。所有安装在小车上的电动机、交流电磁制动器和行程开关的电源都是从滑触线上引接的。

2．控制回路分析

1）主接触器 KM 的控制

在起重机投入运行前，应当将所有凸轮控制器手柄扳到零位，则凸轮控制器 Q1、Q2、Q3 在主接触器 KM 控制回路的常闭触点都处于闭合状态，按下保护控制盘上的启动按钮 SB，KM 得电吸合，KM 主触点闭合，使各电动机三相电源进线通电；同时，接触器 KM 的常开辅助触点闭合自锁，主接触器 KM 线圈便从另一条控制回路得电。但由于各凸轮控制器的手柄都扳到零位，只有 L3 相电源送入电动机定子，而 L1 和 L2 两相电源没有送入电动机的定子绕组，故电动机还不会运行，必须通过凸轮控制器才能使电动机运行。

2）凸轮控制器的控制

20/5t 桥式起重机的大车、小车和副钩都是由凸轮控制器来控制的。

现以小车为例来分析凸轮控制器 Q2 的工作情况，小车凸轮控制器触点通断表如表 4-6-2 所示。起重机投入运行前，把小车凸轮控制器的手柄扳到零位，此时大车和副钩的凸轮控制器手柄也都扳到零位。按下启动按钮 SB，主接触器 KM 得电吸合，KM 主触点闭合，总电源被接通。当手柄扳到向前位置的任一挡时，凸轮控制器 Q2 的主触点闭合。分别将 V14、3M3 和 W14、3M1 接通，电动机 M3 正转，小车向前移动；反之将手柄扳到向后位置时，凸轮控制器 Q2 的主触点闭合，分别将 V14、3M1 和 W14、3M3 接通，电动机 M3 反转，小车向后移动。

表 4-6-2 小车凸轮控制器触点通断表

Q2	向后					0	向前				
	5	4	3	2	1	0	1	2	3	4	5
V14 3M3							+	+	+	+	+
V14 3M1	+	+	+	+	+						
W14 3M1							+	+	+	+	+
W14 3M3	+	+	+	+	+						
3R5	+	+	+	+				+	+	+	+
3R4	+	+	+						+	+	+
3R3	+	+								+	+
3R2	+										+
3R1	+										+
24 23						+	+	+	+	+	+
24 22	+	+	+	+	+	+					
4 5						+					

注：表中的 24、23；24、22；4、5 的标识如图 4-6-6 所示。

当将凸轮控制器 Q2 的手柄扳到第一挡时，五对常开触点（4 列）全部断开，小车电动机 M3 的转子绕组串入全部电阻，此时电动机转速较慢；当凸轮控制器 Q2 的手柄扳到第二挡时，最下面一对常开触点闭合，切除一般电阻，电动机 M3 加速。这样，在凸轮控制器手柄从一挡循序转到下一挡的过程中，触点逐个闭合，依次切除转子电路中的启动电阻，直至电动机 M3 达到预定的转速。

大车凸轮控制器的工作情况与小车基本类似。但由于大车的一台凸轮控制器 Q1 要同时控制 M1 和 M2 两台电动机，因此多了五对常开触点，以供切除第二台电动机的转子绕组串联电阻，大车凸轮控制器触点通断表如表 4-6-3 所示。

表 4-6-3 大车凸轮控制器触点通断表

Q1	向右					0	向左				
	5	4	3	2	1	0	1	2	3	4	5
V12 W13							+	+	+	+	+
V12 V13	+	+	+	+	+						
W12 V13							+	+	+	+	+
W12 W13	+	+	+	+	+						
1R5	+	+	+	+				+	+	+	+
1R4	+	+	+						+	+	+
1R3	+	+								+	+
1R2	+										+
1R1	+										+
2R5	+	+	+	+				+	+	+	+
2R4	+	+	+						+	+	+
2R3	+	+								+	+
2R2	+										+
2R1	+										+
18 19						+	+	+	+	+	+
18 20	+	+	+	+	+	+					
3 4						+					

注：表中的 18、19；18、20；3、4 的标识如图 4-6-6 所示。

副钩凸轮控制器 Q3 的工作情况与小车相似,副钩凸轮控制器触点通断表如表 4-6-4 所示,但副钩带有重负载,并考虑负载的重力作用,在下降负载时,应先把手柄逐级扳到下降的最后一挡,然后根据速度要求逐级退回升速,以免引起快速下降而造成事故。

当运行中的电动机需要反向运行时,应将凸轮控制器的手柄先扳到零位,并略为停顿一下再做反向操作,以减小反向时的冲击电流,同时使传动机构获得较平衡的反向过程。

表 4-6-4 副钩凸轮控制器触点通断表

Q3	向下					0	向上				
	5	4	3	2	1	0	1	2	3	4	5
V15　4M3							+	+	+	+	+
V15　4M1	+	+	+	+	+						
W15　4M1							+	+	+	+	+
W15　4M3	+	+	+	+	+						
4R5	+	+	+					+	+	+	+
4R4	+	+							+	+	+
4R3	+									+	+
4R2	+										+
4R1	+										+
24　25						+	+	+	+	+	+
24　26	+	+	+	+	+	+					
5　6						+					

注:表中的 24、25;24、26;5、6 的标识如图 4-6-3 所示。

3)主令控制器的控制

由于主钩电动机 M5 的容量较大,应使其在转子电阻对称情况下工作,使三相转子电流平衡,采用如图 4-6-4 所示的主令控制器 SA 来控制。

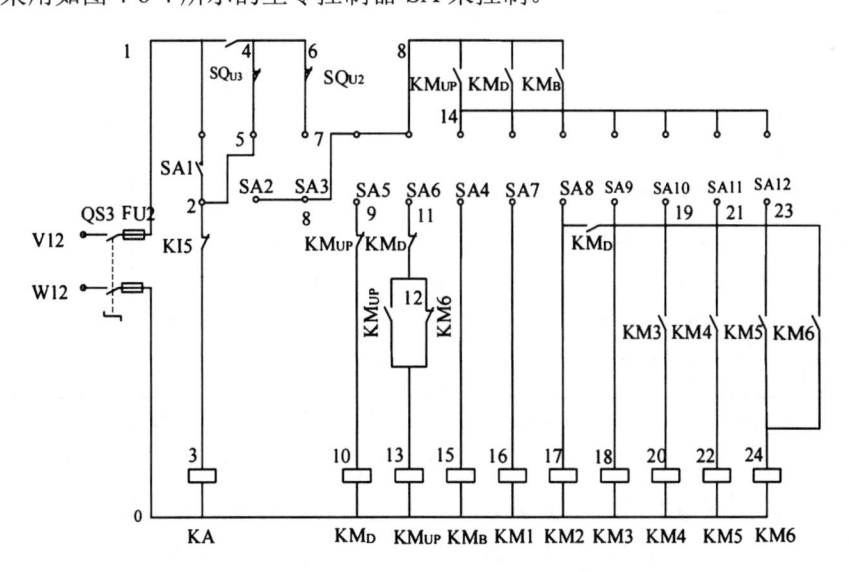

图 4-6-4 20/5t 桥式起重机主钩的主令控制器原理图

20/5t 桥式起重机控制主钩升降的主令控制器有 12 对触点(1~12),控制 12 条回路。

主钩上升时，主令控制器 SA 的控制与凸轮控制器的动作基本相似，但它是通过接触器来控制的。当接触器线圈 KM_{UP} 和三相制动电磁铁的接触器 KM_B（控制三相制动电磁铁 YA5、YA6）得电吸合时，主钩上升。主钩的下降有 6 挡位置："C""1""2" 挡为制动下降位置，使重负载低速下降，形成反接制动状态；"3""4""5" 挡为强力下降位置，使轻载或空钩快速下降。主令控制器的工作情况如图 4-6-5 所示，主令控制器触点通断表如表 4-6-5 所示。

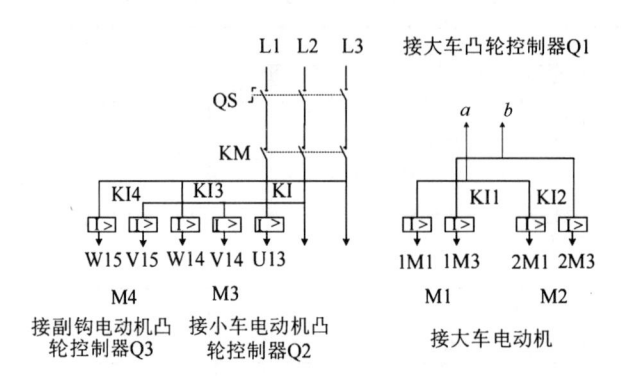

图 4-6-5　主令控制器的工作情况

表 4-6-5　主令控制器触点通断表

SA		下降						零位	上升					
		强力			制动									
		5	4	3	2	1	C	0	1	2	3	4	5	6
SA1								+						
SA2		+	+	+										
SA3					+	+	+		+	+	+	+	+	+
SA4	KM_B	+	+	+	+	+	+		+	+	+	+	+	+
SA5	KM_D	+	+	+										
SA6	KM_{UP}				+	+	+		+	+	+	+	+	+
SA7	KM1	+	+	+		+	+		+	+	+	+	+	+
SA8	KM2	+	+	+						+	+	+	+	+
SA9	KM3	+	+								+	+	+	+
SA10	KM4	+										+	+	+
SA11	KM5	+											+	+
SA12	KM6	+												+
	KA	+	+	+	+	+	+	+	+	+	+	+	+	+

先合上电源开关 QS3，并将主令控制器 SA 的手柄扳到零位，触点 SA1 闭合，欠电压继电器 KA 线圈得电吸合，其常开触点闭合自锁，为主钩电动机 M5 工作做好准备。

（1）提升重物电路工作情况。提升时主令控制器的手柄有 6 个位置。当主令控制器 SA 的手柄扳到上 1 位置时，触点 SA3、SA4、SA6、SA7 闭合。SA3 闭合，将提升限位开关 SQ_{U2} 串联在提升控制回路中，实现提升极限限位保护。SA4 闭合，制动接触器 KM_B 通电吸合，接触电磁制动器 YB5、YB6，松开电磁抱闸。

SA6 闭合，上升接触器 KM_{UP} 通电吸合，电动机定子接正向电源，正转提升，电路串

入 KM_D 常闭触点为互锁触点，与自锁触点 KM_{UP} 并联的常闭触点为互锁触点，与自锁触点 KM_{UP} 并联的常闭联锁触点 KM6 用来防止接触器 KM_{UP} 在转子中完全切除启动电阻时通电。KM6 常闭辅助触点的作用是互锁，防止当 KM_{UP} 通电，转子中启动电阻全部切除时，KM_{UP} 通电，电动机直接启动。

SA7 闭合，反接制动接触器 KM1 通电吸合，切除转子电阻 R1。此时，电动机启动转矩较小，一般吊不起重物，只作为张紧钢丝绳，消除吊钩传动系统齿轮间隙的预备启动级。

当主令控制器手柄扳到上 2 位置时，除 1 位置已闭合的触点仍然闭合以外，SA8 闭合，反接制动接触器 KM2 通电吸合，切除转子电阻 R2，转矩略有增加，电动机加速。

同样，将主令控制器手柄从提升 2 位置依次扳到 3、4、5、6 位置时，接触器 KM3、KM4、KM5、KM6 依次通电吸合，逐级短接转子电阻，其通电顺序由上述各接触器线圈电路中的常开触点 KM3、KM4、KM5、KM6 得以保证。由此可知，提升时电动机均工作在电动状态，得 5 种提升速度。

（2）下降过程分析。下降重物时，主令控制器也有 6 个位置，但根据重物的质量，可使电动机工作在不同的状态。

① 扳到制动下降 C 时。主令控制器 SA 的触点 SA3、SA6、SA7、SA8 闭合，行程开关 SQ_{U2} 也闭合，接触器线圈 KM_{UP}、KM1、KM2 得电吸合。由于触点 SA4 断开，故制动接触器 KM_B 不得电，制动器抱闸没松开。尽管上升接触器线圈 KM_{UP} 已得电吸合，并且电动机 M5 产生了提升方向的转矩，但在制动器的抱闸和载重的重力作用下，迫使电动机 M5 不能启动运行。此时，短接转子电路电阻中的 R1 和 R2，已为启动做好准备。

② 扳到制动下降 1 时。当主令控制器 SA 的触点 SA3、SA4、SA6、SA7 闭合时，制动接触器线圈 KM_B 得电吸合，电磁制动器 YB5、YB6 的抱闸松开；同时接触器线圈 KM_{UP}、KM1 得电吸合。由于触点 SA8 断开，故接触器线圈 KM2 断电释放，转子电路电阻 R2 重新串入，同时使电动机 M5 产生的提升方向的电磁转矩减小；若此时载重足够大，则在负载重力的作用下，电动机开始反向（重物下降）运行，电磁转矩成为反接制动转矩，重负载低速下降。

③ 扳到制动下降 2 时。当主令控制器 SA 的触点 SA3、SA4、SA6 闭合时，SA7 断开，接触器线圈 KM1 断电释放，使转子电路电阻 R1 重新串入，此时转子电阻全部被接入，使电动机向提升方向的转矩进一步减小，重负载时下降的速度比 1 位置时更快。这样可以根据重负载的情况，在重物接近落放点时，把手柄推到下降第三挡放慢下降速度，这样既安全又经济。

④ 扳到强力下降 3 时。主令控制器 SA 的触点 SA2、SA4、SA5、SA7 和 SA8 闭合。SA2 闭合的同时，SA3 断开，把上升行程开关 SQ_{U2} 从控制回路中切除，接入下降限位开关 SQ_{U3}。SA6 断开，上升接触器线圈 KM_U 断电释放；SA4 闭合，制动接触器线圈 KM_B 通电，松开电磁抱闸，允许电动机运行。SA5 闭合，下降接触器线圈 KM_D 得电吸合，电动机接入反向相序，产生下降电磁力矩；SA7、SA8 闭合，接触器线圈 KM1、KM2 得电吸合，使转子电路中切除电阻 R1、R2，制动接触器 KM_B 通过 KM_{UP} 的常开触点闭合自锁。若保证在接触器 KM_D 与 KM_{UP} 的切换过程中保持通电松闸，则不会产生机械冲击。这时，负载在电动机 M5 反转矩（下降方向）的作用下开始强力下降。如果负载较重，则下降速度将超过电动机同步转速，从而进入发电制动状态，形成高速下降，这时应将手柄转到下一挡。

⑤ 扳到强力下降 4 时。当主令控制器 SA 的触点 SA2、SA4、SA5、SA7、SA8 和 SA9 闭合时，接触器 KM3 得电吸合，又切除一段电阻 R3；电动机 M5 进一步加速运转，使负载进一步加速下降，此时电动机工作在反接电动状态，如果负载较重，则下降速度将超过电动机同步转速，从而进入发电制动状态，形成高速下降，这时应将手柄转到下一挡。

⑥ 扳到强力下降 5 时。当主令控制器 SA 的触点 SA2、SA4、SA5、SA7、SA8、SA9、SA10、SA11 和 SA12 闭合时，接触器线圈 KM3 得电吸合，KM3 常开触点闭合，使得接触器线圈 KM4、KM5、KM6 依次得电吸合，它们的常开触点闭合，电阻 R4、R5、R6 被逐级切除，最后转子上只保留了一段常接电阻 R7，从而避免产生过大的冲击电流。电动机 M5 以较高速运行，负载加速下降，此时电动机工作在反接电动状态。在这个位置上，如果负载较重，则负载转矩大于电磁转矩，转子转速大于同步转速，电动机进入发电制动状态。其转子转速会大于同步转速，但是比 3 挡和 4 挡的下降速度要小很多。

在磁力控制屏电路中，串联在接触器 KM_{UP} 线圈电路中的 KM6 常闭触点与接触器 KM_{UP} 的常开触点并联，只有在接触器 KM6 断电的情况下，接触器 KM_{UP} 才能得电自锁，这就保证了只有在转子电路中保持一定的附加电阻器的前提下才能进行反接制动，以防止反接制动时造成过大的冲击电流。

由此知道主令控制器手柄位于下降 C 位置时为提起重物后稳定地停在空中或吊着移行，或者用于重载时准确停车；下降 1 位置与 2 位置为重载时做低速下降用；下降 3 位置与 4 位置、5 位置为轻载或空钩低速强迫下降用。

4) 保护箱的工作原理

采用凸轮控制器、凸轮或主令控制器控制的桥式起重机，广泛使用保护箱来实现过载、短路、失压、零位、终端、紧急、舱口栏杆安全等，该保护箱是为凸轮控制器操作的控制系统进行保护而设置的。保护箱由刀开关、接触器、过电流继电器、熔断器等组成。

（1）保护箱类型。桥式起重机上用的标准型保护箱是 XQB1 系列，其型号及所代表的意义如下：

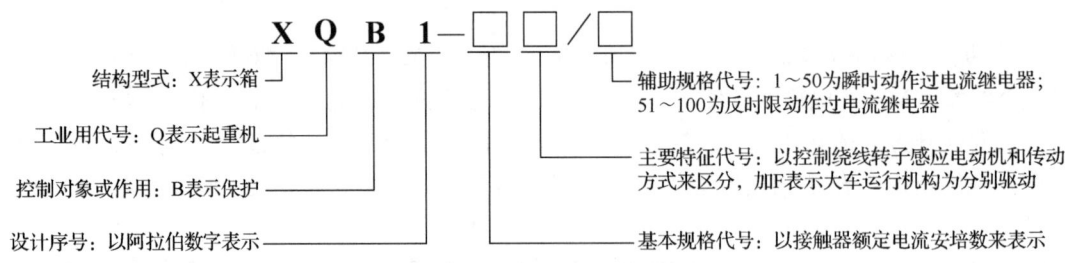

```
X Q B 1 - □□ / □
```

结构型式：X 表示箱
工业用代号：Q 表示起重机
控制对象或作用：B 表示保护
设计序号：以阿拉伯数字表示

辅助规格代号：1～50 为瞬时动作过电流继电器；51～100 为反时限动作过电流继电器
主要特征代号：以控制绕线转子感应电动机和传动方式来区分，加 F 表示大车运行机构为分别驱动
基本规格代号：以接触器额定电流安培数来表示

XQB1 系列保护箱的分类和使用范围如表 4-6-6 所示。

表 4-6-6 XQB1 系列保护箱的分类和使用范围

型号	所保护电动机台数	备注
XQB1-150-2/□	二台绕线转子感应电动机和一台笼型感应电动机	
XQB1-150-3/□	三台绕线转子感应电动机	
XQB1-150-4/□	四台绕线转子感应电动机	
XQB1-150-4F/□	四台绕线转子感应电动机	大车分别驱动
XQB1-150-5F/□	五台绕线转子感应电动机	大车分别驱动

续表

型　　号	所保护电动机台数	备　　注
XQB1-250-3／□	三台绕线转子感应电动机	
XQB1-250-3F／□	三台绕线转子感应电动机	大车分别驱动
XQB1-250-4／□	四台绕线转子感应电动机	
XQB1-250-4F／□	四台绕线转子感应电动机	大车分别驱动
XQB1-600-3／□	三台绕线转子感应电动机	
XQB1-600-3F／□	三台绕线转子感应电动机	大车分别驱动
XQB1-600-4F／□	四台绕线转子感应电动机	大车分别驱动

（2）XQB1系列保护箱的电气原理图分析。

① 主电路分析。图4-6-5所示为XQB1系列保护箱主电路原理图，由它来实现用凸轮控制器控制的大车、小车和副钩电动机的保护。图中，QS为总电源刀开关，用来在无负荷的情况下接通或切断电源。KM为电路接触器，用来接通或断开电源，兼作失压保护电器。KI为凸轮控制器操作的各机构拖动电动机的总过流继电器，用来保护电动机和动力电路的一相过载和短路。KI3、KI4分别为小车和副钩电动机过电流继电器，KI1、KI2为大车电动机过电流继电器，过电流继电器的电源端接至大车凸轮控制器触点下端，而大车凸轮控制器的电源端接至电路接触器KM下面的V12、W12端。KI1～KI4过电流继电器是双线圈式的，分别作为大车、小车、副钩电动机两相过电流保护，其中任何一线圈电流超过允许值都能使过电流继电器动作，并断开它的常闭触点，使电路接触器KM断电，切断总电源，起到过电流保护作用。主钩电动机使用PQR10A系列控制屏，控制屏电源由V12、W12端获得，主钩电动U相接至U13端。

在实际应用中，当某个机构（小车、大车、副钩等）的电动机使用控制屏控制时，控制屏电源由U13、V12、W12端获得。XQB1系列保护箱主电路的接线情况如下。

a.大车由两台电动机拖动，将图4-6-5中的U13、1M1、1M3和U13、2M1、2M3分别接到两台电动机的定子绕组上。V12、W12经大车凸轮控制器接至a、b端。

b.将图4-6-5中的V14、W14经小车凸轮控制器Q2接至小车电动机定子绕组的两相上，U13直接接至另一相上。

c.将图4-6-5中的V15、W15经副钩凸轮控制器Q3接至副钩电动机定子绕组的两相上，U13直接接至另一相上。

d.主钩升降机构的电动机是采用主令控制器和接触器进行控制的。接线时将图4-6-5中的V12、W12经过电流继电器、两个接触器（按电动机正反转接线）接至电动机的两相绕组上，U13直接接至另一相绕组上。

② 控制回路分析。图4-6-6所示为XQB1系列保护箱控制回路原理图。图中，SA为紧急事故开关，在出现紧急情况下切断电源。SQ1～SQ3为舱口门、横梁门安全行程开关，任何一个门打开时起重机都不能工作。KI～KI4为过电流继电器的触点，实现过载和短路保护。Q1、Q2、Q3分别为大车、小车、副钩凸轮控制器零位闭合触点，每个凸轮控制器都采用了三个零位闭合触点，只在零位闭合的触点与按钮SB串联；用于自锁回路的两个触点，其中一个为零位和正向位置均闭合，另一个为零位和反向位置均闭合，它们和对应方向的限位开关串联后并联在一起，实现零位保护和自锁功能。SQ_L、SQ_R为大车移行机构的

行程限位开关，装在桥梁架上，撞块装在轨道的两端；SQ_{FW}、SQ_{BW}为小车移行机构的行程限位开关，装在桥架上小车轨道的两端，撞块装在小车上；SQ_{U1}为副钩提升限位开关。这些行程限位开关实现各自的终端保护作用。KM为电路接触器线圈，KM的闭合控制着主、副钩和大小车的供电。

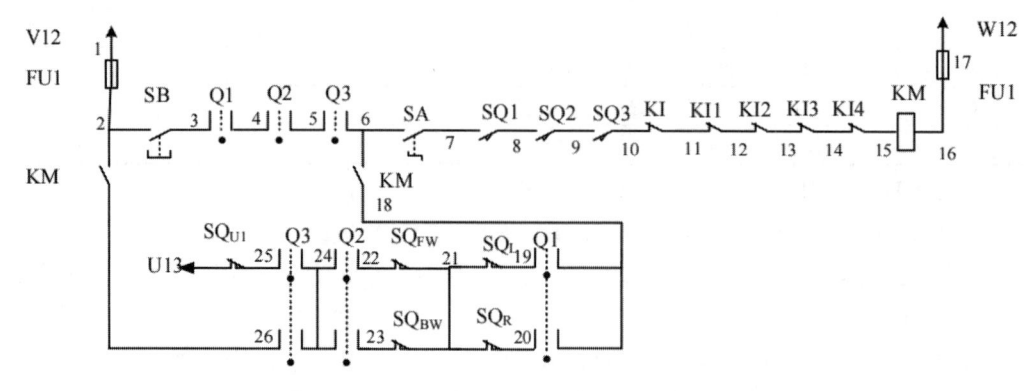

图 4-6-6 XQB1 系列保护箱控制回路原理图

当三个凸轮控制器都在零位时，舱门口、横梁门均关上，SQ1~SQ3 均闭合；紧急开关 SA 闭合；无过电流，KI~KI4 均闭合时按下启动按钮，电路接触器 KM 通电吸合且自锁，其主触点接通主电路，给主、副钩和大小车供电。

当起重机工作时，在电路接触器 KM 的自锁回路中，并联的两条支路只有一条是通的。例如，小车向前时，控制器 Q2 与向后限位开关 SQ_{FW} 串联的触点断开，与 SQ_{BW} 串联的触点闭合，向前限位开关 SQ_{BW} 起限位作用等。

当电路接触器 KM 断电切断电源时，整机停止工作。若要重新工作，则必须将全部凸轮控制器手柄置于零位，电源才能接通。

3．起重机照明电路及信号电路

起重机照明电源由 380V 电源电压经隔离变压器后得到 220V 电源和 36V 电源，其中 220V 电源用于桥下照明，36V 电源用于桥箱控制室内照明和桥架上维修照明。同时，控制室（桥箱）内电风扇和电热取暖设备的电源用 220V 电源，36V 电源可作为警铃电源及安全行灯电源。起重机照明及信号电路如图 4-6-7 所示。

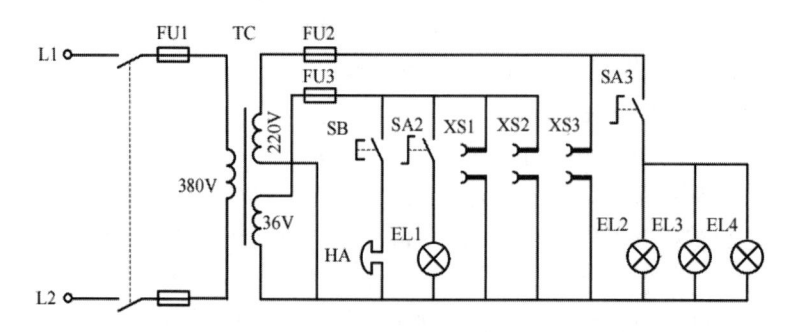

图 4-6-7 起重机照明及信号电路

四、桥式起重机常见电气故障分析与检测

1. 控制回路故障及排除方法

(1) 合上保护盘上的刀开关 QS,操作电路的熔断器 FU1 烧断。故障原因可能是操作电路中与保护机构相连接的一相接地,应检查绝缘电阻,并消除接地现象。

(2) 按下启动按钮 SB1 后,主接触器 KM 不能接通。故障原因:刀开关 QS 或紧急开关 SA1 未合上;电路无电压或操纵电路的熔断器 FU1 烧断;凸轮控制器放在工作位置上或驾驶室门及顶盖未关好(SQ1~SQ3 未闭合);接触器 KM 线圈坏了。可针对以上原因进行检查,采取相应的措施进行处理。

(3) 当主接触器 KM 接通后,引入线上的熔断器 FU1 立即熔断。这是由于这一相对地短路,应找出对地短路点予以排除。

(4) 当凸轮控制器合上后,过电流继电器(KI、KI1、KI2、KI3)动作。这种现象可能是过电流继电器的整定值不合适,应重新调整过电流继电器的过电流保护值,使其为电动机额定电流的 225%~250%;也可能是电动机定子电路有对地短路现象,可用绝缘电阻表找出绝缘损坏的地方进行处理;还可能是机械部分卡死,应检查机械部分并消除故障。

(5) 当凸轮控制器合上时,电动机不转动。可能是电动机缺相或电路上无电压;也可能是控制器接触触点与铜片未接触;还可能是电动机转子电路断线或集电器发生故障。可做进一步的检查,确定故障原因,并采取相应措施进行排除。

(6) 凸轮控制器合上后,电动机仅能朝一个方向转动。检查控制器中定子电路或终端开关电路中的接触触点与铜片之间的接触是否良好。若接触不好,则可调整接触触点,使其与铜片接触良好;检查终端开关工作是否正常,如果工作不正常,则应予以调整或更换;检查接线是否有错误,找出故障并消除。

(7) 电动机不能给出额定功率,速度减慢。此时,应检查制动器是否完全松开,若没有松开,则可调整制动机构;检查转子或电枢电路中的启动电阻是否完全短接,可检查控制器,并调整其接触触点;检查电源电路电压是否过低;检查机械部分是否卡的。

(8) 当终端开关(SQ_{UP}、SQ_{FW}、SQ_{BW}、SQ_L、SQ_R)动作时,相应的电动机不断电。这种现象可能是终端开关电路有短路现象,或者接到控制器的电路次序错乱,可检查有关电路并排除故障。

(9) 起重机运行中接触器 KM 有短时间断电现象。其原因可能是接触器线圈电路中联锁触点的压力不足,或者电路中有接触不良的地方,应进一步检查,确定故障原因并排除。

(10) 操作控制器切断后,接触器 KM 不释放。故障原因可能是操作电路中有对地短路现象,找出短路点并排除。

2. 交流制动电磁铁(YA1、YA2、YA3)的故障及排除方法

(1) 线圈过热故障。检查电磁铁的牵引力是否过载,可采用调整弹簧压力或变更重锤位置的方法解决;检查在工作位置时电磁铁可动部分与静止部分之间是否有间隙,若有间隙,则要进行调整,消除间隙;检查制动器的线圈电压是否与电源电压相符;线圈的特性是否与制动器的工作条件相符,如果不符,则应更换合适的线圈。

(2) 产生较大的响声故障。故障原因可能是电磁铁过载,可调整弹簧压力或变更重锤

位置；也可能是磁导件的工作表面有脏污，应清除其表面的脏污；还可能是磁路表面弯曲，可调整机械部分，消除磁路弯曲现象。

（3）电磁铁不能克服弹簧的弹性及重锤的质量故障。其原因可能是电磁铁过载，可调整制动器的机械部分；也可能是所用线圈电压大于电源电路电压，可更换线圈或将 Y 形连接改为△形连接；还可能是电源电压过低。

3．凸轮控制器的故障及排除方法

（1）控制器在工作过程中产生卡住或冲动现象。故障原因一般为接触触点黏在铜片上，或者定位机构发生故障，可对接触触点的位置进行调整，或者对固定销进行检查并修理。

（2）接触触点与铜片之间存在打火故障。故障原因可能是接触触点与铜片之间接触不良，或者控制器过载。可相应调整接触触点对铜片的压力（利用调整螺钉或弹簧来调整），改变工作方法或更换控制器。

（3）控制器圆片和指杆被烧坏。检查圆片与指杆接触是否足够紧，否则可调节指杆压力；检查控制器容量是否足够，如果容量偏小，则应更换大容量的控制器。

（4）磁力控制器不全部工作。故障原因可能是不工作的接触器电路中的联锁触点发生故障，可按起重机电路参数检查联锁点并进行调整修理；也可能是操纵控制器的触点发生故障，可按电气原理图检查并调整操纵控制器的触点。

（5）启动时电动机不平衡，在凸轮控制器的最后位置上有速度降低的现象。故障原因可能是转子回路有断开处，应检查转子回路接线，检查电阻有无损坏；也可能是凸轮控制器和电阻之间的接线有错误，应按电气原理图检查接线，并更正错误接线；还可能是凸轮控制器转子部分有故障，应修理或调整凸轮控制器。

思考与练习

1．判断题（正确的在括号内打"√"，错误的打"×"）

（1）在桥式起重机操纵室进行控制箱配线时，先要准备好号码标示管，在对号的同时给线上套好号码标示管并做线结，以防号码标示管脱落。（   ）

（2）桥式起重机由于小车的运动特点，通常采用软线、硬线及软硬线来组成供、馈电电路。（   ）

（3）起重机信号电路所取的电源，严禁利用起重机壳体或轨道作为工作零线。（   ）

（4）为确保安全，20/5t 桥式起重机主钩上升控制调试时，可先将主钩上升极限位置开关下调到某一位置，确认限位开关保护功能正常后，再恢复到正常位置。（   ）

（5）在起重机照明电路中，36V 电源可作为警铃电源及安全行灯电源。（   ）

2．选择题（将正确答案的字母填入括号）

（1）在 20/5t 桥式起重机安装前应检查各电器是否良好，其中包括检查（   ）、电磁制动器、凸轮控制器及其他控制部件。

　　A．电动机　　　　　B．过电流继电器　　　C．中间继电器　　　D．时间继电器

（2）在 20/5t 桥式起重机安装前应准备好辅助材料，包括电气连接所需的各种规格的导线，压接导线的线鼻子、绝缘胶布及（   ）等。

　　A．剥线钳　　　　　B．尖嘴钳　　　　　　C．电工刀　　　　　D．钢丝

(3) 20/5t 桥式起重机吊钩加载试车时,加载要（　　）。

A．快速进行　　　　　　B．先快后慢　　　　　C．逐步进行　　　　　D．先慢后快

(4) 桥式起重机电线进入接线端子箱时,线束用（　　）捆扎。

A．绝缘胶布　　　　　　B．蜡线　　　　　　　C．软导线　　　　　　D．硬导线

(5) 桥式起重机接地体制作所用扁钢、角钢均要求（　　）。

A．表面镀锌　　　　　　B．整齐　　　　　　　C．表面清洁　　　　　D．硬度

3．简答题

(1) 桥式起重机的结构及运行方式。

(2) 桥式起重机的电气拖动特点及控制要求。

(3) 在启动桥式起重机前应检查哪些内容？

项目五

电气控制电路的设计、安装与调试

项目描述

电气控制系统设计有电气控制原理图设计和电气工艺设计两个部分,是为电气控制装置的制造、使用、运行及维修的需要而建的生产施工设计。本项目以电气控制电路的设计、安装与调试为实践载体,培养能够掌握电气控制电路的设计方法,综合运用电气控制专业知识解决实际工程技术问题的能力;培养从事设计工作的整体观念,较为完整的工程实践基本训练,为全面提高学生综合素质及增强工作适应能力奠定基础。

思维导图

电气控制电路的设计、安装与调试
- 任务1:典型环节电气控制电路的设计、安装与调试
- 任务2:机床电气控制电路的设计、安装与调试

任务 1　典型环节电气控制电路的设计、安装与调试

能力目标

（1）掌握经验设计法和逻辑设计法。
（2）能够利用经验设计法或逻辑设计法设计典型环节电气控制电路图。
（3）掌握安装、接线、调试设计的典型电气控制电路图的能力及其操作技能。

使用器材、工具、设备

（1）器材：根据实际需求准备刀开关 1 个、控制按钮 3 个、熔断器 11 个、接触器 3 个、热继电器 4 台、中间继电器 1 个、三相笼型异步电动机 3 台、安装网孔板 1 块和导线若干等。
（2）工具：常用电工工具 1 套（螺丝刀、镊子、钢丝钳、尖嘴钳、验电笔等）。
（3）设备：万用表。

任务要求及实施

一、任务要求

用 3 台皮带输送机构成传送系统，如图 5-1-1 所示，分别用 3 台电动机作为动力系统，控制要求如下。

（1）按下启动按钮 SB2，电动机 M1 启动，1#皮带输送机开始运行；经过一定时间，时间继电器 KT1 发出信号启动电动机 M2，2#皮带输送机开始运行；经过一定时间，时间继电器 KT2 发出信号启动电动机 M3，3#皮带输送机开始运行，即按照 1#、2#、3#的顺序启动。

（2）按下停止按钮 SB1，电动机 M3 停转，3#皮带输送机停止运行；经过一定时间，时间继电器 KT3 发出信号停止电动机 M2，2#皮带输送机停止运行；经过一定时间，时间继电器 KT4 发出信号停止电动机 M1，1#皮带输送机停止运行，即按照 3#、2#、1#的逆序停止。

（3）每台电动机都需要过载保护，无论哪台电动机出现过载故障，3 台皮带输送机都将停止运行。

（4）若出现故障或发生事故，则需立即按下急停按钮 SB3。

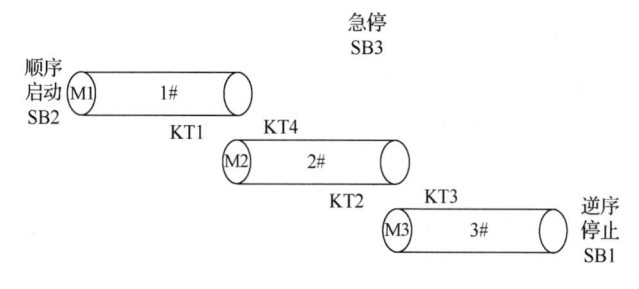

图 5-1-1　皮带输送机的工作示意图

二、任务实施

1．主电路设计

根据设计控制要求，3 台接触器（KM1、KM2、KM3）主触点控制 3 台电动机（M1、M2、M3）的运行；考虑过载情况，利用 3 台热继电器监控 3 台电动机的过载情况；考虑短路情况，电路串联熔断器实现短路保护。综合以上考虑，设计绘制输送机电气控制电路的主电路。

2．控制回路设计

根据设计控制要求，利用 SB2 作为顺序启动按钮，SB1 作为逆序停止按钮，SB3 作为急停按钮，FR1、FR2、FR3 的常闭触点作为控制回路的触点，每台电动机之间的启动或停止都利用时间继电器控制，时间继电器在设置时间上应注意满足 KT1<KT2、KT3<KT4 的条件。综上考虑，设计绘制输送机电气控制电路的控制回路。

3．绘制电气元件布置图和电气安装接线图

依据电气原理图的原则，结合输送机电气控制电路的控制顺序对电气元件进行合理布局，做到连接导线最短、导线交叉最少。依据电气安装接线图的绘制原则及相应的主要事项进行电气安装接线图的绘制。

4．检测电气元件

根据电气元件明细表中列出的元件，配齐电气设备和电气元件；按照电气原理图配齐所需元件，并检测其好坏。

5．安装与接线

（1）元器件安装。根据电气原理图绘制电气元件布置图和电气安装接线图，以整齐、均匀、间距合理地布置和安装元器件，便于后期元器件更换及维修，但紧固各元器件时应用力均匀。尤其紧固熔断器、接触器等易碎元器件，应压紧元器件，紧固对角螺钉，使其不动再适度旋紧。

（2）接线。安装步骤及工艺要求与项目二任务 2 中相同。

（3）检查布线。根据电气安装接线图检查控制板布线是否正确。

（4）安装电动机。根据电气安装接线图安装电动机。

（5）安装接线注意事项。

① 正确选用各元器件。

② 接线用力不可过猛，以防螺钉打滑。

③ 通电测试前，反复检测电路接线的正确性，不能接错。

6．检测与故障排除

按照知识点中提到的检测及故障诊断方法进行。

7．填写记录表

填写如表 5-1-1 所示的记录表。

表 5-1-1　皮带输送机的设计电路检测记录

不通电测试								
主电路（合上 QS）				控制回路（回路阻值）				
操作步骤	压下 KM1 衔铁	压下 KM2 衔铁	压下 KM3 衔铁	按下 SB2	压下 K 衔铁	压下 KM1 衔铁	压下 KM2 衔铁	压下 KM3 衔铁
阻值	L1-U L2-V L3-W	L1-U L2-V L3-W	L1-U L2-V L3-W					
通电测试								
操作步骤	合上 QS	按下 SB2	按下 SB1	电机处于运行状态，按下 SB3		电动机处于运行状态，按下热继电器复位按钮		
电动机动作或接触器吸合情况								

考核标准及评价

从知识与技能、学习态度与团队意识和工作与职业操守三方面进行综合考核，具体的评价标准如表 5-1-2 所示。

表 5-1-2　考核评价表

考核内容	考核方式	评价标准与得分				
		标准	分值	互评	教师评分	得分
知识与技能 （80 分）	教师评价+ 互评	电路图设计	20 分			
		元器件安装正确紧固、布置合理	5 分			
		接线按工艺要求正确	5 分			
		所选线色正确	5 分			
		布线工艺合理、美观，无损伤导线绝缘层	5 分			
		接线紧固电气接触良好	10 分			
		能不通电检测电路	15 分			
		能通电检测电路	15 分			
学习态度与团队意识（10 分）	教师评价	学习积极性高、有自主学习能力	2 分			
		有分析和解决问题的能力	2 分			
		能组织和协调小组活动过程	2 分			
		有团队协作精神、能顾全大局	2 分			
		有合作精神、热心帮助小组其他成员	2 分			
工作与职业操守 （10 分）	教师评价+ 互评	有安全操作、文明生产的职业意识	2 分			
		诚实守信、实事求是、有创新精神	2 分			
		遵守纪律、规范操作	2 分			
		有节能环保和产品质量意识	2 分			
		能够不断反思、优化和完善	2 分			

知识要点

一、电气控制电路的设计内容、方法和原则

电气控制系统设计的基本任务是根据要求，设计和编制出设备制造和使用维修过程中所必需的图纸、资料。主要包括原理设计和工艺设计两部分。

1．原理设计

（1）拟定电气设计任务书，明确设计任务及要求。

（2）确定电力拖动控制方案。

（3）选择电动机（确定类型、转速、容量、型号等）。

（4）设计电气控制原理图。

（5）根据控制要求，选择电气元件，列出明细清单。

（6）编写设计说明书。

2．工艺设计

工艺设计的主要目的是便于组织电气控制装置的制造，实现原理设计所要求的各项技术指标，为设备在今后的使用、维修过程中提供必需的图纸、资料。

（1）根据设计的电气原理图和选定的电气元件，设计电气设备的总体配置，绘制电气控制系统的总装配图及总接线图。

（2）绘制各组元件的电气元件布置图和电气安装接线图，明确各元件的安装形式和接线方式。

（3）编写使用说明书。

3．电气控制电路设计的步骤与方法

电气控制电路的设计有经验设计法和逻辑设计法。

（1）经验设计法。经验设计法是指根据生产机械的工艺要求和生产过程，以现有的典型控制环节，根据经验对其进行修改和完善，综合成满足要求的控制电路。经验设计法的主要步骤为主电路设计→控制回路设计→联锁保护环节设计→电路的综合审查。

这种方法的主要缺点如下。

① 总体考虑周全，根据控制要求增加设备或触点，导致控制电路复杂、成本高。

② 细节考虑不周，影响电路的可靠性或工作性能的稳定性。

③ 考虑经济成本，简单电路直接利用现有电压进行控制，不利于控制电路元件的稳定及可靠工作，不利于维护和安全操作。

（2）逻辑设计法。逻辑设计法是指利用逻辑代数和真值表来设计电气控制电路。设计人员以机械设备的生产工艺要求为出发点，给出执行元件及主令电器的工作状态表，找出执行元件线圈同主令电器触点间的逻辑关系，将主令电器触点作为逻辑变量，执行元件线圈作为逻辑因变量，写出逻辑函数，最后根据逻辑函数画出对应电路。逻辑设计法的步骤如下。

① 根据生产工艺要求，确定工作循环示意图。

② 确定执行元件和检测元件，并给出其工作状态表。

③ 写出特征数，确定待相区分组。

④ 列出逻辑函数。

⑤ 根据逻辑函数建立电气控制电路图。
⑥ 检查、化简、完善电路。

4. 电气控制电路设计的基本原则

（1）最大限度满足控制要求。理清设备的控制及生产工艺要求，深入现场调查研究，充分了解设备的工作性能、结构特点、工作环境等情况，结合技术人员及现场操作人员的经验，收集同类产品或接近产品资料，综合分析，设计最大限度满足控制要求的电路。

（2）确保电气控制电路工作的可靠性、安全性。保证电气控制电路工作的可靠性，最重要的是选择元件的可靠性。电气元件图形符号应符合国家标准中的规定，绘制时要合理安排版面。设计电气控制电路应注意以下几点。

① 根据实际需求选择合适的供电电源及正确选择合适的元件。
② 正确连接线圈和触点，采用最优的启动、制动及调速方式。
③ 避免一个电器动作由多个电器控制，同时避免电路控制中出现"冒险现象和临界竞争"。

（3）力求电气控制电路最简单、最经济、操作和维修方便。
① 尽量选用标准的、常用的或实践考验过的典型环节或电气控制电路。
② 尽量减少电气元件数量，选用标准件及相同型号的电气元件。
③ 尽量减少触点数，简化电路，减少电气元件通电时间和电源种类，力求操作简单、维修方便。
④ 尽量减少电气控制电路连接导线的数量和长度，同级电路选用同一规格的导线。

（4）电气控制电路应具有保护措施。在电气控制电路产生事故的情况下，应能保证操作人员、电气设备、生产机械的安全，并能有效地制止事故的扩大。因此，需要采用保护措施来避免事故发生。常用的保护措施有漏电开关保护、过载、短路、过电流、过电压、欠电压、联锁与行程保护等。

① 短路保护。短路电流易引起各种电气设备和元件的绝缘老化、损坏及机械损坏。因此，出现短路故障时可迅速可靠切断电源，常用断路器（空气开关）和熔断器作为短路保护电器。

② 过载保护。若电动机长期过载运行，则其绕组的温升超过允许值，加速线圈的绝缘材料老化，甚至烧毁绕组。因此，常采用热继电器作为过载保护电器。

③ 过电流保护。错误启动和过大的负载都会导致电动机中通过很大的电流。过大的电流冲击负载将引起电动机换向器的损坏或其他故障，过电流产生的过大电动机转矩会使机械的传动部分受到损坏。因此，常采用过电流继电器保护电路。

④ 极限保护。对直线运动的生产机械常利用行程开关的常闭触点来实现位置保护。

二、电气控制布置图和电气安装接线图设计

电气控制布置图和电气安装接线图设计是为了满足电气设备的调试、使用和维护等要求，主要包括总体布置图、电气元件布置图、电气接线图等。

1. 总体布置图

按照国标规定，根据电气原理图的工作原理和设备控制要求，分解电气控制系统组成

部件，确定部件的安放位置，根据电气原理图的接线关系整理得到各部件的连接线号。总体布置尽可能使系统紧凑、集中，除了特殊情况或条件允许情况，可将部分设备放于远处或隔离，避免对其他设备或操作人员造成伤害。其布置原则如下。

（1）功能类似的电气元件尽量组合在一起。

（2）尽可能减少电气元件的连线数量。

（3）让强弱电控制系统屏蔽分离，减少干扰。

（4）力求整齐美、对称美。

（5）电气元件布置不宜过密，便于设备调试和检修，已损坏电气元件应组合安装在易触及的位置。

2．电气接线图绘制

根据电气原理图和总的布置图，绘制电气接线图，为电气安装、维修、插线提供依据。具体原则如下。

（1）元件安装的相对位置和实际位置一致，其按实际外形统一比例绘制在一起，并用点画线框起来，元件的图形和文字符号应符合国家规定。

（2）根据电气原理图中的导线编号，对其各元件连接导线之处编制相同号码。

（3）电气接线图采用细实线。电路简单直接画出连接导线，电路复杂可采用符号标注方式连接。

（4）电气接线图中标注电线型号、规格、标称截面。

（5）注明有关连接安装的技术条件。

3．电气控制柜、箱的设计

电气控制装置通常需要绘制单独的电气控制柜、箱，其设计需要考虑以下几个方面。

（1）根据操作需求和实际情况，确定电气控制柜、箱的尺寸大小。

（2）根据总体尺寸大小及结构型式、安装尺寸，设计箱内安装支架，并注明安装孔、安装螺栓尺寸。

（3）根据现场安装位置、操作、维修方便等要求，设计开放方式及散热方式或通风孔。

三、电气控制电路的设计、安装、调试

1．主电路设计

根据设计要求，3台皮带输送机需要3台电动机作为动力装置，均采用三相笼型异步电动机。考虑电容容量足够大，3台电动机不同时启动，采用直接启动方式。由于不频繁启动、制动，对于制动时间和准确停车无特殊要求，因此采用自由停车方式。

设计要求中提到每台电动机都需要过载保护，因此利用热继电器作为过载保护电器，利用熔断器作为短路保护电器。由此，设计出主电路如图5-1-2所示。

2．控制回路设计

（1）基本控制回路设计。3台电动机（M1、M2、M3）分别由KM1、KM2、KM3主触点控制启动和停止。以 1#、2#、3#的顺序逐一启动皮带输送机，利用 KM1 常开触点控制KM2 线圈，利用 KM2 常开触点控制 KM3 线圈；以 3#、2#、1#的顺序逐一停止皮带输送

机，利用 KM3 常开触点并接于 KM2 线圈支路中的停止按钮两端，利用 KM2 常开触点并接于 KM1 线圈支路中的停止按钮两端。基本控制回路如图 5-1-3 所示。

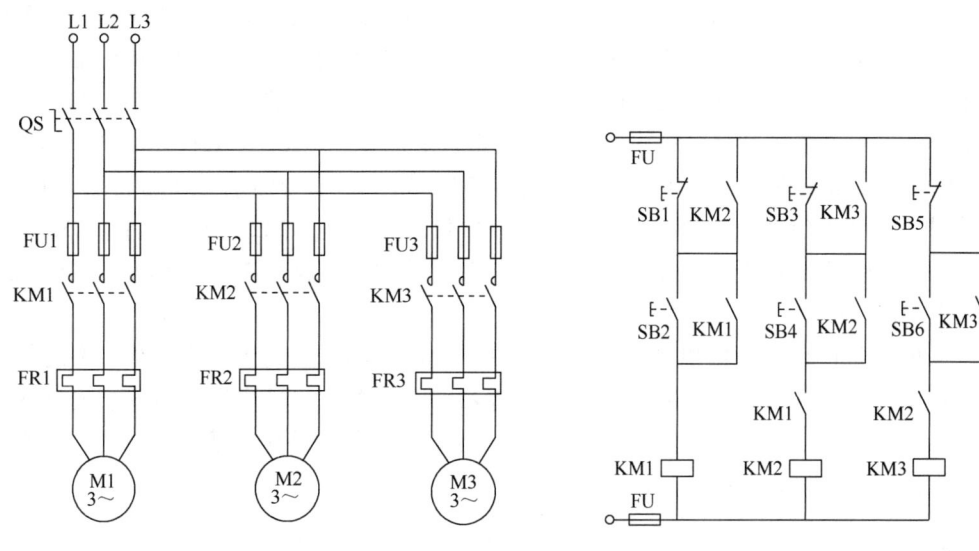

图 5-1-2 3 台皮带输送机动力系统的主电路

图 5-1-3 基本控制回路

由图 5-1-3 可知，按下按钮 SB2，KM1 线圈得电，KM1 常开触点闭合；按下 SB4，KM2 线圈得电，KM2 常开触点闭合；此时按下 SB6，KM3 线圈得电，3 台电动机按照 M1、M2、M3 的顺序启动运行。若需要停止运行，则按下 SB5，KM3 线圈失电，KM3 常开触点复位，KM2 线圈失电，KM2 常开触点复位，KM1 线圈失电，3 台电动机按照 M3、M2、M1 的顺序停止运行。

（2）按时间原则的自动控制回路设计。为了实现自动控制满足设计要求，在图 5-1-3 的基础上进行改进实现，皮带输送机的启动和停止可以时间或行程为参量控制，因皮带是回转运动，检测行程难度较大，所以以时间参量为控制原则，利用时间继电器作为输出器件的控制信号。主要以通电延时型时间继电器延时闭合的常开触点为启动信号，以断电延时型时间继电器延时断开的常开触点为停止信号。自动控制回路设计如图 5-1-4 所示。

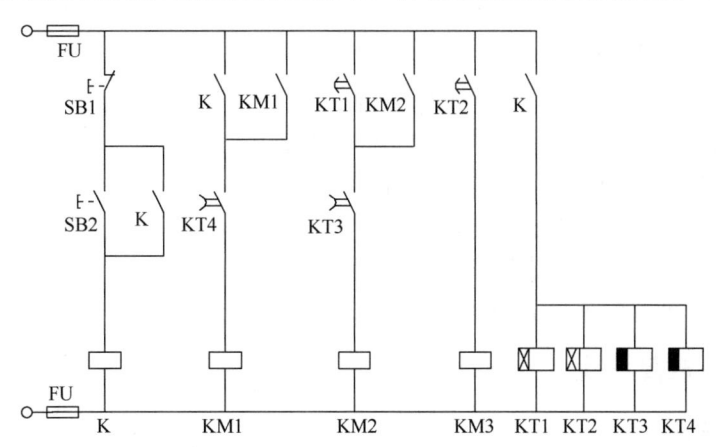

图 5-1-4 按时间原则的自动控制回路设计

启动分析：按下按钮 SB2，中间继电器 K 线圈得电自锁，串接于时间继电器和 KM1 中的 K 常开触点闭合，KT1、KT2、KT3、KT4 线圈得电，断电延时型时间继电器 KT3、KT4 延时断开的常开触点瞬时闭合，KM1 线圈得电自锁，M1 运行；通电延时型时间继电器 KT1 的延时闭合的常开触点闭合，KM2 线圈得电自锁，M2 运行；通电延时型时间继电器 KT2 的延时闭合的常开触点闭合，KM3 线圈得电，M3 运行，实现电动机顺序启动的自动控制。

停车分析：按下按钮 SB1，K 线圈失电，K 常开触点复位，KT1、KT2、KT3、KT4 线圈失电，KT1、KT2 延时闭合的常开触点复位，KM3 线圈失电，M3 停止运行；当 KT3 整定时间达到时，KT3 延时断开的常开触点复位，KM2 线圈失电，M2 停止运行；当 KT4 整定时间达到时，KT4 延时断开的常开触点复位，KM1 线圈失电，M1 停止运行，实现电动机逆序停止的自动控制。

（3）保护环节设计。根据控制要求，无论哪一台皮带输送机的电动机过载，都能使其运输系统停止运行，应在控制回路中串接热继电器的常闭触点；若出现故障或其他特殊情况，则按下急停按钮，使 3 台电动机停止运行，因此，控制回路中串接停止按钮。其完整的设计电路原理图如图 5-1-5 所示。

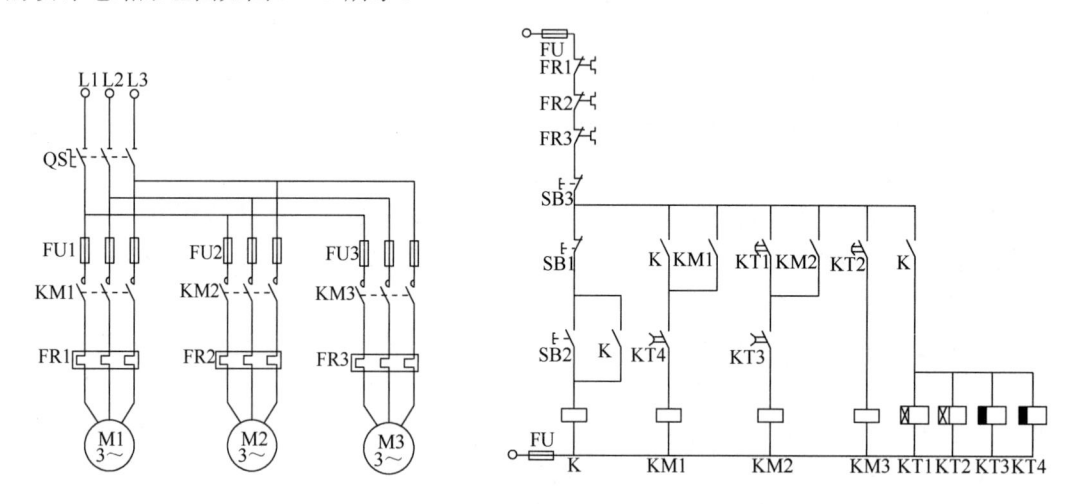

图 5-1-5　皮带输送机完整的设计电路原理图

四、常用元件的选择

正确选用、合理选择元件，是设计电气控制电路的安全、可靠保证。其基本选择如下。
（1）按电气元件的功能要求确定电气元件的类型。
（2）根据实际要求确定电气元件的规格。
（3）确定电气元件预期的工作环境及供应情况。
（4）确定电气元件在应用中所要求的可靠性。
（5）确定电气元件的使用类别。

五、检测及故障诊断

1．不通电检测

（1）用万用表检查电路的通断情况。检查时，应选用倍率适当的欧姆挡，并进行校零，以防短路故障发生。

（2）按电气原理图或电气安装接线图从电源端开始，逐端核对接线及接线端子处是否正确，有无漏接、错接之处。检查导线接线端子是否符合要求，压接是否牢固。

2．通电试验

按照操作标准流程按下相应按钮，观察电器动作情况，判定电路是否实现控制要求。

3．故障诊断

在操作过程中，若出现不正常现象，则应立即断开电源，分析故障原因，仔细检查电路（用万用表），在实训教师同意下才能上电试车运行调试。

思考与练习

1. 电气控制电路的设计方法有哪些？
2. 考虑节能，能否设计电气控制电路满足控制要求，若能，请画出电气原理图，并说明其工作原理过程。

任务2　机床电气控制电路的设计、安装与调试

能力目标

（1）熟悉从电气原理图设计到电气控制电路安装与调试的整个过程。
（2）培养学生综合运用电气控制的相关知识及技能。
（3）培养学生解决实际工程技术问题的能力。

使用器材、工具、设备

（1）器材：根据实际需求准备电气控制相关元件。
（2）工具：常用电工工具1套（螺丝刀、镊子、钢丝钳、尖嘴钳、验电笔等）。
（3）设备：万用表、绝缘电阻表。

任务要求及实施

一、任务要求

CW6163型卧式车床属于普通的小型车床，性能优良，应用较广泛。其主轴运动的正反转由两组机械式摩擦片离合器控制，主轴的制动采用液压制动器，进给运动的纵向（左右）运动、横向（前后）运动及快速移动均由一个手柄操作控制。可完成工件最大车削直径为630mm，工件最大长度为1500mm。其电气控制要求如下。

（1）根据工件的最大长度要求，为缩短辅助工作时间，要求配备1台主轴电动机和1台刀架快速移动电动机。主轴运动的启停要求两地控制。
（2）利用1台普通冷却泵电动机控制车削产生温度。
（3）根据整个生产线状况，要求配备1套局部照明装置及必要的工作状态指示灯。

二、任务实施

（1）主电路设计。根据设计控制要求，利用接触器 KM 控制主轴电动机 M1，中间继电器 K1、K2 分别控制冷却泵电动机 M2 和刀架快速移动电动机 M3；考虑过载情况，利用热继电器 FR1、FR2 分别监控主轴电动机 M1、冷却泵电动机 M2 过载情况，同时利用电流表监控其车削量。综合以上考虑，设计绘制 CW6163 型卧式车床电气控制电路的主电路。

（2）控制回路设计。根据设计控制要求，主轴电动机 M1 要实现两地控制，冷却泵电动机 M2 采用单向启停控制方式，刀架快速移动电动机 M3 采用点动控制方式。综合以上考虑，设计绘制 CW6163 型卧式车床电气控制电路的控制回路。

（3）局部照明及信号指示灯设计。采用白炽灯 EL、开关 S、熔断器 FU3 构成控制回路实现局部照明设计；采用信号指示灯 HL2 监控电源接通情况，信号指示灯 HL1 监控主轴电动机 M1 运行情况。

（4）电源设计。根据控制回路和局部照明及信号灯所需电源情况，设计控制电源。

（5）电动机和电气元件选择。根据设计要求，选用合适的主轴电动机 M1、冷却泵电动机 M2、刀架快速移动电动机 M3 及其他电气元件。

（6）绘制电气元件布置图和电气安装接线图。

（7）检查和调整电气元件。

（8）安装与接线。

（9）检测与故障排除。

（10）填写如表 5-2-1 所示的记录表。

表 5-2-1　机床电气控制电路的设计电路检测记录

不通电测试								
操作步骤	主电路（合上 QS）			控制回路（回路阻值）				
	压下 KM 衔铁	压下 K1 衔铁	压下 K2 衔铁	按下 SB3 或 SB4	压下 KM 衔铁	按下 SB6	压下 K1 衔铁	按下 SB7
阻值	L1-U1	L1-U2	L1-U3					
	L2-V1	L2-V2	L2-V3					
	L3-W1	L3-W2	L3-W3					
通电测试								
操作步骤	合上 QS	合上 S	按下 SB3 或 SB4	按下 SB1 或 SB2	按下 SB6	按下 SB5	按下 SB7	电动机处于运行状态，按下热继电器复位按钮
电动机动作或接触器吸合或 EL、HL1、HL2 情况								

考核标准及评价

从知识与技能、学习态度与团队意识和工作与职业操守 3 方面进行综合考核，具体的评价标准如表 5-2-2 所示。

表 5-2-2　考核评价表

考核内容	考核方式	评价标准与得分				
		标准	分值	互评	教师评分	得分
知识与技能（80分）	教师评价+互评	电路图设计	20分			
		元器件安装正确紧固、布置合理	5分			
		接线按工艺要求正确	5分			
		所选线色正确	5分			
		布线工艺合理、美观，无损伤导线绝缘层	5分			
		接线紧固电气接触良好	10分			
		能不通电检测电路	15分			
		能通电检测电路	15分			
学习态度与团队意识（10分）	教师评价	学习积极性高、有自主学习能力	2分			
		有分析和解决问题的能力	2分			
		能组织和协调小组活动过程	2分			
		有团队协作精神、能顾全大局	2分			
		有合作精神、热心帮助小组其他成员	2分			
工作与职业操守（10分）	教师评价+互评	有安全操作、文明生产的职业意识	2分			
		诚实守信、实事求是、有创新精神	2分			
		遵守纪律、规范操作	2分			
		有节能环保和产品质量意识	2分			
		能够不断反思、优化和完善	2分			

知识要点

一、电气原理图设计

1. 主电路设计

（1）设计控制主轴电动机 M1 电路。根据设计要求，M1 的正反转由机械式摩擦片离合器加以控制，且根据车削工艺的特点，同时考虑 M1 的功率较大，最后确定 M1 采用单向直接启动控制方式，由接触器 KM 进行控制。对 M1 设置过载保护电器（FR1），并采用电流表 PA 根据指示的电流监视其车削量。由于向车床供电的电源开关要装熔断器，所以 M1 没有用熔断器进行短路保护。

（2）设计控制冷却泵电动机 M2 及刀架快速移动电动机 M3 电路。根据设计要求，M2 和 M3 的功率及额定电流均较小，因此可用交流中间继电器 K1、K2 来实现控制。在设置保护时，考虑 M3 属于短时运行，故不需要设置过载保护电器。

综合以上考虑，绘制 CW6163 型卧式车床的主电路，如图 5-2-1 所示。

2. 控制电源设计

考虑安全可靠和满足照明及指示灯的要求，采用控制变压器 TC 供电，其一次侧为交流 380V 电源，二次侧为交流 127V、36V、6.3V 电源。其中，127V 电源给接触器 KM 和中间继电器 K 的线圈供电，36V 电源给局部照明电路供电，6.3V 电源给指示灯电路供电。由此，绘制 CW6163 型卧式车床的电源控制回路，如图 5-2-2 所示。

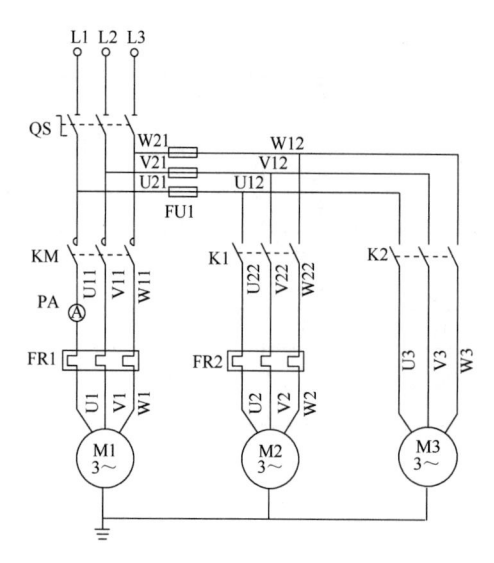

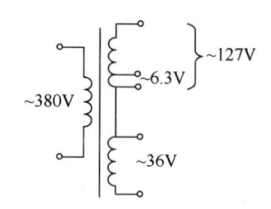

图 5-2-1　CW6163 型卧式车床的主电路　　图 5-2-2　CW6163 型卧式车床的电源控制回路

3．控制回路设计

（1）主轴电动机 M1 的控制回路设计。根据设计要求，主轴电动机 M1 要求实现两地控制。因此，可在机床的床头操作板和刀架拖板上分别设置启动按钮 SB1、SB2 和停止按钮 SB3、SB4 进行控制。

（2）电动机 M2、M3 的控制设计。根据设计要求和 M2、M3 需要完成的工作任务，确定 M2 采用单向起停控制方式，M3 采用点动控制方式。综合以上的考虑，绘制 CW6163 型卧式车床的控制回路，如图 5-2-3 所示。

4．照明和信号指示电路的设计

用白炽灯 EL、灯开关 S 和熔断器 FU3 组成照明电路；信号指示电路由两路构成：一路为三相电源接通指示灯 HL2（绿色），在电源开关 QS 接通以后立即发光，表示机床电气控制电路已处于供电状态；另一路指示灯 HL1（红色）表示主轴电动机是否运行。两路指示灯分别由接触器 KM 的常开和常闭触点进行切换通电显示。综合以上的考虑，绘制 CW6163 型卧式车床的照明和信号指示电路，如图 5-2-4 所示。

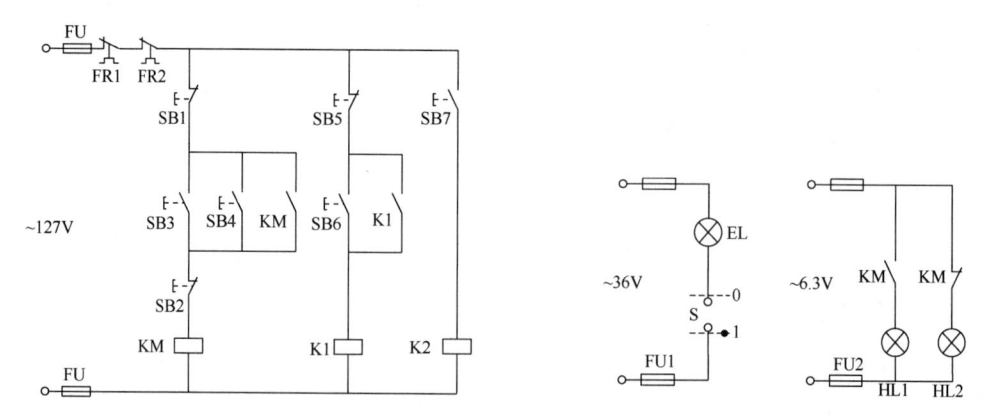

图 5-2-3　CW6163 型卧式车床的控制回路　　图 5-2-4　CW6163 型卧式车床的照明和信号指示电路

由此，绘制 CW6163 型卧式车床的电气原理图，如图 5-2-5 所示。

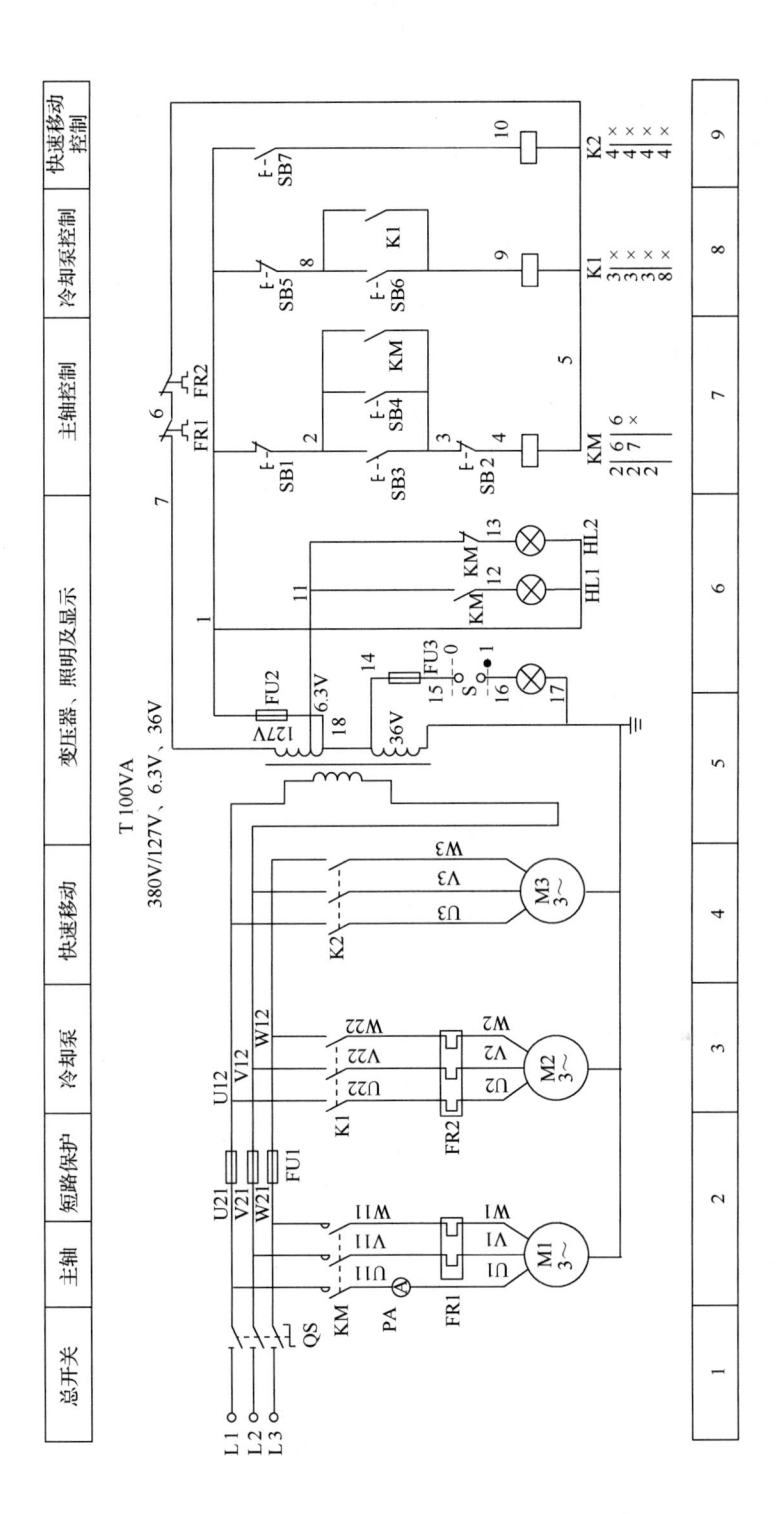

图 5-2-5 CW6163 型卧式车床的电气原理图

二、电动机的选择

根据设计要求，本设计需要配备 3 台电动机，其型号和参数指标如下。
① 主轴电动机 M1：型号选定为 Y160M-4，性能指标为 11kW、380V、22.6A、14600r/min。
② 冷却泵电动机 M2：型号选定为 JCB-22，性能指标为 0.125kW、0.43A、2790r/min。
③ 快速移动电动机 M3：型号选定为 Y90S-4，性能指标为 1.1kW、2.7A、1400r/min。

三、电气元件选择

正确选用、合理选择电气元件，是设计电气控制电路的安全、可靠保证。根据电气原理图进行电气元件的选择。

1．电源开关的选择

电源开关用于电源的引入和控制 3 台电动机（M1、M2、M3）的运转。因此电源开关 QS 的选择主要考虑 3 台电动机（M1、M2、M3）的启动电流。根据已选的 3 台电动机（M1、M2、M3）的额定电流，计算可得额定电流之和为 25.73A，同时，M2、M3 虽为满载启动，但功率较小，M1 虽功率较大，但为轻载启动。因此，QS 最终选用 HZ10-25/3 型组合开关，额定电流为 25A 即可满足要求。

2．热继电器的选择

根据电动机的额定电流进行热继电器 FR 的选择。
根据前面选定的 M1 和 M2 的额定电流，现选择 FR 如下。
FR1 选用 JR20-25 型热继电器，热元件额定电流为 25A，额定电流调节范围为 17～25A，工作时调整为 22.6A。
FR2 选用 JR20-10 型热继电器，热元件额定电流为 0.64A，额定电流调节范围为 0.35～0.53A，工作时调整为 0.43A。

3．接触器的选择

根据负载回路的电压、电流，接触器所控制回路的电压及所需触点的数量等进行接触器 KM 的选择。在本设计中，KM 主要对 M1 进行控制，而 M1 的额定电流为 22.6A，控制回路电源为 127V，需要 3 对主触点，2 对辅助常开触点，1 对辅助常闭触点。所以，KM 选择 CJ20-40 型接触器，主触点额定电流为 40A，线圈电压为 127V。

4．中间继电器的选择

在本设计中，由于 M2 和 M3 的额定电流都很小，因此，可用交流中间继电器 K 代替接触器进行控制。这里，中间继电器 K1 和 K2 均选择 JZ7-44 型交流中间继电器，常开触点 4 个、常闭触点 4 个，额定电流为 5A，线圈电压为 127V。

5．熔断器的选择

根据额定电压、额定电流和熔体的额定电流等进行熔断器 FU 的选择。
本设计中涉及的熔断器有三种型号，FU1 针对 M2、M3 进行短路保护，M2、M3 的额定电流分别为 0.43A、2.7A。利用公式 $I_{FU1} \geq (1.5 \sim 2.5) I_{Nmax} + \sum I_N$ 计算，额定电流计算可得 $I_{FU1} \geq 7.18 \mathrm{A}$，因此，FU1 选择 RL1-15 型熔断器，熔体的额定电流为 10A。

FU2、FU3 主要对控制回路和照明电路进行短路保护，电流较小，因此选用 RL1-15 型熔断器，熔体的额定电流为 2A。

6. 按钮的选择

根据需要的触点数目、动作要求、使用场合、颜色等进行按钮 SB 的选择。在本设计中，SB1～SB7 选择 LA-18 型按钮，SB3、SB4、SB6 颜色为黑色，SB1、SB2、SB5 颜色为红色，SB7 颜色为绿色。

7. 照明及指示灯的选择

照明灯 EL 选择 JC 系列，电压为交流 36V、功率为 40W，与灯开关 S 成套配置；指示灯 HL1、HL2 选择 ZSD-0 型，指标为 6.3V、0.25A，颜色分别为红色和绿色。

8. 控制变压器的选择

控制变压器 T 指标为 BK-100，100V·A，380V/127V、36V、6.3V。

9. 交流电流表的选择

交流电流表选择 62T2 型，测试电流范围为 0～50A，电路采用直接接入法。

综合以上的计算，给出 CW6163 型卧式车床的电气元件明细表如表 5-2-3 所示。

表 5-2-3　CW6163 型卧式车床的电气元件明细表

符　号	名　称	型　号	规　格	数　量
M1	主轴电动机	Y160M-4	11kW、280V、22.6A、1460r/min	1
M2	冷却泵电动机	JCB-22	0.125kW、0.43A、2790r/min	1
M3	快速移动电动机	Y90S-4	1.1kW、2.7A、1400r/min	1
QS	电源开关	HZ10-25/3	三极，500V、25A	1
KM	接触器	CJ20-40	40A，线圈电压 127V	1
K1、K2	交流中间继电器	JZ7-44	5A，线圈电压 127V	2
FR1	热继电器	JR0-20-25	热元件额定电流 25A，整定电流 22.6A	1
FR2	热继电器	JR20-10	热元件额定电流 0.64A，整定电流 0.43A	1
FU1	熔断器	RL1-15	500V、熔体 10A	1
FU2,FU3	熔断器	RL1-15	500V、熔体 2A	2
T	控制变压器	BK-100	100V·A，220V/127V、36V、6.3V	1
SB3、SB4、SB6	按钮	LA-18	5A、黑色	3
SB1、SB2、SB5	按钮	LA-18	5A、红色	3
SB7	按钮	LA-18	5A、绿色	1
HL1、HL2	指示灯	ZSD-0	6.3V，绿色 1、红色 1	2
EL、S	照明灯及灯开关	JC 系列	36V、40W	2
PA	交流电流表	62 T2	0～50A，直接接入	1

四、绘制电气元件布置图

依据电气原理图的布置原则，并结合 CW6163 型卧式车床的电气原理图的控制顺序对电气元件进行合理布置，做到连接导线最短、导线交叉最少。

根据电气安装接线图的绘制原则及相应的注意事项，进行电气安装接线图的绘制。CW6163 型卧式车床的电气元件布置图如图 5-2-6 所示，电气安装接线图如图 5-2-7 所示。

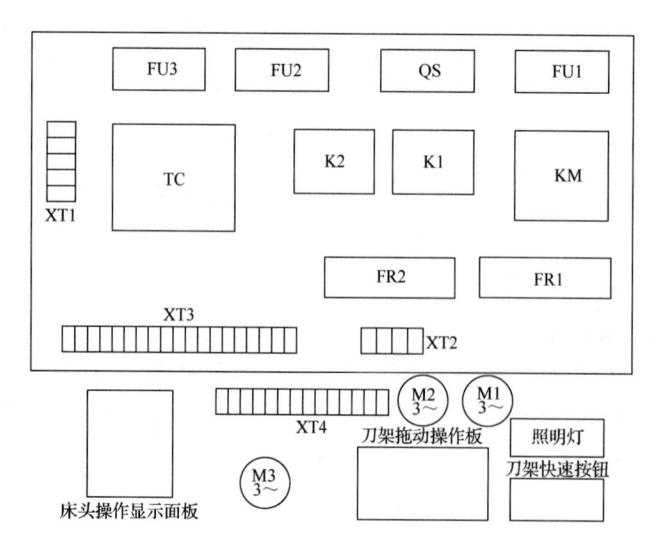

图 5-2-6　CW6163型卧式车床的电气元件布置图

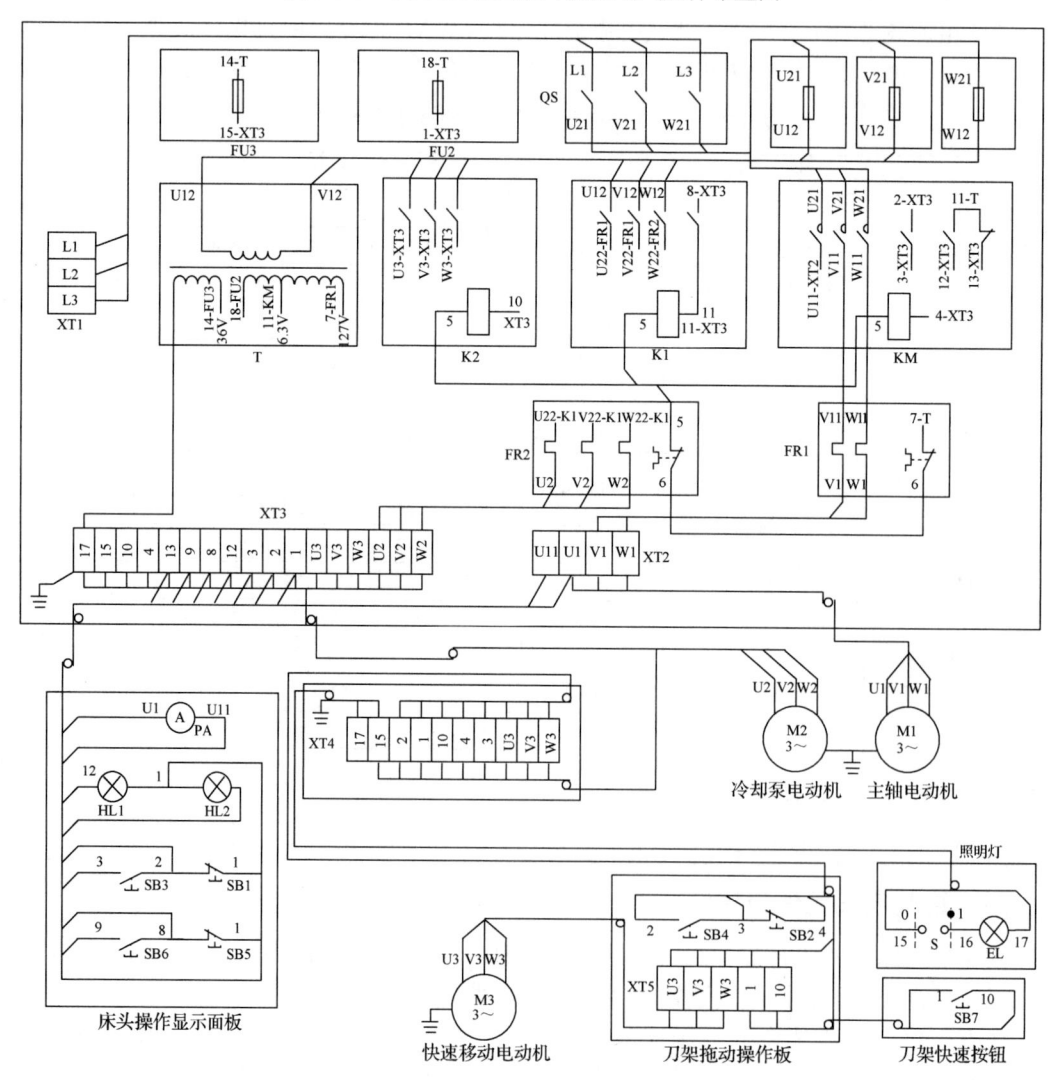

图 5-2-7　CW6163型卧式车床的电气安装接线图

五、电气控制柜安装配线

（1）制作安装底板。CW6163型卧式车床电气控制电路较复杂，根据电气安装接线图，其制作的安装底板有柜内电器板（配电盘）、床头操作显示面板和刀架拖动操作板3块，对于柜内电器板，可以采用4mm的钢板或其他绝缘板作为底板。

（2）选配导线。根据车床的特点，其电气控制柜的配线方式选用明配线。根据CW6163型卧式车床的电气安装接线图中管内敷线明细中已选配好的导线进行配线。

（3）规划安装线和弯电线管。根据安装的操作规程，首先在底板上规划安装的尺寸及电线管的走向线，并根据安装尺寸锯割电线管，根据走线方向弯管。

（4）安装电气元件。根据安装尺寸线进行钻孔，并固定电气元件。

（5）电气元件的编号。根据车床的电气原理图给安装完毕的各电气元件和连接导线进行编号，给出编号标志。

（6）接线。根据接线要求，先接电气控制柜内的主电路、控制回路，再接柜外的其他电路和设备，包括床头操作显示面板、刀架拖动操作板、电动机和刀架快速按钮等。特殊的、需要外接的导线接到接线端子板上，引入车床的导线需要用金属导管保护。

六、电气控制柜的安装检查

1. 常规检查

根据CW6163型卧式车床的电气原理图及电气安装接线图，从电源端开始，逐端核对接线及接线端子处是否正确，有无漏接、错接之处。检查导线接线端子是否符合要求，压接是否牢固。

2. 用万用表检查

在不通电的情况下，用欧姆挡进行电路通断的检查。具体如下。

（1）检查控制回路。断开电动机M1的主电路接在QS上的3根电源线U21、V21、W21，断开FU1，之后断开与电动机M2、M3的主电路有关的3根电源线U12、V12、W12，用万用表的R×100挡，将两个表笔分别接到熔断器FU1的两端，此时电阻应为零，否则断路；各相间电阻应为无穷大；断开1、14两条连接线，分别按下SB3、SB4、SB6、SB7，若测得一阻值（依次为KM、K1、K2的线圈电阻），则1-14接线正确；按下接触器KM、K1的触点架，此时测得的电阻仍为KM、K1的线圈电阻，则KM、K1自锁起作用，否则，KM、K1的常开触点可能虚接或漏接。

（2）检查主电路。接上主电路的三根电源线，断开控制回路（取出FU1的熔芯），取下接触器的灭弧罩，闭合开关QS，将万用表的两个表笔分别接到L1-L2、L2-L3、L3-L1之间，此时测得的阻值应为无穷大。若某次测得的阻值为零，则说明对应两相接线短路；按下接触器KM的触点架，使其常开触点闭合，重复上述测量，测得的阻值应为电动机M1两相绕组的阻值，三次测得的结果应一致，否则应进一步检查。

将万用表的两个表笔分别接到U12-V12、U12-W12、V12-W12之间，此时测得的阻值应为无穷大，否则短路；分别按下接触器K1、K2的触点架，使其常开触点闭合，重复上述测量，测得的阻值应分别为电动机M2、M3两相绕组的阻值，三次测得的结果应一致，否则应进一步检查。

经上述检查若发现问题，则应结合测量结果，分析电气原理图，排除故障之后再进行如下步骤。

七、电气控制柜调试

经以上检查准备无误后，可以进行通电测试。按照操作标准流程按下相应按钮，观察电器动作情况，判定电路是否实现控制要求。若在测试中出现不正常现象，则应立即断开电源，分析故障原因，仔细检查电路（用万用表），在实训教师同意下才能上电试车运行调试。

思考与练习

1. 电气控制柜安装的一般步骤有哪些？
2. 电气控制柜调试的内容有哪些？调试中应注意什么？

附录A

常用电气符号

名称	GB/T 4728—2005～2018 图形符号	GB/T 7159—1987 文字符号	名称	GB/T 4728—2005～2018 图形符号	GB/T 7159—1987 文字符号
直流电	===		三相笼型感应电动机		M 3～
交流电	～		三相线绕转子异步电动机		M 3～
交直流			串励直流电动机		M
正、负极	+ −		并励直流电动机		M
导线	——		他励直流电动机		M
三根导线	⫽ 或 ≡		永磁式直流测速发电机		BR
导线的连接	⊤ 或 ✚		接触器常开（动合）主触点		KM
多根导线的连接			接触器常开（动合）辅助触点		KM
端子	○		接触器常闭（动断）辅助触点		KM
端子板	▭▭▭▭▭▭▭	XT	接触器线圈		KM
接地	⏚	E	继电器常开（动合）触点		K

续表

名称	GB/T 4728—2005~2018 图形符号	GB/T 7159—1987 文字符号	名称	GB/T 4728—2005~2018 图形符号	GB/T 7159—1987 文字符号
自耦变压器		T	继电器常闭（动断）触点		K
三相自耦变压器		T	继电器线圈		K
有铁心的双绕组变压器		T	延时闭合常开触点		KT
电流互感器		TA	延时断开常闭触点		KT
电机扩大机		AR	延时断开常开触点		KT
可调电阻器		R	延时闭合常闭触点		KT
带滑动触点的电位器		RP	通电延时线圈		KT
电容器一般符号		C	断电延时线圈		KT
极性电容器		C	接近开关常开触点		SQ
线圈、绕组		L	接近开关常闭触点		SQ
电抗器		L	位置开关常开触点		SQ
单极刀开关		Q	位置开关常闭触点		SQ
三极刀开关		Q	速度继电器开关常闭触点		KS
熔断器		FU	速度继电器开关常开触点		KS
电磁铁		YA	热继电器常闭触点		FR

续表

名称	GB/T 4728—2005～2018 图形符号	GB/T 7159—1987 文字符号	名称	GB/T 4728—2005～2018 图形符号	GB/T 7159—1987 文字符号
电磁制动器		YB	热继电器常开触点		FR
电磁离合器		YC	热继电器热元件		FR
电磁阀		YV	过电流继电器线圈		KI
照明灯		EL	欠电流继电器线圈		KI
指示灯		HL	过电压继电器线圈		KV
电铃		HA	欠电压继电器线圈		KV

附录B

特种作业（低压电工）电工技能实操考试资料

三相异步电动机单向连续运转（带点动控制）电路的接线及安全操作（K21）考试内容和要求及评分方式

一、考试要求和内容

1. 考试方式：实操考试
2. 考试时间：35分钟
3. 考试电路板的配置

电路板上的电气元件规格配置要匹配，其容量应能满足电动机的合理正常使用；电气元件的布局要合理，安装固定可靠，并便于接线。

4. 考试要求

（1）掌握电工在操作前、操作中及操作后的安全措施。

（2）熟练规范地使用电工工具进行安全技术操作。

（3）会正确地使用电工常用仪表，并能读数。

（4）实操开考前，考试点应将完好的电路板、各种颜色的绝缘导线及负载等考试设备和测量仪表及工具准备到位，确保无任何安全隐患，在考评员同意后，考试才能开考；如果在考试过程中考试设备出现了安全隐患或不能立即排除的故障，那么本实操项目的考试终止，其后果由考点负责。

5. 考试内容

（1）检查操作工位及平台上是否存在安全隐患（人为设置），并能排除所存在的安全隐患。

（2）根据给定的电气原理图，在已安装好的电路板上选择所需的电气元件，并确定配线方案。

（3）按给定条件选配不同颜色的连接导线。

(4) 按要求对三相异步电动机单向连续运转（带点动控制）电路进行接线。
(5) 通电前使用仪表检查电路，确保不存在安全隐患后通电。
(6) 检查电动机能否实现点动、连续运行和停止。
(7) 用指针式万用表检测电路中的电压，并正确读数。
(8) 操作完毕对作业现场的安全检查。

二、评分方式

由考评员根据评分标准和考生在整个操作过程中对安全技术掌握的情况进行评分。评分标准如表 B-1 所示。

三、电气原理图

K21 电气原理图如图 B-1 所示。

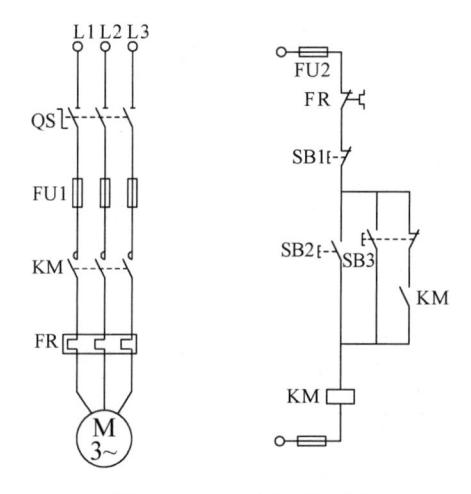

图 B-1　K21 电气原理图

表 B-1　三相异步电动机单向连续运转（带点动控制）电路的接线及安全操作（K21）考试评分表

身　份　证　号：　　　　　　　　姓　　名：　　　　　　　　成　　绩：
考试起始时间：　　　　　　　　终止时间：　　　　　　　　考试完成时间：

序号	考试项目	考试内容及要求	配分	评分标准	扣分	得分
1	操作前的准备	防护用品的正确穿戴	2	1. 未正确穿戴工作服的，扣 1 分； 2. 未穿绝缘鞋，扣 1 分		
2	操作前的安全	安全隐患的检查	4	1. 未检查操作工位及平台上是否存在安全隐患的，扣 2 分； 2. 操作平台上的安全隐患未处置的，扣 1 分； 3. 未指出操作平台上的绝缘线破损或元器件损坏的，扣 2 分		
3	操作过程的安全	安全操作规程	11	1. 未经考评员同意，擅自通电的，扣 5 分； 2. 通、断电的操作顺序违反安全操作规程的，扣 5 分； 3. 刀闸（或断路器）操作不规范的，扣 3 分； 4. 考生在操作过程中，有不安全行为的，扣 3 分		

续表

序号	考试项目	考试内容及要求	配分	评分标准	扣分	得分
3	操作过程的安全	安全操作技术	16	1. 少接或漏接一个元器件（或触点）的，扣5分； 2. 熔断器、断路器、热继电器进出线接线不规范的，每处扣3分； 3. 启停控制按钮用色不规范的，扣5分； 4. 绝缘线用色不规范的，扣5分； 5. 未正确连接PE线的，扣3分； 6. 电路板中的接线不合理、不规范的，扣2分； 7. 未正确连接三相负载的，扣3分； 8. 工具使用不熟练或不规范的，扣2分		
4	操作后的安全	操作完毕作业现场的安全检查	3	1. 操作工位未清理、不整洁的，扣2分； 2. 工具及仪表摆放不规范的，扣1分； 3. 损坏元器件的，扣1分		
5	仪表的使用	用指针式万用表测量电压	4	1. 万用表不会使用的或使用方法不正确的，扣4分； 2. 不会读数的，扣2分		
6	考试时限	35分钟	扣分项	每超时1分钟扣2分，直至超过10分钟，终止整个实操项目考试		
7	否定项	否定项说明	扣除该题分数	出现以下情况之一的，该题记为零分： 1. 接线原理错误的； 2. 电路出现短路或损坏设备等故障的； 3. 功能不能完全实现的； 4. 在操作过程中出现安全事故的		
	合计		40			

考评员（签字）：　　　　监考员（签字）：　　　　考试时间：　　　年　　月　　日

三相异步电动机正反转控制电路的接线及安全操作（K22）考试内容和要求及评分方式

一、考试要求和内容

1．考试方式：实操考试

2．考试时间：40分钟

3．考试电路板的配置

电路板上的电气元件规格配置要匹配，其容量应能满足电动机的合理正常使用；电气元件的布局要合理，安装固定可靠，并便于接线。

4．考试要求

（1）掌握电工在操作前、操作中及操作后的安全措施。

（2）熟练规范地使用电工工具进行安全技术操作。

（3）会正确地使用电工常用仪表，并能读数。

（4）实操开考前，考试点应将完好的电路板、各种颜色的绝缘导线及负载等考试设备和测量仪表及工具准备到位，确保无任何安全隐患，在考评员同意后，考试才能开考；如果在考试过程中考试设备出现了安全隐患或不能立即排除的故障，那么本实操项目的考试终止，其后果由考点负责。

5．考试内容

（1）检查操作工位及平台上是否存在安全隐患（人为设置），并能排除所存在的安全隐患。

（2）根据给定的电气原理图，在已安装好的电路板上选择所需的电气元件，并确定配线方案。

（3）按给定条件选配不同颜色的连接导线。

（4）按要求对三相异步电动机正反转控制电路进行接线。

（5）通电前使用仪表检查电路，确保不存在安全隐患后通电。

（6）检查电动机能否实现正反转和停止。

（7）用指针式钳形电流表检测电动机运行中的电流，并正确读数。

（8）操作完毕作业现场的安全检查。

二、评分方式

由考评员根据评分标准和考生在整个操作过程中对安全技术掌握的情况进行评分。评分标准如表 B-2 所示。

三、电气原理图

K22 电气原理图如图 B-2 所示。

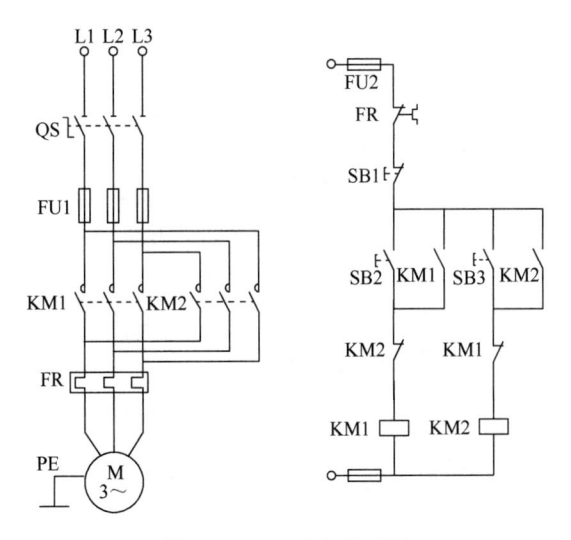

图 B-2　K22 电气原理图

表 B-2 三相异步电动机正反转控制电路的接线及安全操作（K22）
考试评分表

身 份 证 号：　　　　　　　　姓　名：　　　　　　成　绩：
考试起始时间：　　　　　　终止时间：　　　　考试完成时间：

序号	考试项目	考试内容及要求	配分	评分标准	扣分	得分
1	操作前的准备	防护用品的正确穿戴	2	1. 未正确穿戴工作服的，扣 1 分； 2. 未穿绝缘鞋的，扣 1 分		
2	操作前的安全	安全隐患的检查	4	1. 未检查操作工位及平台上是否存在安全隐患的，扣 2 分； 2. 操作平台上的安全隐患未处置的，扣 1 分； 3. 未指出操作平台上的绝缘线破损或元器件损坏的，扣 2 分		
3	操作过程的安全	安全操作规程	11	1. 未经考评员同意擅自通电的，扣 5 分； 2. 通、断电的操作顺序违反安全操作规程的，扣 5 分； 3. 刀闸（或断路器）操作不规范的，扣 3 分； 4. 考生在操作过程中，有不安全行为的，扣 3 分		
		安全操作技术	16	1. 少接或漏接一个元器件（或触点）的，扣 5 分； 2. 熔断器、断路器、热继电器进出线接线不规范的，每处扣 3 分； 3. 启停控制按钮用色不规范的，扣 5 分； 4. 绝缘线用色不规范的，扣 5 分； 5. 未正确连接 PE 线的，扣 3 分； 6. 电路板中的接线不合理、不规范的，扣 2 分； 7. 未正确连接三相负载的，扣 3 分； 8. 工具使用不熟练或不规范的，扣 2 分		
4	操作后的安全	操作完毕作业现场的安全检查	3	1. 操作工位未清理、不整洁的，扣 2 分； 2. 工具及仪表摆放不规范的，扣 1 分； 3. 损坏元器件的，扣 2 分		
5	仪表的使用	用指针式钳形表测量三相异步电动机中的电流	4	1. 钳形表不会使用的或使用方法不正确的，扣 4 分； 2. 不会读数的，每扣 2 分		
6	考试时限	40 分钟	扣分项	每超时 1 分钟扣 2 分，直至超过 10 分钟，终止整个实操项目考试		
7	否定项	否定项说明	扣除该题分数	出现以下情况之一的，该题记为零分： 1. 接线原理错误的； 2. 电路出现短路或损坏设备等故障的； 3. 功能不能完全实现的； 4. 在操作过程中出现安全事故的		
		合计	40			

考评员（签字）：　　　　监考员（签字）：　　　考试时间：　　年　月　日

带熔断器（断路器）、仪表、互感器的电动机控制电路的接线及安全操作（K23）考试内容和要求及评分方式

一、考试要求和内容

1．考试方式：实操考试
2．考试时间：30 分钟
3．考试电路板的配置

电路板上的电气元件规格配置要匹配，其容量应能满足电动机的合理正常使用；电气元件的布局要合理，安装固定可靠，并便于接线。

4．考试要求

（1）掌握电工在操作前、操作中及操作后的安全措施。
（2）熟练规范地使用电工工具进行安全技术操作。
（3）会正确地使用电工常用仪表，并能读数。
（4）实操开考前，考试点应将完好的电路板、各种颜色的绝缘导线及负载等考试设备和测量仪表及工具准备到位，确保无任何安全隐患，在考评员同意后，考试才能开考；如果在考试过程中考试设备出现了安全隐患或不能立即排除的故障，那么本实操项目的考试终止，其后果由考点负责。

5．考试内容

（1）检查操作工位及平台上是否存在安全隐患（人为设置），并能排除所存在的安全隐患。
（2）根据给定的电气原理图，在已安装好的电路板上选择所需的电气元件，并确定配线方案。
（3）按给定条件选配不同颜色的连接导线。
（4）按要求对带熔断器（断路器）、仪表、电流互感器的电动机控制电路进行接线。
（5）通电前使用仪表检查电路，确保不存在安全隐患后通电。
（6）检查电动机能否实现启动和停止，在连续运行过程中电流表能否有指示。
（7）用指针式万用表检测电路中的电压，并正确读数。
（8）操作完毕作业现场的安全检查。

二、评分方式

由考评员根据评分标准和考生在整个操作过程中对安全技术掌握的情况进行评分。评分标准如表 B-3 所示。

三、电气原理图

K23 电气原理图如图 B-3 所示。

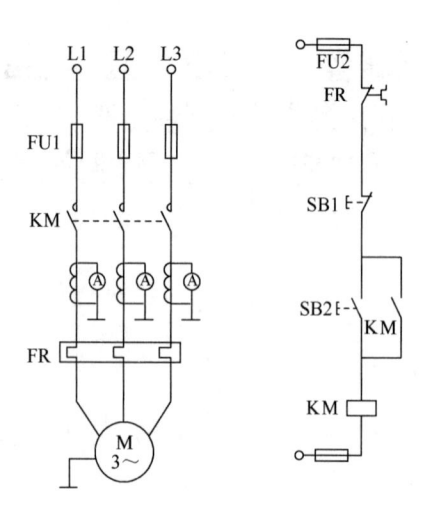

图 B-3　K23 电气原理图

表 B-3　带电流互感器、仪表的电动机控制电路的接线及安全操作（K23）
考试评分表

身　份　证号：　　　　　　　姓　　　名：　　　　　　　成　　　绩：
考试起始时间：　　　　　　　终止时间：　　　　　　　　考试完成时间：

序号	考试项目	考试内容及要求	配分	评分标准	扣分	得分
1	操作前的准备	防护用品的正确穿戴	2	1．未正确穿戴工作服的，扣 1 分； 2．未穿绝缘鞋的，扣 1 分		
2	操作前的安全	安全隐患的检查	4	1．未检查操作工位及平台上是否存在安全隐患的，扣 2 分； 2．操作平台上的安全隐患未处置的，扣 1 分； 3．未指出操作平台上的绝缘线破损或元器件损坏的，扣 2 分		
3	操作过程的安全	安全操作规程	11	1．未经考评员同意，擅自通电的，扣 5 分； 2．通、断电的操作顺序违反安全操作规程的，扣 5 分； 3．刀闸（或断路器）操作不规范的，扣 3 分； 4．考生在操作过程中，有不安全行为的，扣 3 分		
		安全操作技术	16	1．少接或漏接一个元器件（或触点），扣 5 分； 2．熔断器、断路器、热继电器进出线接线不规范的，每处扣 3 分； 3．互感器安装位置不正确的，扣 2 分； 4．互感器、电流表接线不正确，每处扣 2 分； 5．启停控制按钮用色不规范的，扣 5 分； 6．绝缘线用色不规范的，扣 5 分； 7．未正确连接 PE 线的，扣 3 分； 8．电路板中的接线不合理、不规范的，扣 2 分； 7．未正确连接三相负载的，扣 3 分； 8．工具使用不熟练或不规范的，扣 2 分		

续表

序号	考试项目	考试内容及要求	配分	评分标准	扣分	得分
4	操作后的安全	操作完毕作业现场的安全检查	3	1. 操作工位未清理、不整洁的，扣2分； 2. 工具及仪表摆放不规范的，扣1分； 3. 损坏元器件的，扣2分		
5	仪表的使用	用指针式万用表测量电压	4	1. 万用表不会使用的或使用方法不正确的，扣4分； 2. 不会读数的，每扣2分		
6	考试时限	30分钟	扣分项	每超时1分钟扣2分，直至超过10分钟，终止整个实操项目考试		
7	否定项	否定项说明	扣除该题分数	出现以下情况之一的，该题记为零分： 1. 接线原理错误的； 2. 电路出现短路或损坏设备等故障的； 3. 功能不能完全实现的； 4. 在操作过程中出现安全事故的		
		合计	40			

考评员（签字）：　　　　监考员（签字）：　　　　考试时间：　　年　月　日

单相电能表带照明灯的接线及安全操作（K24）考试内容和要求及评分方式

一、考试要求和内容

1. 考试方式：实操考试
2. 考试时间：30分钟
3. 考试要求

（1）掌握电工在操作前、操作中及操作后的安全措施。

（2）熟练规范地使用电工工具进行安全技术操作。

（3）会正确地使用电工常用仪表，并能读数。

（4）实操开考前，考试点应将完好的电路板、各种颜色的绝缘导线及负载等考试设备和测量仪表及工具准备到位，确保无任何安全隐患，在考评员同意后，考试才能开考；如果在考试过程中考试设备出现了安全隐患或不能立即排除的故障，那么本实操项目的考试终止，其后果由考点负责。

4. 考试内容

（1）检查操作工位及平台上是否存在安全隐患（人为设置），并能排除所存在的安全隐患。

（2）根据给定的电气原理图，在已安装好的电路板上选择所需的电气元件，并确定配线方案。

（3）按给定条件选配不同颜色的连接导线。

（4）按要求对单相电能表带照明灯电路进行接线。

（5）通电前使用仪表检查电路，确保不存在安全隐患后通电。

（6）检查单相漏电断路器能否起漏电保护作用,白炽灯能否实现双控作用,日光灯（或 LED 灯）能否实现单控作用等。

（7）用摇表检测三相异步电动机的绝缘，并正确读数。

（8）操作完毕作业现场的安全检查。

二、评分方式

由考评员根据评分标准和考生在整个操作过程中对安全技术掌握的情况进行评分。评分标准如表 B-4 所示。

三、电气原理图

K24 电气原理图如图 B-4 所示。

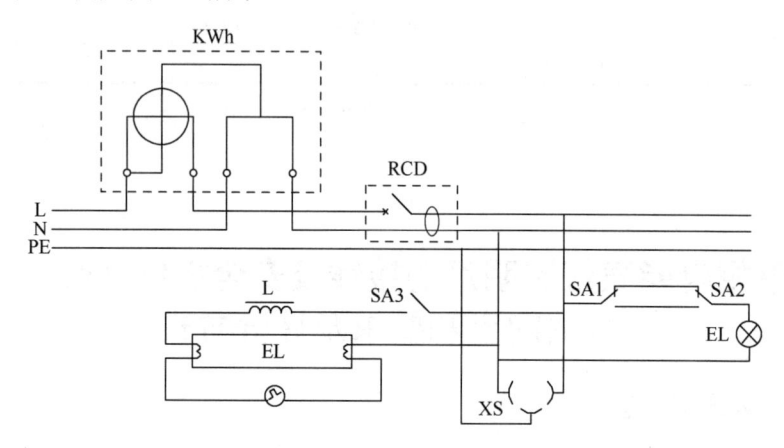

图 B-4　K24 电气原理图

表 B-4　单相电能表带照明灯的接线及安全操作（K24）
考试评分表

身　份　证　号：　　　　　　姓　名：　　　　　　成　绩：
考试起始时间：　　　　　　终止时间：　　　　　　考试完成时间：

序号	考试项目	考试内容及要求	配分	评分标准	扣分	得分
1	操作前的准备	防护用品的正确穿戴	2	1. 未正确穿戴工作服的，扣 1 分； 2. 未穿绝缘鞋的，扣 1 分		
2	操作前的安全	安全隐患的检查	4	1. 未检查操作工位及平台上是否存在安全隐患的，扣 2 分； 2. 操作平台上的安全隐患未处置的，扣 1 分； 3. 未指出操作平台上的绝缘线破损或元器件损坏的，扣 2 分		

续表

序号	考试项目	考试内容及要求	配分	评分标准	扣分	得分
3	操作过程的安全	安全操作规程	11	1. 未经考评员同意，擅自通电的，扣5分； 2. 通、断电的操作顺序违反安全操作规程的，扣5分； 3. 刀闸（或断路器）操作不规范的，扣3分； 4. 考生在操作过程中，有不安全行为的，扣3分		
		安全操作技术	16	1. 电能表进出线错误的，扣3分； 2. 漏电断路器接线错误的，每处扣5分； 3. 控制开关安装的位置不正确的，扣5分； 4. 插座接线不规范的，扣5分； 5. 各类负载搭火位置不正确的，扣3分； 6. 绝缘线用色不规范的，扣5分； 7. 工作零线与保护零线混用的，扣5分； 8. 电路板中的接线不合理、不规范的，扣2分； 9. 未正确连接PE线的，扣3分； 10. 工具使用不熟练或不规范的，扣2分		
4	操作后的安全	操作完毕作业现场的安全检查	3	1. 操作工位未清理、不整洁的，扣2分； 2. 工具及仪表摆放不规范的，扣1分； 3. 损坏元器件的，扣2分		
5	仪表的使用	用摇表测量电动机的绝缘电阻	4	1. 摇表不会使用的或使用方法不正确的，扣4分； 2. 不会读数的，每处2分		
6	考试时限	30分钟	扣分项	每超时1分钟扣2分，直至超过10分钟，终止整个实操项目考试		
7	否定项	否定项说明	扣除该题分数	出现以下情况之一的，该题记为零分： 1. 接线原理错误的； 2. 电路出现短路或损坏设备等故障的； 3. 功能不能完全实现的； 4. 在操作过程中出现安全事故的		
		合计	40			

考评员（签字）： 　　　监考员（签字）： 　　　考试时间： 　年　月　日

间接式三相四线有功电能表的接线及安全操作（K25）考试内容和要求及评分方式

一、考试要求和内容

1．考试方式：实操考试
2．考试时间：30分钟
3．考试电路板的配置
电路板上的电气元件规格配置要匹配，其容量应能满足三相负载的合理正常使用；电气元件的布局要合理，安装固定可靠，并便于接线。

4．考试要求

（1）掌握电工在操作前、操作中及操作后的安全措施。

（2）熟练规范地使用电工工具进行安全技术操作。

（3）会正确地使用电工常用仪表，并能读数。

（4）实操开考前，考试点应将完好的电路板、各种颜色的绝缘导线及负载等考试设备和测量仪表及工具准备到位，确保无任何安全隐患，在考评员同意后，考试才能开考；如果在考试过程中考试设备出现了安全隐患或不能立即排除的故障，本实操项目的考试终止，其后果由考点负责。

5．考试内容

（1）检查操作工位及平台上是否存在安全隐患（人为设置），并能排除所存在的安全隐患。

（2）根据给定的电气原理图，在已安装好的电路板上选择所需的电气元件，并确定配线方案。

（3）按给定条件选配不同颜色的连接导线。

（4）按要求对间接式三相四线有功电能表进行接线。

（5）三相负载可用三相异步电动机或三个灯泡组合代替。

（6）检查三个电流互感器的同名端与三相四线有功表的连接是否正确。

（7）通电前使用仪表检查电路，确保不存在安全隐患后通电。

（8）用摇表检测三相异步电动机的绝缘，并正确读数。

（9）操作完毕作业现场的安全检查。

二、评分方式

由考评员根据评分标准和考生在整个操作过程中对安全技术掌握的情况进行评分。评分标准如表 B-5 所示。

三、电气原理图

K25 电气原理图如图 B-5 所示。

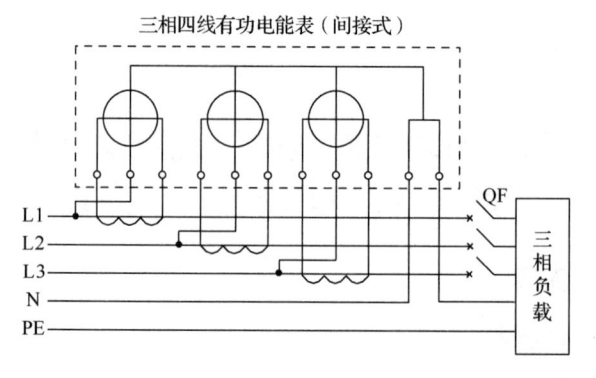

图 B-5　K25 电气原理图

表 B-5 间接式三相四线有功电能表的接线及安全操作（K25）
考试评分表

身 份 证 号：　　　　　　　　姓　　　名：　　　　　　　　成　　　绩：
考试起始时间：　　　　　　　　终止时间：　　　　　　　　考试完成时间：

序号	考试项目	考试内容及要求	配分	评分标准	扣分	得分
1	操作前的准备	防护用品的正确穿戴	2	1. 未正确穿戴工作服的，扣1分； 2. 未穿绝缘鞋的，扣1分		
2	操作前的安全	安全隐患的检查	4	1. 未检查操作工位及平台上是否存在安全隐患，扣2分； 2. 操作平台上的安全隐患未处置的，扣1分； 3. 未指出操作平台上的绝缘线破损或元器件损坏的，扣2分		
3	操作过程的安全	安全操作规程	11	1. 未经考评员同意，擅自通电的，扣5分； 2. 通、断电的操作顺序违反安全操作规程的，扣5分； 3. 刀闸（或断路器）操作不规范的，扣3分； 4. 考生在操作过程中，有不安全行为的，扣3分		
		安全操作技术	16	1. 三相电能表进出线接线错误的，扣3分； 2. 断路器进出线接线错误的，扣2分； 3. 互感器一二次接线不规范，每处扣2分； 4. 一次接线和二次接线混接的，扣5分； 5. 未正确连接三相负载的，扣4分； 6. 绝缘线用色不规范的，扣5分； 7. 工作零线与保护零线混用的，扣5分； 8. 电路板中的接线不合理、不规范的，扣2分； 9. 未正确连接PE线的，扣3分； 10. 工具使用不熟练或不规范的，扣2分		
4	操作后的安全	操作完毕作业现场的安全检查	3	1. 操作工位未清理、不整洁的，扣2分； 2. 工具及仪表摆放不规范的，扣1分； 3. 损坏元器件的，扣2分		
5	仪表的使用	用摇表测量三相异步电动机的绝缘电阻	4	1. 摇表不会使用的或使用方法不正确的，扣4分； 2. 不会读数的，每扣2分		
6	考试时限	30分钟	扣分项	每超时1分钟扣2分，直至超过10分钟，终止整个实操项目考试		
7	否定项	否定项说明	扣除该题分数	出现以下情况之一的，该题记为零分： 1. 接线原理错误的； 2. 电路出现短路或损坏设备等故障； 3. 功能不能完全实现的； 4. 在操作过程中出现安全事故的		
		合计	40			

考评员（签字）：　　　　　　　监考员（签字）：　　　　　　　考试时间：　　　年　月　日

参 考 文 献

[1] 张运波，郑文. 工厂电气控制技术[M]. 5版. 北京：高等教育出版社，2021.
[2] 徐建俊，居海清. 电机拖动与控制[M]. 北京：高等教育出版社，2015.
[3] 赵红顺. 电气控制技术实训[M]. 北京：机械工业出版社，2015.
[4] 曾令琴，贾磊. 电机与电气控制技术[M]. 2版. 北京：人民邮电出版社，2021.
[5] 王兵. 常用机床电气检修[M]. 北京：中国劳动设备保障出版社，2014.
[6] 刘沂，陈宝玲. 电气控制技术[M]. 3版. 大连：大连理工大学出版社，2014.
[7] 刘秉安. 电工技能实训[M]. 北京：机械工业出版社，2019.
[8] 李敬梅. 电力拖动控制线路与技能训练[M]. 北京：中国劳动设备保障出版社，2014.
[9] 王京伟. 供电所电工图表手册[M]. 北京：中国水利水电出版社，2015.
[10] 冯晓，刘仲恕. 电机与电器控制[M]. 北京：机械工业出版社，2005.
[11] 杨德清. 电气故障检修230例[M]. 北京：化学工业出版社，2016.
[12] 安勇. 电气设备故障诊断与维修手册[M]. 北京：化学工业出版社，2014.
[13] 王娟. 工厂电气控制技术[M]. 北京：电子工业出版社，2014.
[14] 陈红. 工厂电气控制技术[M]. 北京：机械工业出版社，2016.
[15] 田淑珍. 工厂电气控制设备及技能训练[M]. 北京：机械工业出版社，2010.

反侵权盗版声明

电子工业出版社依法对本作品享有专有出版权。任何未经权利人书面许可,复制、销售或通过信息网络传播本作品的行为;歪曲、篡改、剽窃本作品的行为,均违反《中华人民共和国著作权法》,其行为人应承担相应的民事责任和行政责任,构成犯罪的,将被依法追究刑事责任。

为了维护市场秩序,保护权利人的合法权益,我社将依法查处和打击侵权盗版的单位和个人。欢迎社会各界人士积极举报侵权盗版行为,本社将奖励举报有功人员,并保证举报人的信息不被泄露。

举报电话:(010)88254396;(010)88258888
传　　真:(010)88254397
E-mail:dbqq@phei.com.cn
通信地址:北京市万寿路173信箱
　　　　　电子工业出版社总编办公室
邮　　编:100036